中日工程建设标准体系
及装配式建筑技术指标对比

姜中天　隋伟宁　杨云凤　刘佳瑞　常林润　苏　磊　著

中国建筑工业出版社

图书在版编目（CIP）数据

中日工程建设标准体系及装配式建筑技术指标对比／姜中天等著．—北京：中国建筑工业出版社，2020.1

ISBN 978-7-112-24746-2

Ⅰ.①中… Ⅱ.①姜… Ⅲ.①建筑工程—对比研究—中国、日本 Ⅳ.①TU

中国版本图书馆CIP数据核字（2020）第016439号

本书为读者展现了日本工程建设标准体系的概貌，并针对装配式建筑的部分指标和要求进行了中日对比。主要内容有：日本工程建设法律、法规及标准体系总体架构，国家、团体技术标准的管理体系，建筑确认审查制度简要介绍；日本装配式住宅现状及发展趋势；装配式混凝土、钢结构住宅、干式外墙的指标要求的梳理以及与中国的对比。本书适用于建筑设计、建设技术等专业师生和建筑行业从业者及建筑爱好者阅读。

责任编辑：唐　旭　孙　硕
责任校对：李美娜

中日工程建设标准体系及装配式建筑技术指标对比
姜中天　隋伟宁　杨云凤　刘佳瑞　常林润　苏　磊　著
*
中国建筑工业出版社出版、发行（北京海淀三里河路9号）
各地新华书店、建筑书店经销
北京点击世代文化传媒有限公司制版
北京富生印刷厂印刷
*
开本：787×1092毫米　1/16　印张：17½　字数：360千字
2020年5月第一版　2020年5月第一次印刷
定价：58.00元
ISBN 978-7-112-24746-2
(35125)

序

为了积极响应“一带一路”倡议，推动中国工程建设标准化国际化，住房和城乡建设部标准定额司组织开展了“一带一路”基础设施和城乡规划建设工程标准应用情况的调研工作。调研工作共分十个专题，重点对住房城乡建设领域的城乡规划、民用建筑、市政基础设施和城市轨道交通四个方面开展调研。其中又特别结合工程标准改革的需要和我国实际分别对英国、日本等经济发达国家进行了专项的调查。

日本是亚洲经济最发达的国家，由于历史文化等方面的原因与我国有着特殊复杂的联系。日本工程建设相关法律法规、标准体系、社会信用体系等较为完善；装配式住宅技术体系和工程经验丰富，相关的标准体系完备齐全。我国对日本工程建设领域有关问题的研究，虽然没有连续系统，但也应该说一直没有中断过，大量的文献也表明了这一点。受限于研究角度的不同、时效性影响、文献间相互引用参考等因素，既有资料会存在一定的偏差和缺位现象。另外，日本工程建设标准体系、管理体系以及装配式住宅，也在发展中不断迭代变化，以往的文献成果某种程度上容易失去现实意义。为了深入了解日本工程建设标准以及装配式建筑标准的最新情况，住房和城乡建设部标准定额司安排了“编制发达国家（日本）工程建设标准体系及管理体系调研报告”和“编制中国与日本装配式住宅建筑标准关键技术指标对比分析报告”两项课题，均由国家住宅与居住环境工程技术研究中心的技术团队承担。

国家住宅与居住环境工程技术研究中心是经国家科技部和建设部于 1999 年正式批准组建的行业技术研究中心，也是国家在住宅与居住环境领域科技攻关的主要技术支撑单位。该单位利用长期与日本有关单位建立起来的合作关系与优势，查阅了大量的日文原版资料，并赴日本产业标准调查会、建筑节能机构、日本预制装配式建筑协会、日本建筑中心等机构实际考察并与有关人士交流座谈，为课题研究获取了最新的第一手资料。课题组在此基础上对日本工程建设标准体系进行了整体细致的梳理，并基于中日两国装配式住宅发展现状，结合我国工程实际，将装配式住宅的发展脉络、各工程链条技术要求以及部分关键指标进行了对比分析。课题成果不但涵盖法律法规以及技术标准管理层面的宏观信息，日本装配式住宅最新统计信息、行业发展动向等中微观信息，也有中日装配式住宅技术标准中的关键指标比对的具体实操层面的技术细节，是近些年开展工程建设标准国际化研究方面取得为数不多的研究成果。

为了进一步扩散这一研究成果，课题组决定将研究成果正式出版。既为从事装配式建筑研究开发、工程设计、生产施工，以及高等院校的广大技术和管理人员提供日本最新的成果和信息，同时也对研究工程标准国际化的专家提供参考。欢迎大家在学习借鉴的同时，不断将其研究深入推进。

韩爱兴

2019 年 12 月 31 日

目　录

0 背景

2017年3月23日，住房和城乡建部官方发布《"十三五"装配式建筑行动方案》、《装配式建筑示范城市管理办法》、《装配式建筑产业基地管理办法》等一系列与装配式建筑相关政府令。《"十三五"装配式建筑行动方案》进一步明确了阶段性工作目标，即到2020年，全国装配式建筑占新建建筑的比例达到15%以上，其中重点推进地区达到20%以上，积极推进地区达到15%以上，鼓励推进地区达到10%以上。鼓励各地制定更高的发展目标。建立健全装配式建筑政策体系、规划体系、标准体系、技术体系、产品体系和监管体系，形成一批装配式建筑设计、施工、部品部件规模化生产企业和工程总承包企业，形成装配式建筑专业化队伍，全面提升装配式建筑质量、效益和品质，实现装配式建筑全面发展。根据《行动方案》，到2020年，培育50个以上装配式建筑示范城市，200个以上装配式建筑产业基地，500个以上装配式建筑示范工程，建设30个以上装配式建筑科技创新基地，充分发挥示范引领和带动作用。《行动方案》还从编制发展规划、健全标准体系、完善技术体系、提高设计能力、增强产业配套能力、推行工程总承包、推进建筑全装修、促进绿色发展、提高工程质量安全、培育产业队伍等十个方面对行业提出了要求。

装配式建筑从结构体系角度可分为装配式混凝土结构体系、装配式钢结构体系、装配式木结构体系，针对这三种结构体系，住建部发布了三部技术标准，《装配式混凝土建筑技术标准》GB/T 51231、《装配式钢结构建筑技术标准》GB/T 51232、《装配式木结构技术标准》GB/T 51233、《装配式建筑评价标准》GB/T 51129，从集成建筑及装配式建筑的总要求出发，采用先进理念和技术体系，贯彻了标准改革总体要求，坚持高起点、高标准、系统科学、指导性强，有效发挥引领作用，为装配式建筑的发展提供了强有力的技术支持[1，2]。

本书基于2018年住房城乡建设部标准定额司重点项目的研究成果撰写[3]，对日本的工程建设标准体系和管理体系进行了全面深入的研究，并与我国工程标准[4]进行了比对分析，梳理日本的标准体系和管理体系脉络，为中国工程标准化建设向国际化方向发展提供借鉴[5,6]。之后，针对装配式建筑的研究现状及存在问题，对标日本的相关标准和规范，指出我国虽然在大力发展装配式建筑方面做出了积极努力，出台了一系列促进装配式建筑技术体系研发、标准体系制定和工程实践的相关规定及措施，表明了大力发展装配式的信心和决心，但在国际化大的环境背景下，也必须认识到现有的技术标准体系对装配式建筑发展支撑不足、关键技术标准缺位、关键技术和产品标准化程度不高等突出问题[7]。

1. 项目任务解读

工程建设：是指人类有组织、有目的、大规模的经济活动。人们期待通过工程建设带来更大的公共利益，促进人们的安全与福祉，绿色可持续，甚至期待由它来解决当今众多的社会、文化、环境和经济问题。工程建设是否能够满足人们的需求，一般通过工程建设质量进行衡量。

标准体系：是一定范围内的标准按其内在联系形成的科学有机整体。标准体系内部的标准应按照一定的结构进行逻辑组合，而不是杂乱无序的堆积。由于标准化对象的复杂性，体系内不同的标准子系统的逻辑结构可能体现出不同的表现形式。

（1）集合性：单一标准难以发挥效能；

（2）目标性：实现某种技术或产品的工程应用；

（3）可分解性：为与社会整体发展水平相适应进行的修订、废止等；

（4）相关性：标准体系内各单元具有的体系化特征；

（5）整体性：标准之间相互联系、相互作用、相互约束、相互补充；

（6）环境适应性：适应其周围的经济体制和社会政治环境。

管理体系：是使标准体系有效运行的计划、组织、领导、协调、控制等相关活动实施条件和路线。

2. 标准体系与管理体系建设对工程建设质量的影响

工程建设标准体系与管理体系至关重要[5,6]，仅将其理解为决定城市及建筑的形态质量，提升效率和产能，促进国民经济发展，也不足以概括其重要性。

工程建设标准体系与管理体系是控制和引导工程建设质量的上位条件[7]：

（1）标准体系和管理体系建设的前提是定义质量

形成行业公认并涵盖所有可能有益成果的质量定义，从而形成行业统一的语境，进而设定项目团队所有成员可以以同样方式理解的有意义的质量目标。

（2）标准体系和管理体系建设的内涵是控制质量

设定质量的衡量基准，运用客观化方法进行风险控制与不确性处理，提高预测能力，从而对质量加以控制。

3. 质量的公认的定义

（1）ISO 9000 Family 质量的定义

ISO 9000 Family 是国际认同的质量管理体系标准，它将质量定义为“A set of inherent characteristics that fulfils requirements”，即“一组固有的特性满足需求的程度”。

（2）维特鲁威的建筑三原则

Utilitas 实用 —— 满足使用者的功能性与实用性要求

Firmitas 坚固 —— 经久耐用并保持良好的使用状态

Venustas 美观 —— 使人感到喜悦并使情绪得到提升

（3）JIS Z 8101 日本工业规格

原文“品物又はサービスが、使用目的を満たしているかどうかを決定するための評価の対象となる固有の性質・性能の全体”。

即：用于决定是否符合使用目的的评估对象，是指商品或服务所固有的全部性质、性能。

4. 工程质量层次

（1）最低质量

建筑必须要保障的质量底线，满足法律法规对于使用者及相关人士最基本的安全、健康、社会福祉的保护。

（2）特征质量

建筑由其功能与目的决定的内在质量特性是否得以满足，如健康、安全、美学、灵活性、可持续性、复原力、社会价值、促进人类身心健康等，主要取决于设计师、施工及顾问方。

（3）建造质量

建筑被实际感受到的工艺及材料品质，主要取决于承包商、分包商及供应链。

5. 工程建设质量的伦理假定

对于任意一个工程建设项目，质量并非唯一恒定标准，时间和费用同样重要，在标准体系之外，三者会相互冲突，虽然高质量不直接等于高花费，但这种情况也时常发生，高质量引起的问题包括：

（1）高质量需要付出额外的时间成本

（2）高质量需要更稀缺的能力、经验与技艺

（3）高质量需要更高成本的材料、设备与系统

值得注意的是，在条件允许的情况下，项目相关各方不存在故意降低质量的主观因素；但在条件受限的情况下，质量与受限条件间必然存在取舍问题。

制定过高的质量需求会诱发一系列的违反工程伦理的行为，如信用、责任、职业操守、偷工减料、造假、贿赂等行为。

6. 质量影响因素分析

由于工程建设项目投资大、时间跨度大、存续时间久，建设过程中涉及的影响因

素众多，如图1是影响工程建设质量的可能因素，可见，质量远远超过工程建设标准能够控制的范畴，上位条件、外部因素等一系列因素也会对工程质量产生重大影响。

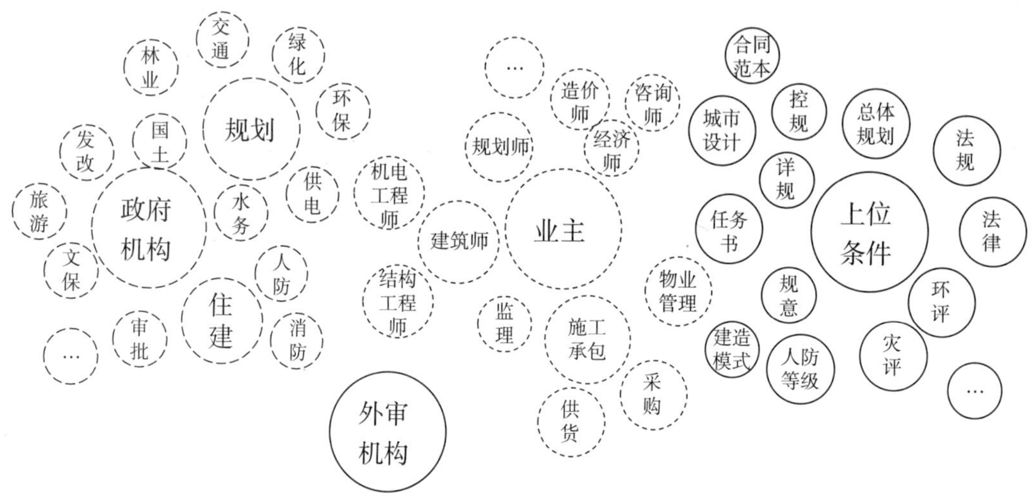

图1　影响工程质量的因素

标准体系和管理体系作为质量控制的上位条件，需要研究并进一步深化改革和调整，但需要与社会总体发展水平、法制建设、社会诚信体系建设、管理水平相协调。

同处于亚洲的日本，无论是行政管理方式、城市建设强度、居民生活方式、思维习惯等均与我国相似。并且经历过大规模发展以及建设量放缓时期，其工程建设相关法律、标准体系和管理体系相对完备，责任主体相对唯一，值得研究和借鉴。本研究在大力发展装配式的政策、国家深化工程建设标准化改革和我国“一带一路”倡议等环境背景指导下对日本装配式建筑的标准体系和管理体系背景与技术现状的研究，可为我国工程建设标准化改革，以及装配式住宅建筑标准体系建设提供借鉴。

1

日本工程建设标准体系

1.1 日本法律体系

1.1.1 法律体系

图 2 表示日本的法律制度和立法手续。日本的最高法律是宪法。违反其规定的法律、命令等均属无效。国会也审批条约（国际法规）、制定法律，如《建筑基准法》，另外由内阁和各省厅部委颁布的命令也为法律标准体系的一部分，如内阁颁布的政令，如《建筑基准法实施令》、省（部委）令，如《建筑基准法实施规则》，省厅除了省令外，还颁布告示，如《国土交通省告示》。以《建筑基准法》为代表的法律、政令、省（部委）令、告示等构成了日本庞大的与建筑工程相关的法律标准体系[8, 9]。

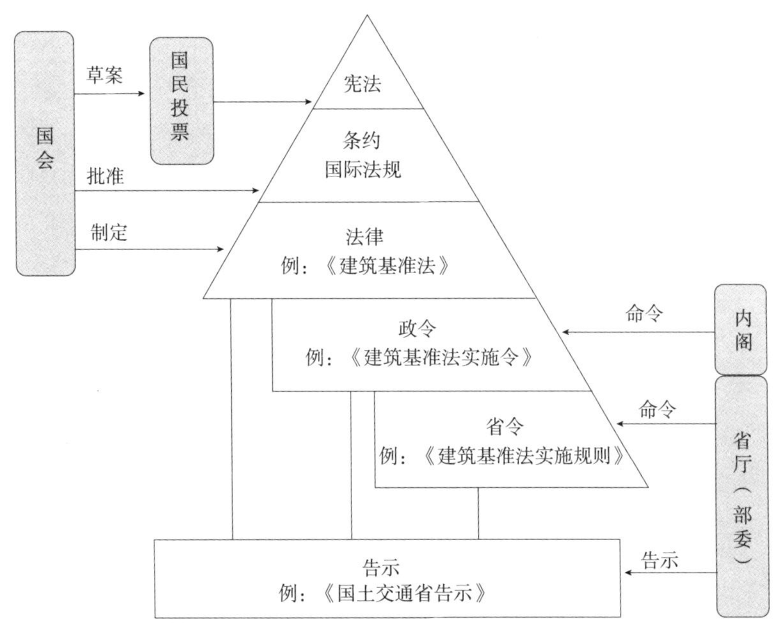

图 2　日本法律标准体系

1.1.2 建筑工程相关法律

日本建筑工程活动须符合《建筑基准法》，实际的建筑设计中，除《建筑基准法》外也必须符合众多的相关建筑法律标准规定，相关法律如表 1 所示。其中已经省去了与住宅无关的其他用途建筑物和构筑物的相关法律，否则更为庞大。它的排列是参照了建筑相关法令集的顺序，具体反映了与建筑工程关系的密切程度。

建筑相关法律一览　　表 1

法律名称	公布（年）
《建筑基准法》	1950
《关于为使高龄人、残疾人等生活无障碍的法律》（简称《无障碍法》）	2006
《建筑物抗震改造促进法》	1995
《密集地区的防灾街区整备促进法》	1997
《受灾市街区复兴特别措施法》	1995
《建筑士法》	1950
《建设业法》	1949
《宅地建筑物交易业法》	1952
《劳动安全卫生法》	1972
《都市规划法》	1968
《都市再开发法》	1969
《都市再生特别措施法》	2003
《都市绿化法》	1973
《景观法》	2004
《土地区划整理法》	1954
《村落地区整备法》	1987
《国土利用规划法》	1974
《关于整备干线道路沿路的法律》	1980
《室外广告法》	1949
《都市公园法》	1956
《消防法》	1948
《自来水法》	1957
《下水道法》	1958
《净化槽法》	1983
《关于废弃物的处理及清扫的法律》	1970
《关于确保建筑物中卫生环境的法律》	1970

续表

法律名称	公布（年）
《机场周边航空噪声对策特别措施法》	1978
《能源使用合理化法律》（简称《节能法》）	1979
《建筑工程相关材料再资源化法律》（简称《建设再利用法》）	2000
《确保住宅品质促进法》（简称《品确法》）	1999
《促进长期优良住宅普及的法律》	2008
《有关为保全特定紧急灾害受害者的权利与利益而采取特别措施的法律》	1997
《有关防止倾斜地震灾害发生的法律》	1969
《住宅地建造规制法》	1961
《关于推进砂土灾害警戒区等的砂土灾害防治对策的法律》	2000
《特定都市河川浸水受灾对策法》	2003
《道路法》	1952
《停车场法》	1957
《有关促进自行车安全使用及综合推进自行车等的停车对策的法律》	1980
《居住生活基本法》	2006
《关于确保特定住宅缺陷担保责任的履行等的法律》	2007
《租地租房法》	1991
《建筑物区分所有权法律》（简称《区分所有权法》）	1962
《关于推进集合住宅管理合理化的法律》	2000
《关于便捷实现集合住宅重建的法律》	2002
《民法》	1896

表1均属于法律范畴，除此之外，以《建筑基准法》为例，在此基础上所制定的政令有《建筑基准法实施令》，省（部委）令有《建筑基准法实施规则》等。而在这些命令的基础上再制定的告示有《国土交通省告示》（2000年以前为建设省告示）等。

地方公共团体（都、道、府、县（相当于我国的省）、市、町（相当于我国的区）、村等的地方政府）均可在法律的范围内制定条例。条例由地方公共团体的议会通过表决产生。

条例及规则除本地方公共团体（地方政府）之外，不适用于其他地方公共团体（地方政府）。

以东京都为例，制定的条例有《东京都建筑安全条例》（条例）、《东京都建筑基准法实施细则》（规则）等。

1.1.3 《建筑基准法》概要

1）组成及主要内容

《建筑基准法》分为两个部分，一部分为与目的、术语、手续及罚则相关的综合规定，另一部分为与建筑物的结构、用途及规模等相关的实体规定。实体规定又分为建筑单体规定和建筑组团规定。

《建筑基准法》的目录如下：

第 1 章　总则

第 2 章　建筑物的用地、结构以及建筑设备

第 3 章　都市规划区域的建筑物的用地、结构、建筑设备及用途

第 1 节　总则

第 2 节　建筑物或其用地与道路或墙面线之间的关系

第 3 节　建筑物的用途

第 4 节　建筑物的用地及结构

第 4 节之 2　都市再生特别地区

第 5 节　防火地域

第 5 节之 2　特定防火街区整备地区

第 6 节　景观地区

第 7 节　地区规划等的区域

第 8 节　都市规划区域及准都市规划区域以外的区域内建筑物的用地及结构

第 3 章之 2　型式适合认定等

第 4 章　建筑协定

第 4 章之 2　指定资格审定机构等

第 1 节　指定资格审定机构

第 2 节　指定确认审查机构

第 3 节　指定结构计算适合性判定机构

第 4 节　指定认定机构等

第 5 节　指定性能评价机构等

第 4 章之 3　建筑基准适合判定资格者的等级

第 5 章　建筑审查会

第 6 章　杂则

第 7 章　罚则

附表

表 2 是《建筑基准法》的主要内容。

《建筑基准法》内容概要　　表 2

<table>
<tr><td rowspan="14">实体规定</td><td rowspan="5">单体规定</td><td rowspan="5">（1）建筑物的用地、结构以及建筑设备
（2）附表第 1 条</td><td>结构强度规定</td><td>（1）结构方法规定（基准）</td></tr>
<tr><td>防火避难规定</td><td>（1）房顶不燃化区域的防火措施
（2）特殊建筑物的耐火基准
（3）防火墙、防火区划分
（4）内部装修基准
（5）避难设施（走廊、避难楼梯、出入口）双方向避难
（6）排烟设备
（7）安全通道等</td></tr>
<tr><td rowspan="2">卫生、安全等规定</td><td>（1）居室的采光
（2）居室等的通风换气
（3）集合住宅分户墙的隔声
（4）有害物质的应对措施
（5）楼梯的尺寸等</td></tr>
<tr><td>（1）居室顶棚的高度
（2）地下室的防潮处理
（3）厕所、粪便净化槽等</td></tr>
<tr style="display:none"></tr>
<tr><td rowspan="6">集团规定</td><td rowspan="6">（1）都市规划区域的建筑物的用地、结构、建筑设备及用途
（2）附表第 2 条~第 4 条</td><td>道路与建筑</td><td>街道规定</td></tr>
<tr><td>都市规划区与用途地域</td><td>（1）都市规划区域、准都市规划区域
（2）市街化区域、市街化调整区域、带划分区域
（3）12 种用途地域</td></tr>
<tr><td>密度基准</td><td>（1）建筑密度
（2）容积率
（3）外墙后退距离</td></tr>
<tr><td>高度、形态规定</td><td>（1）绝对高度基准
（2）后退斜线限制（道路斜线、邻地斜线、北侧斜线）
（3）日照基准</td></tr>
<tr><td>城建相关规定</td><td>（1）综合设计制度
（2）按照都市规划进行地区指定</td></tr>
<tr><td>防火地域的规定</td><td>（1）防火地域内的建筑物、建造物
（2）准防火地域内的建筑物、建造物</td></tr>
<tr><td>制度规定</td><td colspan="2">（1）总则
（2）型式适合认定等
（3）建筑协定
（4）指定资格审查机构等
（5）建筑基准适合判定资格者的等级
（6）建筑审查会
（7）杂则
（8）罚则</td><td colspan="2">“建筑协定”、“住宅区整体认定制度”等，实质上被是视为集团规定</td></tr>
</table>

该法中第 2 章和第 3 章为实体规定。

其中第 2 章的规定通常被称为建筑单体规定，是为保障各建筑物的安全及卫生而制定的，原则上适用于全国。

第 3 章的规定通常被称为建筑组团规定或都市规划规定，规定了建筑物以组团的形式存在时的要求等。与《都市规划法》相关，只在都市规划区及准都市规划区域之内适用。

2）管理环节

（1）依据《建筑基准法》（1950 年法律第 201 号）的第 6 条第 2 款、第 7 条第 2 款、第 7 条第 4 款及第 7 条第 6 款的规定，进行完工检查、中间检查及临时使用确认，即建筑确认审查制度。

（2）结构计算适合性判定

2007 年 6 月 20 日实施的修订建筑基准法指出，“一定规模以上”的建筑物，需要进行二次的结构计算审查。该种审查制度以建造更加安全和安心的建筑物为目的，除了“建造主管”等进行的审查制度外，还需要由指定结构计算适合性判定机构等进行附加审查。

2015 年 6 月 1 日开始，该制度修订为可以由建筑业主直接进行申请。

一定规模以上是指：木结构的高度超过 13m 或者建筑檐口高度超过 9m，钢结构 4 层以上等，钢筋混凝土结构高度超过 20m 等工程建设项目。对于符合上述要求的一定规模的建筑物，需要执行二次结构计算审查。

（3）节能适合性判定

2016 年 4 月 1 日开始，对于面积在 2000m^2 以上的非住宅建筑物进行节能适合性的判定，建筑节能法中规定有义务接受登记注册节能判定机构的审查。

1.2 JIS 和 JAS 标准体系

JIS 是由日本工业标准调查会在《工业标准化法》框架下制定的，因此又称为工业规格（既“工业标准”）；JAS 认证是由日本农林水产省制定与食品和农产品相关的最高级别的认证，采用第三方认证制度，由于日本的工程建设项目中木结构占比很大，而木结构建筑中的原木、木方等均采用这套认证系统，另外用于围护结构的板材及装饰装修用板材类也采用这套认证系统，所以，这套认证系统也是日本建筑工程标准体系的重要组成部分，JIS 规格与 JAS 的认证系统在标准体系中的地位相当，由于二者侧重点不同，因此，二者不发生冲突，从建筑工程标准体系的角度，二者互补。值得注意的是标准本身在工程建设中不具备强制性，但是，被《建筑基准法》第 37 条引用部分拥有与法律同等效力，既具有了强制性。

1.2.1 JIS

JIS（日本工业规格）是指，以促进日本的工业标准化为目的，以《工业标准化法》

（1949 年）为基础制定的国家规格。截至 2018 年 6 月末，日本工业规格总数为 10682 部。

随着经济全球化进程的不断深化，商品及服务的国际化需求逐渐增多，ISO 及 IEC 等国际规格的重要性逐渐凸显，通过与国际规格和各国规格间的整合，实现产品及技术跨越国界在世界范围内的通用，从而保证国际贸易的顺畅。JIS 自 1995 加入到 WTO（世界贸易机构）/TBT 协定（贸易的技术障碍的相关规定）后，与国际标准进行了整合和统一、便于国际流通及使用。

1.2.2 JIS 编号

JIS 编号由表示不同领域的一个字母及 4 ~ 5 个数字组成。

如：JIS G 4051 为机械构造用碳素钢材，字母 G 表示（钢铁）领域。

（1）字母 A（土木及建筑）

一般构造 / 实验、检查、测量 / 设计、规划 / 设备，门窗 / 材料、部品 / 施工 / 施工机械器具；

（2）字母 B（一般机械）

基本机械 / 机械部品类 /FA 相关 / 工具、夹具类 / 工作用机械设备 / 光学机械设备、精密机械设备；

（3）字母 C（电子机器及电器机械）

测试、实验用机器设备 / 材料 / 电线、缆线、电路用品 / 电器机械设备 / 通信用机械设备、电子机器、部品 / 电灯、照明器具、配线器具、电池 / 家用电器制品；

（4）字母 D（机动车）

试验、检查方法 / 互通的部件 / 发动机 / 底盘、车体 / 电器安装、计量 / 建设车辆、产业车辆 / 修理、调整、试验、检查仪器 / 自行车；

（5）字母 E 铁路

一般线路 / 电车线路 / 信号、保安机器 / 一般铁路车辆 / 动力车 / 客货车 / 铁路、索道；

（6）字母 F（船舶）

船体 / 机关 / 电器设备 / 航海用设备、计量 / 机构用各计量器具；

（7）字母 G（钢铁）

分析 / 原材料 / 钢材 / 铸铁、生铁；

（8）字母 H（非铁的金属类）

分析方法 / 原材料 / 延展性铜制品 / 其他的延展性材料 / 铸造物 / 机能性材料 / 加工方法、器具；

（9）字母 K（化学）

化学分析、环境分析 / 工业药品 / 石油、脂肪酸、油脂制品、生物制品 / 染料原料、媒介物、染料、火药 / 颜料、涂料 / 橡胶 / 皮革 / 塑料 / 照片用材料、药品、测定方法 /

试剂；

（10）字母 L（纤维）

试验、检查 / 织线类 / 纺织品 / 纤维制品 / 纤维加工机械；

（11）字母 M（矿山）

采矿 / 选矿、选煤 / 搬运 / 安保 / 矿产品；

（12）字母 P（纸浆及纸类）

纸浆 / 纸 / 纸制品 / 试验、测定；

（13）字母 Q（管理体系）

标准物质 / 管理体系等；

（14）字母 R（陶瓷行业）

陶瓷器 / 耐火物、隔热材料 / 玻璃、玻璃纤维 / 搪瓷 / 水泥 / 研磨材料、特殊的陶瓷制品 / 碳素制品 / 陶瓷行业用的专用机械设备；

（15）字母 S（日用品）

家具、室内装饰品 / 天然气石油燃烧设备、餐具、厨房用具 / 个人物品 / 购物袋 / 文具、办公用具 / 运动产品 / 娱乐产品、音乐产品；

（16）字母 T（医疗安全设备）

医疗用电器设备类 / 一般医疗器械类 / 牙科机械、牙科材料 / 医疗用设备、机械 / 劳动安全 / 与社会福祉相关联的器械类 / 卫生用品；

（17）字母 W（航空）

专用材料 / 标准部件 / 飞机 / 发动机 / 计量 / 电器装备 / 地上设备；

（18）字母 X（情报处理）

编程语言 / 图形、文字处理、文字交换 / 开放式系统互联（OSI）、局域网（LAN）、数据通信 / 输出设备、记录媒体；

（19）字母 Z（其他）

物流机械设备 / 包装材料、容器、包装方法 / 通用的试验方法 / 焊接 / 放射线 / 微型图形 / 基本 / 环境、资源循环 / 工厂管理、品质管理。

各领域的数量如图 3 所示。

1.2.3 土木建筑领域主要的日本工业规格

1）土木资材（与混凝土相关）

材料 [水泥、骨料、混合材料（剂）]

（1）制品规格

水泥：R5210 级别的普通硅酸盐水泥，R5211 高炉水泥、R5212 二氧化硅水泥；

骨料：A5005 混凝土用碎石及碎砂，A5011-1 混凝土用矿渣骨料 - 第 1 部：高炉矿

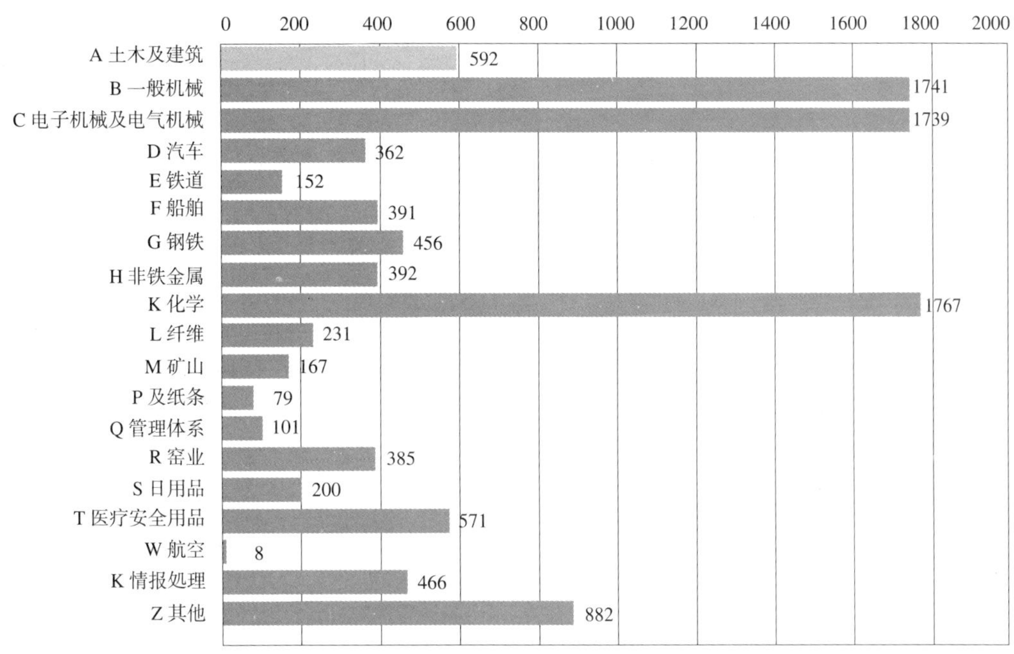

图 3 各类规格数量

渣骨料，A5021 混凝土用再生骨料 H；

混合材（剂）：A6201 混凝土用粉煤灰、A6202 混凝土用膨胀材料、A6206 混凝土用高炉矿渣微粉末、A6204 混凝土用化学混合剂。

（2）试验方法

水泥：R5201 水泥的物理试验方法、R5202 水泥的化学分析方法、R5203 水泥的水化热测定方法（溶解热方法）；

骨料：A1103 骨料的微粒分量试验方法、A1110 粗骨料的密度及吸水率试验方法、A1111 细骨料的表面水率试验方法、A1145 骨料的碱骨料的反应性能试验方法（化学法）。

2）混凝土（混凝土、再生骨料的混凝土、混凝土制品）

（1）制品规格

混凝土：A1101 混凝土的塌落度的试验方法、A1128 混凝土的空气量的压力试验方法（空气室压力方法）、A1144 混凝土中的水的盐化物臭氧浓度试验方法、A1150 混凝土的塌落度流的试验方法；

（2）试验方法

混凝土：A1106 混凝土的抗弯强度试验方法、A1108 混凝土的压缩强度试验方法、A1148 混凝土的冻融试验方法、A1152 混凝土中性化深度测定方法。

3）土质、地基相关

（1）土壤：A1202 土粒子密度试验方法、A1203 的含水率试验方法、A1218 的透水试验方法、A1223 土的细粒部分含有率试验方法、A1226 土的强热减量试验方法；

（2）地基：A1219 标准灌入度试验方法、A1220 机械式传送带灌入方法，A1230 动传送带灌入试验方法。

4）其他与土木相关联

（1）认证关联：Q1011 适合性评价 - 日本工业规格的适合性认证 - 根据不同的领域的认证指针（预拌混凝土）、Q1012 适合性评价 - 日本工业规格的适合性认证 - 根据不同领域确定的认证指南（预制混凝土制品）；

（2）施工方法：A7201 离心力混凝土桩的施工标准，A7502-2 下水道构造物的混凝土腐蚀对策技术 - 第 2 部：防腐蚀设计标准、A7511 下水道用塑料管道自洁工法；

（3）其他：A0101 土木制图、A8972 斜面、法面工程用临时设备、A9402 再生塑料停车场用停车设施。

5）与建筑设计等相关事项

（1）模数：A0001 建筑的基本模数；

（2）制图、用语：A0150 建筑制图通则、A0202 隔热用语。

6）建筑材料相关

（1）瓷砖和黏土砖等：A5209 陶瓷瓷砖、A5406 纤维板、A5908 木制刨花板、A6901 石膏板制品、A6517 建筑用钢制龙骨材料（墙板、棚顶）；

（2）屋面材料：A5208 黏土瓦、A5423 住宅屋面用的装饰大理石板、A5706 硬质盐化乙烯基雨棚；

（3）楼面材料：A5705 乙烯基系列楼面材料；

（4）其他材料：A5705 木材塑料再生复合材料、A6513 金属制格子面板及门窗。

7）建筑材料相关联的材料

（1）涂料：A6904 石膏灰泥、A6909 建筑用涂装材料；

（2）屋面材料：A6005 沥青屋面膜材料、A6021 建筑用涂膜防水材料；

（3）密封材料、胶结剂：A5536 楼面装修用粘结剂、A5758 建筑用密封材料、A5760 建筑用构造垫圈；

（4）金属物：A5508 钉子，工业用 U 形钉子；

（5）隔热材料、吸音材料：A9504 人造矿物纤维保温材料、A9510 无机多孔质保温材料、A9511 发泡塑料保温材料、A9521 建筑用隔热材料、A9523 灌注用纤维质隔热材料、A9526 建筑物隔热用灌注硬质氨基材料；

（6）建筑工具：A1541-2 建筑金属物 - 锁头 - 第 2 部：对于实用性能项目等级及表示方法，A4702 门套、A4706 窗框、A6512 可动的空间分割。

8）设备相关

（1）用水：A4422 温水洗净便座、A5207 卫生设备 - 坐便洗手盆类；

（2）检查标准：A4302 升降机的检查标准、A4303 排烟设备的检查标准。

9）施工相关

（1）施工标准：A9501 保温保冷工程施工标准；

（2）临时设施建筑：A8951 交换脚手架、A8952 建筑工程用覆盖物。

10）建筑领域的试验方法规格

（1）基本物理性能：A1324 建筑材料的保温性能检测方法、A1412-1-3 热绝缘材料的热抵抗及热传导率的检测方法；

（2）室内空气质量：A1960-1969 室内空气的标本取样方法通则及其他；

（3）防火、耐火：A1304 建筑结构部分的抗火试验方法、A1314 防火阻隔性能试验方法；

（4）隔音、吸音：A1418-1-2 建筑物的楼板撞击隔音性能测定方法；

（5）节能计算：A1493 门窗的热性能 - 日辐射热量取得率的测定、A2103 门窗的热性能 - 日辐射取得率计算。

这些工业规格的草案在制作过程中凝聚了日本混凝土工学会、（公社）地基基盘学会、混凝土制品 JIS 协议会、全国生混凝土工业组合联合会、（一社）日本建筑学会、（一财）建材试验中心、（一社）日本建材、住宅设备产业协会、（公社）空气调和、卫生工学会、（一社）日本窗框协会、日本保温保冷工业协会等大量的社团法人的力量。

1.2.4 JIS 标识认证现状

图 4 为新标识表示制度开始后取得认证的年度变化情况，日本国内认证取得件数逐渐减少。另一方面，海外取得件数逐渐增加。全部取得认证数量中海外占比为 972/8530=11.4%。

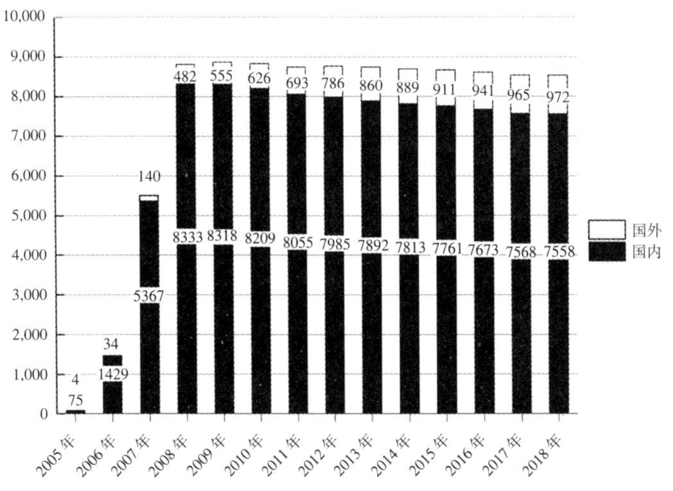

图 4 JIS 认定取得情况

备注：

截至 2018 年 5 月，认证件数为 8530 件，该数据为各年度年末件数。但是 2018 年度为截至 5 月份的数据。

表 3 是 A 区土木与建筑标识认证件数。

A 区的 JIS 标识认证取得状况　　表 3

JIS 序号	规格名称	认证件数
A4706	窗框	67
A5005	混凝土用碎石机碎砂	117
A5208	黏土砖	37
A5308	预拌混凝土	2893
A5371	预制无筋混凝土制品	617
A5372	预制钢筋混凝土制品	840
A5373	预制预应力混凝土制品	181
A5406	建筑用混凝土块	108
A5508	钉子	31
A5513	笼子	32
A5525	钢管桩	37
A5905	纤维板	25
A5914	建材榻榻米楼板	27
A6021	建筑用涂膜防水材	30
A6301	吸声材料	25
A6517	建筑用钢制基础材料（墙、天棚）	43
A6921	壁纸	41
A9504	人造矿物纤维保温材料	27
A9511	发泡塑料保温材料	33
A9521	建筑用断热材	46

表中仅列举了认证件数 25 件以上的规格，如果增加 24 件以下的规格数后，合计 5980 件。

1.2.5　JIS 标识表示制度

根据《工业标准化法》第 19 条、第 20 条等的规定，针对接受国家注册机构（注册认证机构）认证的经营者（认证制造商等），可在其接受认证的产品上或产品包装等部位印制标牌，该标牌称为 JIS 标识。

JIS 标识除了可以使贸易表示简单化外，还对产品兼容性、安全性，及公共采购等做出了巨大贡献。

在 JIS 标识表示事项中，除了“JIS”标识外，具有 JIS 标识的产品（包括包装）上还会显示 JIS 标准号、类型和等级，注册认证机构的名称，被认证的业务经营者的名称或缩写等。具体包括：

① JIS 标识辅助项

JIS 规格的序号（有时也可以省略）；

JIS 规格的种类或等级（当规定为 JIS 规格的情况下）。

②登录认证机构的名称、简称或注册商标

制品或包装等，被认证企业的名称或缩略语（简称、记号、认证号、注册商标）。

③其他的与 JIS 规格规定相关的表示事项等

其中认证号是登录认证机构和认证企业使用的统一的序号，可知以下事项。

如：AB 01 05 001

“序号含义”：

AB：为登录认证机构的简称代码；01：为被认证的企业所在地代码：2 个文字；05：认证年度的表示代码，2 个文字表示（年度后 2 个文字）；001 序列号：3 个文字（专业认证机构分配的号码）。

在认证号已知的情况下，被认证企业的相关信息可以通过检索网站进行查询。检索后可以获得以下信息：认证企业的名称、地址、电话号码；认证取得年月日；与认证相关的公司、工厂的名称；登录认证机构名称；取得认证的 JIS 号一览。图 5 为某 JIS 标识实例。

图 5　JIS 标识

1.2.6　实验室注册制度（JNLA）

实验室注册制度于 2007 年开始设立。与 JIS 标识表示制度一样，对于实验室，增加了国际上一致的注册要求（ISO / IEC 17025），对实验室的管理制度、主要成员、实验设施、机械设备等是否符合要求进行审查，之后对于具备申请范围内实验能力的经营者颁发注册证书。

1.2.7 TS及TR制度

TS及TR制度是指对日本工业标准委员会审议的标准仕样书中，无法确认市场相容性或在技术上尚处于发展过程中，目前尚未建立JIS共识，但是经过判断，未来可能被认定为JIS的项目实施的制度，依据该制度制定的标准仕样书（TS或TR）在发行后3年内需要进行再次审议，再次审议的结果应为：可以制定为JIS、可以再延期3年或者废除中的一个。原则上仅可限延期一次。

1.2.8 JAS

"JAS"是日本农林标准"JAPANESE AGRICULTURAL STANDARD"的英文首字母简写。现在JAS这个词也被用来表示全部的制度。JAS制度由"JAS标识认证标准制度"和"品质表示标准制度"两个部分组成。"JAS标识认证标准制度"是指对照农林水产大臣制定的日本农林标准（JAS标准），对经检查合格的产品，添加JAS标识的制度。而"品质表示标准制度"是指为了帮助一般消费者做出更好的选择，要求所有制造商或经销商，根据内阁总理大臣制定的品质表示标准，对产品的品质进行表示的制度。

另外，随着2015年4月《食品表示法》的实施，JAS法中与食品表示相关的规定已经由《食品表示法》来表示，JAS法已成为只对食品和饮料以外的农林产品品质进行表示的制度。

1.2.9 JAS标识认证制度

JAS法规定，农林产品是指除去酒精，医药品等产品，包括：食品、饮料和油脂；农产品、林产品、畜产品和水产品以及以这些为原料或材料生产或加工成的产品，及根据内阁法令确定的产品（如灯芯草制品、普通材料、胶合板等）。对于这些产品，无论是在国内还是国外生产、制造，都应遵循农林水产大臣批准的日本农林标准。

截至2015年6月，共为62个种类设定了201项标准。

以下三点可以作为确定JAS标准的基准。

①与成色、成分、性能和其他品质相关的基准

与工程建设相关的关于成色、成分、性能和其他品质的JAS标准规定的种类一览表，如表4和表5所示。

木质建材（9类30项标准）　　表4

未加工的木材	已加工的木材	用于框架墙建筑结构的木材及用于框架墙建筑结构连接的木材	
集成板材	正交集成板材	单板层积材	结构板材
胶合板	地板材料	—	—

其他（1类1项标准） 表5

榻榻米	—	—	—

对于成色、成分、性能等品质符合JAS标准的产品,会获得如图6所示的JAS标识。

图6 JAS标识

②JAS标准中关于生产方法的产品种类

JAS标准中，关于生产方法的部分，符合不同的标准要求的情况下，使用不同的标识。而这部分关于生产方法的部分以食品类为主，这里只做简单介绍。

例如符合有机相关标准要求的产品，添加图7所示有机JAS标识。

图7 有机JAS标识

符合生产信息公开相关标准的产品，添加图8所示生产信息公开JAS标识。

图8 生产信息公开JAS标识

其他制品，包括建筑工程制品，添加如图9所示的特定的JAS标识。

图9 特定的JAS标识

③关于流通方法的基准

对 JAS 标准中指定的产品，判断它是否符合相关 JAS 标准要求的程序称为评级。评级后的产品可以添加 JAS 标识。是否进行这个评级是制造商的自由，没有 JAS 标识的产品在销售过程中不会受到限制。具有 JAS 标识质量保证的产品更受消费者的青睐，因此可以说 JAS 标识制度的普及是消费者选择的结果。

1.2.10 JAS 品质表示制度

1）品质表示制度

由于消费者越来越关注食品问题，因此为了准确地把有关产品选择的信息传达给消费者，根据 JAS 法的 1999 年修订版要求，2000 年制定了全面的品质表示标准，该标准包含了面向一般消费者的所有食品和饮料的品质表示制度。

（1）生鲜食品的表示

（2）加工食品的表示

（3）转基因食品的表示

2）与特性相关的品质表示标准制度

另外，还可以根据每个食品和饮料的特性来决定额外的必要质量表示标准。

（1）水产品的表示标准

（2）香菇的表示标准

（3）糙米（未加工）和精米（已加工）的表示标准

（4）个别加工食品的表示标准（截至 2013 年 3 月，共 46 项标准）

由于这部分内容与建筑工程关系不大，这里略去对这个标准的详细说明。

1.3 学会和各类社会团体标准

1.3.1 概要

日本的社团法人和财团法人数目众多，其中与建筑工程密切相关的主要法人包括：日本农林规格协会、日本建筑学会、日本钢结构协会、住宅生产团体联合会、日本建筑中心、日本建材、住宅设备产业协会、人口住宅性能评价表示协会、再开发联络协会、新都市房屋协会、生活舒适性协会、住宅改革推进协议会、日本木造住宅产业协会等，这些与建筑工程相关的法人为一般社团法人，日本的一般社团法人是与财团法人相对照的，是指为了实现一定目标，由一定数目的社员结合而设立的法人。其特征是以社员为成立基础，属于人的聚合体，须建立组织机构、制定章程、并须经法定机关登记后，才可取得法人资格。社团法人中的公益社团法人是指可以享受税收政策的社团法人，从一般社团法人向公益社团法人转变需要经过申请，如日本混凝土工学会就属于公益社团法人。除此之外，还有 NPO 法人：如日本健康住宅协会，公益财团法人：日本住宅、木材技术中心等，日本建筑学会是数目众多的法人中具有影响力的一般社团法人之一。

一般社团法人 - 日本建筑学会的主旨是为了使日本国与建筑相关的学术、技术和艺术更加发达和进步。该社团组织于 1886 年创立，在日本国工程建筑方面处于主导性的地位。目前，会员数量为 35000 余名，会员分属于以研究所、教育机构、综合建筑业、设计事务所为代表的，包括政府机关公务人员、各类社团和公团的会员、建筑材料和机械制造商、建筑设计顾问、学生等各行各业的与建筑工程相关人员。

1.3.2 日本建筑学会标准

日本建筑学会制定的标准出版在其发行的标准、规准、仕样书等刊物中，表 6 是日本建筑学会出版的主要刊物，目前已出版刊物近千部。

日本建筑学会出版的主要刊物　表 6

类别	日文全称	中文全称
材料施工	建築工事標準仕様書 JASS	建筑工程标准仕样书 JASS
	鉄筋コンクリート工事	钢筋混凝土工程
	鉄骨工事	钢结构工程
	組積工事	砌体工程
	防水工事	防水工程
	内装工事・耐久・保全	内装工程、耐久、维护
	建築生産	建筑生产
	その他	其他
构造	応用力学	应用力学
	荷重	荷载
	基礎構造	基础结构
	木質構造	木结构
	鋼構造	钢结构
	鉄筋コンクリート構造	钢筋混凝土结构
	プレストレストコンクリート構造	预应力钢筋混凝土结构
	鋼コンクリート合成構造	组合结构
	シェル・空間構造	壳、空间结构
	振動	震动
	仮設構造	临时结构
	壁式構造	剪力墙结构

续表

类别	日文全称	中文全称
构造	原子力	原子力
	英文	英文
	構造設計・その他	构造设计及其他
灾害	国内災害調査報告書	国内灾害调查报告
	海外災害調査報告書	国外灾害调查报告
	災害調査報告書（英文）	灾害调查报告（英文）
	東日本大震災合同調査報告	东日本大地震共同调查报告
	阪神・淡路大震災報告書	阪神、淡路大地震调查报告
环境	環境基準	环境基础
	環境工学一般	一般环境工程
其他	防火	防火
	都市計画	城市规划
	海洋建築	海洋建筑
	情報システム技術	情报系统技术
	地球環境	地球环境
	特別調査	特别调查
	特別研究	特别研究
	建築士のためのテキスト	建筑师考试用书
	日本建築学会叢書	日本建筑学会专著
	教材・ビデオ	教材、录像
	その他の発行図書	其他发行的图书

1.3.3 JASS

建筑工程标准仕样书简称为 JASS（Japanese Architectural Standard Specification），是日本建筑学会制定并面向社会发行的与施工相关的标准。该仕样书根据施工种类的不同进行命名和编号，如表 7 所示。

建筑工程标准仕样书、同解说 JASS 目录　　表 7

JASS 编号	日文全称	中文全称
1	一般共通事項	一般项目
2	仮設工事	临时工程
3，4	土工事および山留め工事；杭・地業および基礎工事	土方工程和挡土墙工程；基坑、地基、基础工程
5	鉄筋コンクリート工事 -2015	钢筋混凝土工程 -2015
6	鉄骨工事	钢筋及钢结构工程
7	メーソンリー工事	砌体工程

续表

JASS 编号	日文全称	中文全称
8	防水工事	防水工程
10	プレキャスト鉄筋コンクリート工事 -2013	预制钢筋混凝土工程 2013
11	木工事	木结构工程
14	カーテンウォール工事	幕墙工程
16	建具工事	门窗工程
18	塗装工事	涂装工程
19	陶磁器質タイル張り工事	陶瓷瓷砖的粘贴工程
21	A L Cパネル工事	ALC 板工程
24	断熱工事	保温隔热工程工程
26	内装工事	内装工程
27	乾式外壁工事	干式外墙工程

1.3.4 JASS 在建筑工程作用

建筑工程标准仕样书可以成为设计人员和施工人员在制作具体的建筑工程仕样书时的参照。也可以对设计人员以外的监理人员、施工人员、制造商、业主和建设单位起到教育和启发的作用。建筑工程标准仕样书的原文也可以构成施工合同文件中设计文件的一部分来进行引用。

1.4 企业标准

日本企业为了提高其核心竞争力，在积累了多年的经验的基础上，制定了企业内部的建筑工程标准，这类标准一般不会公开，而且这类标准一般仅适用于企业内部，是基于本企业内部拥有的资源和技术制定的标准，希望通过执行该标准，使企业能够获得最大效益。因此，参考意义不大，这里对企业标准的介绍从略。

1.5 小结

（1）日本与工程建设相关标准层级分明，不同层级对应了不同等级的质量要求，强制性技术标准集中在法律、法规中，代表着最低层级的质量标准；

（2）《建筑基准法》、《建筑基准法实施令》《国土交通省告示》等是日本与工程建设相关的法律和法规，其内容由强制执行的技术标准组成；

（3）日本强制执行的技术标准由法律和法规唯一指定；

（4）JIS 和 JAS 为日本的国家标准，这类技术标准涵盖了各行各业，由官方制定，由经济产业省（JIS）和农林水产省（JAS）审批和管理；

（5）JIS 和 JAS 制定了相应的标准认定制度来强化标准的执行；

（6）日本各类学术团体数目众多，其中最具影响力的日本建筑学会，具有悠久的历史、众多的会员和广泛的社会影响力，通过不断出版和更新技术标准来增强其社会影响力；

（7）学术团体制定的标准虽然为非强制执行标准，但是由于反映了新材料、新技术、新成果等，且更新速度较快，其标准属于建立在建筑基准法最低技术标准基础上高质量标准，或与新材料、新技术等相关的标准，所以，时常会被建筑施工合同引用；

（8）日本标准体系层级分明，各级标准并不是杂乱无章的组合，相互间不重复、不矛盾，是一个有机的整体，各级标准都对应了不同的质量要求。

2 日本建筑工程管理体系

2.1 法律管理体系

2.1.1 概要

日本国会是唯一立法机关，由代表全体国民的议员组成。

所谓的“命令”，就是为了实施法律规定而基于法律委任制定的技术法规。命令又分为两种，一种是由内阁（中央政府）制定的“政令”，另一种是由各省大臣（各部委的部长）制定的“省令”。

另外，在法律上，若只是大臣（部长）所制定的基准，通常是以“告示”的形式公布于众。

“政令”、“省（部委）令”及“告示”等的地位均在法律之下，若违反法律的规定均属无效。

2.1.2 《建筑基准法》的立法目的及构成

日本与建筑工程相关的技术法规，包括从相关法令到条例、规则等，是一个庞大的法律体系，而《建筑基准法》是这些法律制定的基础。

《建筑基准法》中的第一条规定了其立法目的。

“第一条　本法律是对建筑物的用地、结构、设备以及用途等制定的最低标准，是以保护国民的生命、健康以及财产安全，同时以有助于增进公共福利发展为目的的。”

《建筑基准法》是对建筑行为进行规制的法律，“保护国民的生命、健康以及财产安全”是其根本目的，并在此目的的基础上制定了建筑物的最低标准。

2.1.3 技术法规的变迁

在对建筑物的规定，尤其在市区防火对策上，虽然近代以前也曾制定过一些规定，但在明治维新（1868 年）后的现代化过程中，日本逐渐引入外国的条例，也开始制定了一些条例和规定，如图 10 所示。

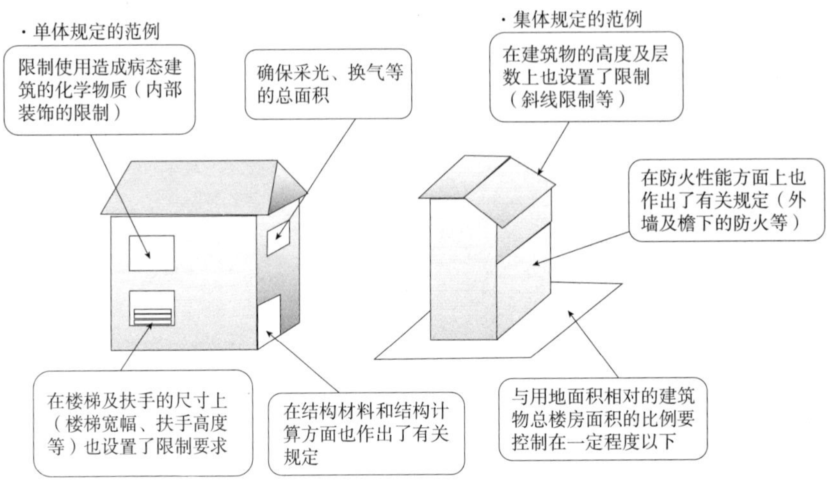

图 10　各种规定的范例

随着建筑法规制定活动的日益高涨，第一次以法律的形式确定下来的是《市街地建筑物法》。

《市街地建筑物法》于 1919 年公布，1920 年起实施，首先适用于东京、京都、大阪、横滨和神户这五大城市。此外，《都市规划法》也同时公布并实施。

现在，《建筑基准法》中的主要术语、概念等早在《市街地建筑物法》（及其实施令）中出现并一直沿用至今。此外，对用途地域、防火地区、高度标准、道路斜线标准、建筑密度等均有规定，而关于高度及斜线斜率的标注参数等，一部分的内容一直沿用到现行的《建筑基准法》中。

1948 年日本建设省（现国土交通省）成立，1950 年《建筑基准法》（同时还有《建筑士法》）公布并付诸实施。

采用由建筑主管“确认”的制度，将全国适用的单位规定和涉及《都市规划法》的集团规定明确划分开来，是《建筑基准法》的特点。

《建筑基准法》是一部连细小的技术基准都包含在内的法律，而确保其合法性的制度就是“确认”制度。关于建筑确认制度将在后面的章节中详细阐述，“确认”与“认可”和“许可”不同，对于合法的东西不能拒绝。

《建筑基准法》施行后，由于城市的急速发展、建筑结构材料的进步、建筑物的巨型化等各种原因，经常要进行修改，内容也变得非常复杂，但其基本结构仍与当初一样。从《市街地建筑物法》到《建筑基准法》的施行，至今为止法律的主要变迁如表 8 所示（年份代表施行年份）。

建筑基准法规的变迁（摘要） 表 8

《市街地建筑物法的规定》（1920 ~ 1950 年）	住宅地域、商业地域、工业地域等三种用途
	建筑线（建筑物不许突出于道路与用地之间的分界线）的制定、建筑物与建筑线相接的义务
	美观地区的制定
	防火地区的制定
	法规制定适用区域
	用途地域内的用途限制
	住宅地域内的建筑高度为 65 尺以下，其他区内的建筑高度为 100 尺以下
	木结构住宅：高度 50 尺以下，檐高 35 尺以下 木架砖住宅：高度 36 尺以下，檐高 26 尺以下
	道路斜线的斜率：住宅地域内为 1.25、其他的为 1.5
	根据道路宽度限制绝对高度
	与两条以上的道路毗连时的适用道路斜线
	建筑密度的标准：住宅地域 0.6、商业地域 0.8、工业地域 0.7
1950 年建筑基准法施行	单体规定的全国适用
	采用由建筑主管执行的“确认”制度
	采用建筑审查会、建筑协定等制度
	都市规划道路内的建筑许可
	将用途地域增加到 4 种（准工业地域）
	特别用途地区制度（特别工业地区、文教地区等）
	指定将空地地区划进住宅地域内
	根据道路宽度限制绝对高度
	加强防火地域、准防火地域等的防火规定
	按照综合设计的住宅区
	电气、电梯、消防设备的规定
1957 年	在政令中再补充道路内可建的建筑的规定
	商业地域内的建筑密度：7/10 → 8/10
	追加临时店铺
1959 年	升降机规定的整备
	防止工地现场危害
	为耐火建筑物、简易耐火建筑物下定义，全面更改对象建筑物
	引入定期报告制度
	扩大避难设施的适用范围
	新设内部装修标准
	加强街道条件
	加强水泥预制板结构的补充规定
	大幅修正结构强度的规定
1961 年	新设特定街区

续表

1961 年	新设内部装修标准
	在建筑协定的协定事项中增加用途
1964 年	新设容积地区制度，废除地区内绝对高度标准
	关于高层建筑物的防火、避难规定的整备
1969 年	将都市规划道路内的规制转移到都市规划法
	防火区划中的竖穴区划、空隙填充等
	双方向避难楼梯的设置
	地下层中避难楼梯、特别避难楼梯的设置
	地下室的基准
	加强内部装修标注
1971 年	人口 25 万以上的城市设置建筑主管的义务
	对违规建筑物设计师等的处分
	长屋、集合住宅界墙的隔声
	废除绝对高度标准，走向容积制
	新设邻地斜线、北侧斜线
	新设综合设计制度
	加强防火区划、内部装修标准等
	新建排烟设备、紧急照明装置、紧急通道、紧急电梯等
1975 年	加强工业专用地域内的建筑密度
	特定建筑物的用途规定
1977 年	扩大需要“确认”建筑物的范围
	新设日照规定
	加强受道路宽度制约的容积率（住宅地域：0.6 → 0.4）
	放宽第一种住宅专用地域内的绝对高度标准（可放宽到 12m 以内）
	跨地域、跨地区时的合理化措施
1981 年	全面修改结构计算基准，新抗震基准的实施
	燃气泄漏对策的整备
1984 年	免除建筑主管的确认，审查的要求
	为新设的木结构住宅建筑士进行的调查
	放宽消防长等的同意制度的部分规定
1987 年	修订使用集成材的木结构建筑物的规定
	放宽木结构建筑物结构的高度标准
	放宽以离特定道路距离的长短对容积率进行的限制
	大幅放宽以退后距离的长短确定道路斜线、邻地斜线的适用范围
1988 年	放宽再开发区规划区域的限制
1990 年	修改住宅地高度利用区规划制度
1993 年	出台许可条件与违规措施

续表

1993 年	在建筑物定义中补充“类似建筑”
	准耐火结构的新设、从简易耐火建筑物向准耐火建筑物的转换
	放宽对文化遗产的规定
	允许建 3 层木结构集合住宅等
	用途地域种类的详细划分从 8 种增加到 12 种
	商业地域的容积率规定的补充（补充 200%、300%）
	推荐容积制
1994 年	放宽住宅地下层部分的容积限制
1997 年	放宽集合住宅的公共走廊等的容积限制
1998 年	住宅居室的日照享有义务的废除
1999 年	新设建筑基准适合判定资格者、民间确认及审查机构
2000 年	中间审查制度
	将完成审查由报告变为申请
	确认对象法令的明确化
	允许在准防火地域内建 3 层木结构的住宅、集合住宅及宿舍等建筑物
	将防火规定、结构规定等转化为性能规定
	放宽需采光居室的范围及推出采光的有效门窗面积的估算方法
	解除对地下层作居室的限制
	修订升降机规定
	引入限界承载力计算
	型式适合认定制度的完备
2001 年	集团规定开始在准都市规划区域内使用
	用途地域中无指定区域内的容积率、建筑密度、日照标准等
	特备用途划定地域
	特例容积率适用地域
2003 年	补充建筑密度、容积率规定，放宽道路宽度的容积率
	放宽日照标准
	出台不健康建筑（sick house）的规定（建筑材料的标准与机器换气设备的设置）
2006 年	全面禁止使用石棉
2007 年	引入由都道府县知事实施的结构计算适合性判定
	变更结构基准
	三层以上集合住宅的中间审查义务化
	出台《加强对违反有关结构性能规定的设计者的惩罚条例》
2015 年	特定构造计算基准
	特定增改建构造计算基准
	建筑业主直接进行申请
2016	$2000m^2$ 以上的非住宅建筑物进行节能适合性的判定

注：表中 1 尺 =1/3.3m。

2.1.4 建筑确认审查制度

（1）目的

《建筑基准法》是以保护国民的生命、健康以及财产安全，同时有助于增进公共福利发展为目的的。因此,《建筑基准法》中的有关规定是对建筑物的最低质量要求，为了确保建筑物的安全，依据《建筑基准法》（1950 年法律第 201 号）的第 6 条的第 2 款、第 7 条的第 2 款、第 7 条的第 4 款及第 7 条的第 6 款的规定，进行完工检查、中间检查及临时使用确认，即建筑确认审查制度。伴随着建筑基准法及相关政令等的修订（2015 年 6 月 1 日开始施行），自 2015 年 6 月 1 日之后受理的建筑物，执行建筑基准法第 6 条的第 3 款中的修订后文件规定，实施“特定构造计算基准及特定增改建构造计算基准中对比较容易的事项进行结构确认审查”。对于一定规模以上的建筑物，还需要接受指定构造计算适用性判断机构等的判定，一定规模以上的非住宅建造物必须接受登记注册的节能判定机构等的判定。

（2）接受审查的方法

建筑确认审查制度规定可以申请选择特定行政厅的“建筑主管”或者民间指定确认审查机构两个渠道中的任意一个来执行审查工作，选择这两个渠道中的哪一个完全由建筑业主自主判断决定。在民间的被指定的确认审查机构中，由代表“建筑主管”的具有相应资格的确认审查员进行确认和审查。

①特定行政厅

指设置了“建筑主管”的地方公共团体。“建筑主管”是指为了掌管与建筑确认相关的事务，在地方公共团体的长期指挥监督下设定的部门；

②被指定的确认审查机构

“被指定的确认审查机构”是指被指定的进行建筑确认和审查的机构，是国土交通大臣和都、道、府、县的知事（最高领导）指定的民间机构。根据 1999 年实施的修订建筑法的要求，将以往规定中由都、道、府、县及市、町、村的“建筑主管”执行的确认和审查业务指定为由民间机构进行。因此，建筑确认和审查工作变为由行政和民间两条主线共同执行，选择这两条主线中的哪一条进行建筑确认和审查，经建筑业主判断后自主决定。在指定确认审查机构中，由代表“建筑主管”的具有相应资格的确认审查员进行确认和审查。

（3）结构计算适合性判定

2007 年 6 月 20 日实施的修订建筑基准法指出，“一定规模以上”的建筑物，需要进行二次的结构计算审查。该种审查制度制定是以建设更加安全和安心的建筑物为主要目的的，除了指定了“建造主管”等进行的审查制度外，还需要由指定结构计算适合性判定机构等进行附加审查的一项制度。

2015 年 6 月 1 日开始，该制度修订为可以由建筑业主直接进行申请。

一定规模以上是指：木结构的高度超过 13m 或者檐口高度超过 9m，钢结构 4 层以上等，钢筋混凝土结构高度超过 20m 等的建设项目。对于符合上述要求的一定规模的建筑物，需要执行双重审查，如图 11 所示。

图 11　依据建筑基准法要求进行双重审查

（4）节能适合性判定

2016 年 4 月 1 日开始，对于面积在 $2000m^2$ 以上的非住宅建筑物，《建筑物节能法》规定有义务接受登记注册节能判定机构的审查。

（5）审查流程

审查流程如图 12 所示。

①建筑确认

建筑业主需要向都、道、府、县及市、町、村的“建筑主管”或者被指定确认审查机构提交确认申请书，必须进行以《建筑基准法》等为基础的适合性审查。

②中间检查

包括特定工程在内的建筑物，在特定工程即将完工阶段，必须接受“建筑主管”及指定确认审查机关的审查。

特定工程是指根据《建筑基准法》第 7 条第 3 款的第 1 项判定，分为法定的特定工程和行政厅指定的特定工程两种。

③完工检查

对于必须要进行建筑确认的建筑物，在完工阶段，必须接受“建筑主管”和指定的确认审查机构的审查。

（6）特定行政厅和被指定确认审查机关

建筑业主、被指定的确认审查机关和特定行政厅之间的关系如图 13 所示。

建筑业主向被指定的确认审查机关提交“建筑确认申请”、“完工（中期）检查申请”，被指定的确认审查机关向建筑业主和特定行政厅同时提交审查结果和中间审查结果，当这些申请书不符合要求的情况下，特定行政厅有权利下发不合格通知，命令其

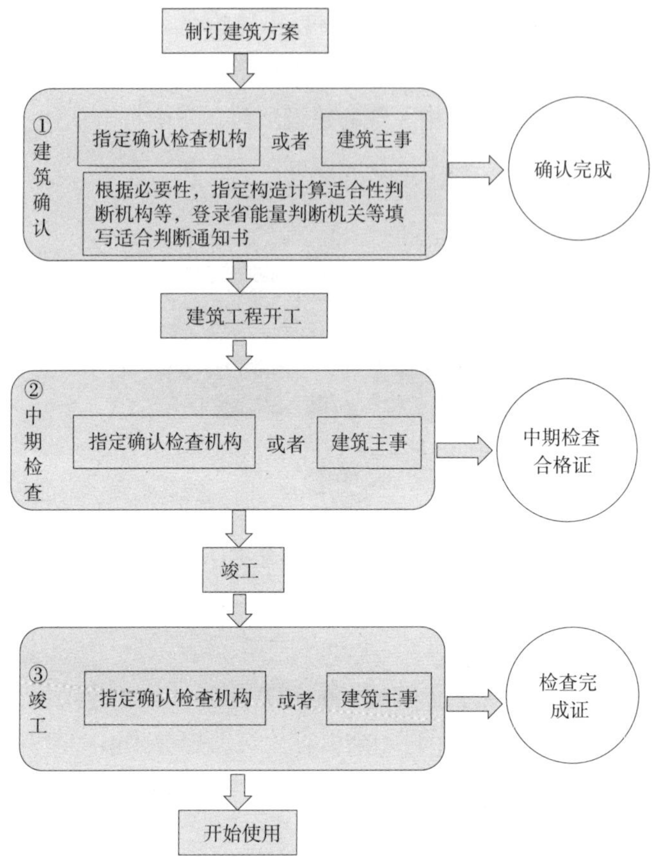

图 12　建筑确认审查制度流程

对违反的项目进行整改，或下达“确认完成证明”失效的命令。

完工审查必须在工程完工审查完成后或者接受审查申请日开始 7 天之内实施。如果超过 7 天，建筑业主即可开始使用该建筑物。这样的管理体系不仅明确了特定行政厅和被指定的确认审查机关的地位，突出了建筑确认审查制度的重要性，同时维护了建筑业主的权益。

（7）特定行政厅和指定确认审查机构的数量变迁

图 14 为 1999 ~ 2012 年间，每年的 4 月 1 日统计的特定行政厅和指定确认审查机构的数量的变化情况，可见特定行政厅的数量和指定确认审查机构的数量都在逐年上升，而其中的指定确认审查机构的数量增加趋势明显，到 2012 年，占比约 25%。

（8）接受建筑确认的件数

图 15 为 1998 ~ 2015 年间统计的特定行政厅和指定确认审查机构接受的建筑确认审查件数的变化情况。指定确认审查机构接受的建筑确认审查件数逐年增加，每年约 58 万件的建筑确认审查申请中，特别行政厅 7 万件，占比约 12%，民间指定的确认审查机构 51 万件，占比约为 88%。

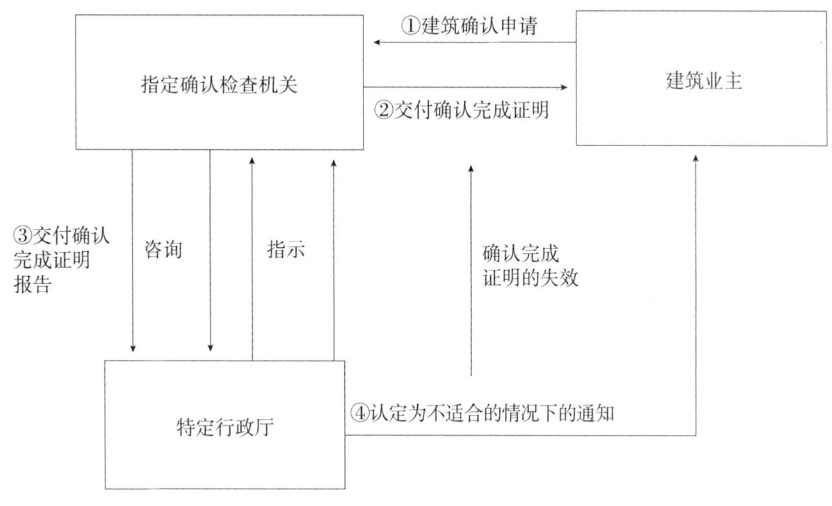

（a）建筑计划的申报审查流程

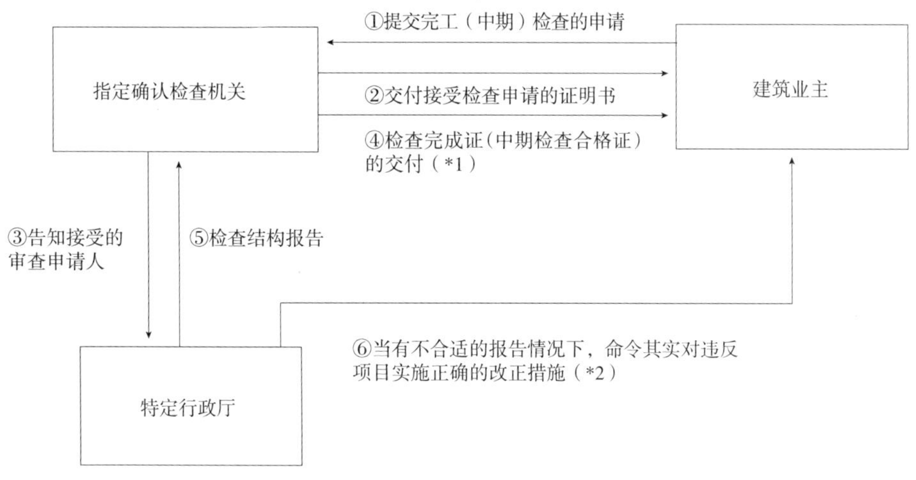

（b）中期检查和完工检查流程

图 13 特定行政厅和指定确认审查机关的关系

注：*1 完工检查必须在完工检查工程完成后或者接受检查申请日开始 7 天之内实施。超过 7 天后即可使用建筑物；
*2 下达正确与否的命令等除了对建筑止主外，还针对工程申请人、现场的管理人员等。

（9）完成的确认审查件数

图 16 为 1998 ~ 2015 年特定行政厅和指定确认审查机构每年完成的确认审查件数，从图中可知，民间确认审查机构完成的件数在逐年增加，2015 年，由民间完成的件数为 48 万件，占 2015 年总件数的 55 万件的 87%，特定行政厅完成的件数为 7 万件，占该年度总量的 13%。

从以上分析可知民间指定的确认审查机构在建筑确认审查制度执行过程中发挥了重要的作用。

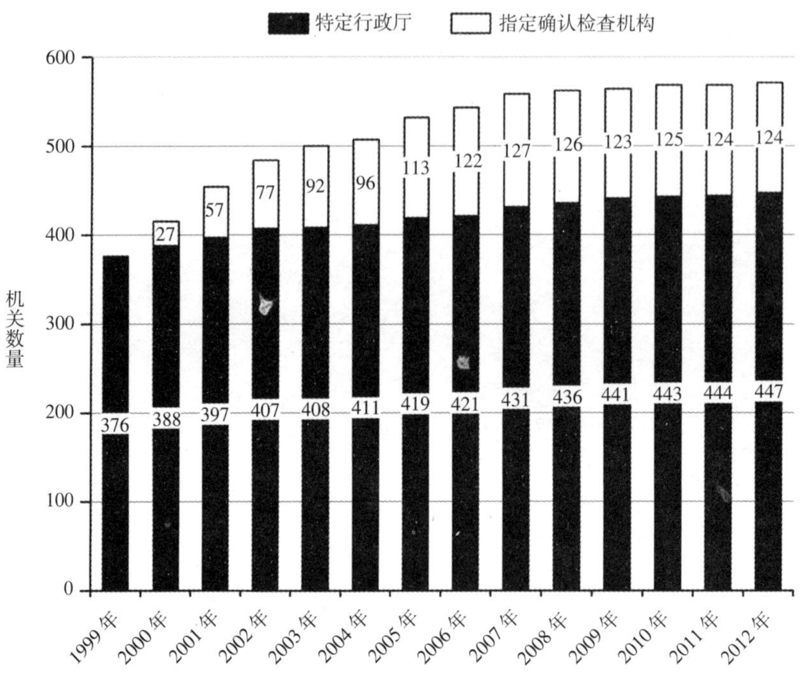

图 14　特定行政厅和指定确认审查机构数量的逐年变化

注：截至 2012 年 4 月 1 日特定行政厅数量：都、道、府、县（47），法第 4 条第 1 项设定的市（83），法第 4 条第 2 项设定的市（142），法第 97 条的第 2 项设定的市（152）；

截至 2017 年 4 月 1 日特定行政厅（451）：都、道、府、县（47），法第 4 条第 1 项设定的市（88），法第 4 条第 2 项设定的市（145），法第 97 条第 2 项设定的市（171）；指定确认审查机构（134）。

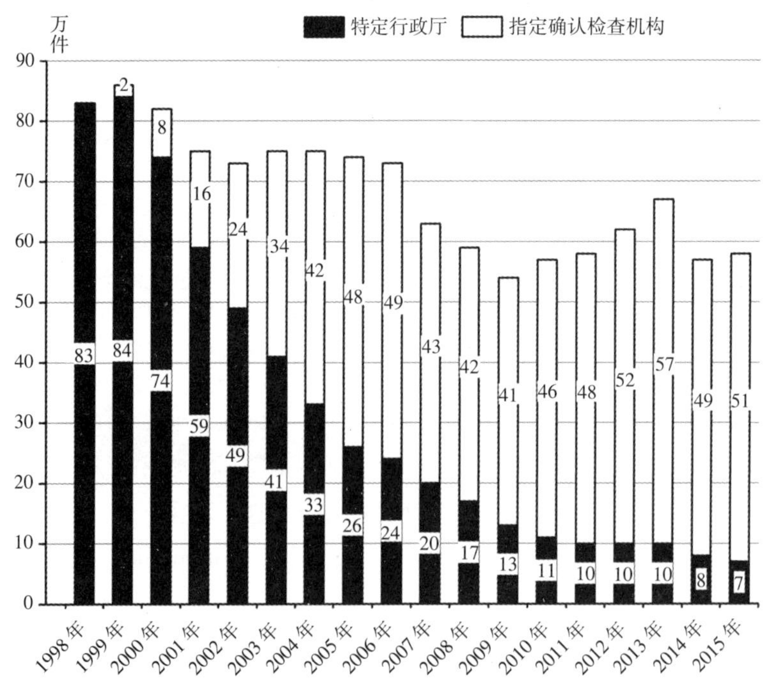

图 15　特定行政厅和指定确认审查机构每年接受建筑确认审查件数的逐年变化

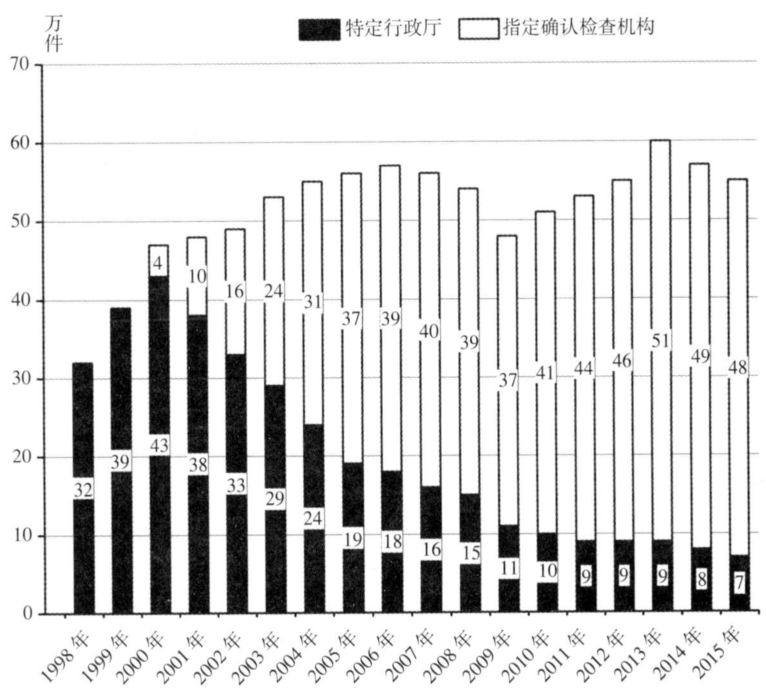

图 16 特定行政厅和指定确认审查机构每年完成的确认审查件数的逐年变化

2.1.5 《节能法》和《建筑物节能法》

1）颁布《节能法》和《建筑物节能法》的目的和意义

《节能法》是《能源使用合理化法律》的简称。其目的是为了顺应日本国内外能源经济社会的发展，提高燃料资源的利用效率，综合促进工厂、运输、建筑物、机械器具等能源利用的合理化以及其他能源利用的合理化，采取必要措施来保障国民经济的全面发展，而制定的法律。

《建筑物节能法》是随着社会经济形势的变化，鉴于建筑物的能源消费量明显增加，为了提升建筑物的能源消费性能，制定了住宅以外一定规模以上建筑物的能源消费性能基准适用义务和能源消费性能提升计划认定制度。

2）《节能法》和《建筑物节能法》历史

20 世纪 70 年代爆发了两次石油危机，使得日本开始注重在生产和日常生活中推进节能政策，促进能源的有效利用。但是能源的消费量依然持续攀高。基于这一形势，1979 年，节能就以法律的形式确定下来，即《节能法》。

2016 年 3 月 31 日前的《节能法》由企、事业单位的相关措施、运输领域的相关措施、住宅和建筑物的相关措施、机械器具相关措施四个部分组成。如图 17 所示，是以“能源使用合理化等相关法律”为基础，对燃料及燃料来源的热、电的合理化使用等的相关规则，该法律由经济产业省和国土交通省共同管理。

图 18 为对比 2015 年和 1990 年各领域能源消费量的变化图，从图 18 可知，2015 年与 1990 年相比，工业领域减少了 12.6%、运输领域增加了 1.0%，而与此相对应的民生领域（这里是指住宅和建筑物）却增加了 24.8%。在其他领域呈现减少趋势，或者基本保持不变的情况下，民生领域却在不断增加。

从图 18（b）的最终能源消费变化情况可知，民生部门 1990 年的占比为 25.6%，2015 年的占比为 32%，占了全部能源的 1/3。因此，有必要对民生领域的建筑物节能对策进行强化，从 2016 年 4 月 1 日起，开始执行新的地球温暖化对策法制法规架构（2016 年 4 月 1 日开始），简称建筑物节能法。

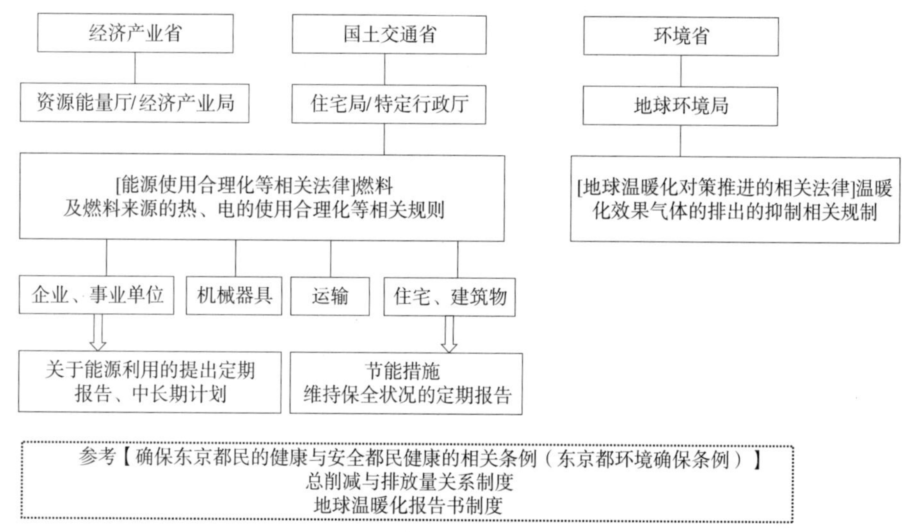

图 17　地球温暖化对策法律框架

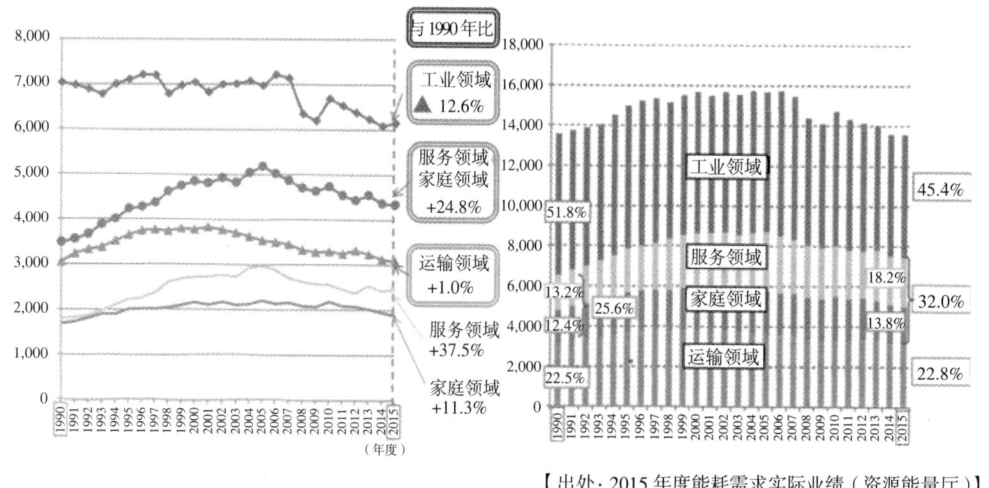

（a）各领域能耗变化　（b）最终能耗的变化

图 18　各领域能耗变化情况

3)《节能法》与《建筑物节能法》修订历程

节能法自 1979 年制定以来，经历了比较大的与建筑工程相关三次修订过程，如图 19 所示。在这三次修订过程中，建筑物申报义务的范围逐年扩大，首先从建筑物的面积方面，申报义务从 $2000m^2$ 逐年扩大，2010 年 $300m^2$ 的建筑也需要进行申报，另外，建筑物的使用功能与申报义务间也从非住宅建筑物，到住宅建筑物、再到住宅、非住宅建筑物，可以说，随着每一次修订，其规定正在逐渐严格。

2017 年进行了最大一次的修订，为了突出建筑物在节能方面的重要性，推出了《建筑物节能法》，该法律属国土交通省管辖。

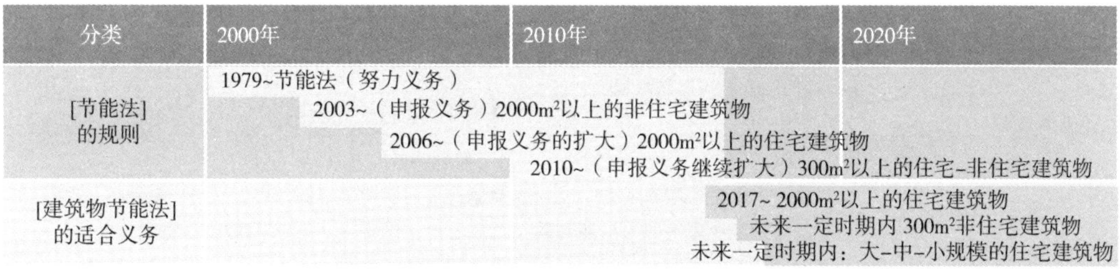

分类	2000年	2010年	2020年
[节能法]的规则	1979~节能法（努力义务） 2003~（申报义务）2000m²以上的非住宅建筑物 2006~（申报义务的扩大）2000m²以上的住宅建筑物 2010~（申报义务继续扩大）300m²以上的住宅-非住宅建筑物		
[建筑物节能法]的适合义务		2017~ 2000m²以上的住宅建筑物 未来一定时期内 300m²非住宅建筑物 未来一定时期内：大-中-小规模的住宅建筑物	

图 19　节能法中关于建筑工程的重大修订

4）新《节能法》概要

新《节能法》仅对企业、事业、运输、机械器具三个领域的能源使用合理化进行了规定，如图 20 所示。

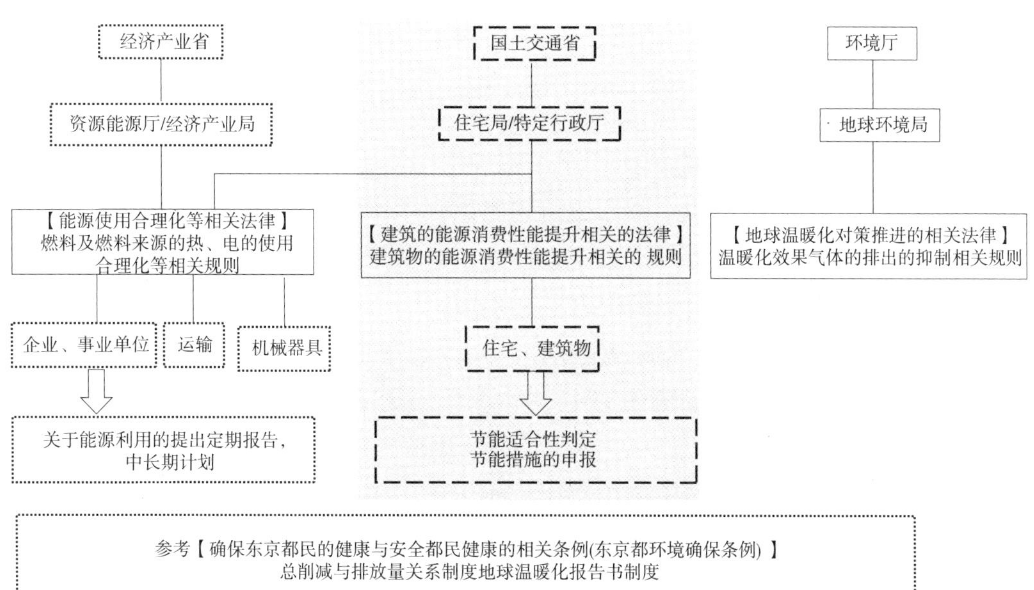

图 20　修订后与建筑工程相关地球温暖化对策法制法规框架

通过定期报告、中长期计划达到使能源使用量削减的目的。

表 9 对新《节能法》各个领域的对象和能源使用的合理化进行了规定。

新《节能法》的主要内容　　表 9

<table>
<tr><th>领域</th><th colspan="2">对象</th><th>能源使用的合理化的规定</th></tr>
<tr><td rowspan="3">企业、事业单位</td><td colspan="2">【事业单位】
●特定事业者（包括特定连锁化事业者）
使用原油换算后每年的能源使用量为 1500KL 以上
※【特定连锁化事业者　大致数量】
小型店铺（约 3 万 m^2 以上）
办公室、事务所（600 万 kWh/ 年以上）
酒店（顾客房间数量 300 ~ 400 以上）
医院（病床数量 500 ~ 600 以上）
便利店（30 ~ 40 个以上店铺）</td><td>【义务】
●能耗监督统括者的选任
●辅佐管理统括者的能耗管理企划推进者的选任
●每个能耗管理指定工厂等能耗管理者等的选任
●遵守判断基准（设定管理标准，实施节能措施等）
【目标】
●中长期的年平均 1% 以上的能耗削减
●达到基准点指标（仅对应业务种类）
【通过行政手段进行检测】
●指导・建言、征收报告・现场检查</td></tr>
<tr><td rowspan="2">【设置的工厂（企业）等的种类】</td><td>●一次能耗管理制定工厂等
每年的能耗量按照原油换算后为 3000KL 以上</td><td>【义务】
●制造业、矿业、电器、煤气、热供应业
能耗管理人的选任（能耗管理士学习）
●上记以外（宾馆、学校等）
能耗管理员的选任</td></tr>
<tr><td>●二次能耗管理制定工厂等
每年的能耗量按照原油换算后为 1500KL 以上</td><td>【义务】
●全部的业务种类
能耗管理员的选任</td></tr>
<tr><td>运输</td><td colspan="2">●特定货物 / 旅客运输事业者
（持有车辆中的卡车的数量为 200 台以上等）
●特定荷主
（年间运送量为 3000 万吨千米以上）</td><td>【义务】
●计划的提出义务
●能耗使用状况等的定期汇报义务
●与委托运输相关的能耗使用状况等的定期报告义务</td></tr>
<tr><td>机械器具</td><td colspan="2">●制造事业者等（生产量等一定以上等）</td><td>●设定汽车及家电制品等 32 个品种的能源消费效率的目标，寻求制造事业者等的达成目标。</td></tr>
</table>

5）《建筑物节能法》概要

随着社会经济形势的变化，鉴于建筑物能源消费量增加非常明显，为了降低建筑物的能源消费性能，制定了适用于住宅以外的一定规模以上的建筑物能源消费性能基准义务、能源消费性能提升计划的认定制度等措施。

自 2016 年 4 月 1 日起，实施诱导措施，2017 年 4 月 1 日起实施规则措施。诱导措施和规则措施的主要内容如图 21 所示。

诱导措施的责任和义务

2016 年 4 月 1 起实施第 1 年诱导措施，即

对于出售、租赁的建筑业者实施节能表示的努力义务（第 7 条）；

对于节能性能优良的建筑物，接受所管行政厅的认定后，可以获得容积率的优惠政策（第 30 条）；

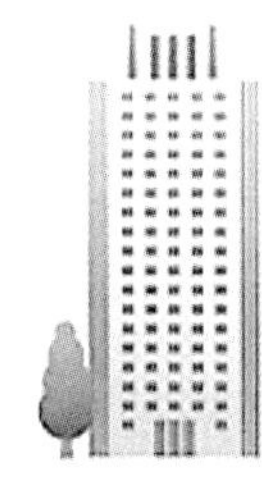

图 21　规制措施和诱导措施

接受所管行政厅认定后，对于符合节能基准要求的建筑项目，可以对该项目进行“表示”。

规制措施的责任和义务（实施第 2 年）

对于 2000m^2 以上的非住宅新建、增改建建筑项目，要求符合节能基准的义务（第 11 条）;

是否符合节能基准要求，有义务接受所管行政厅或者登记注册的节能判定机关的判定义务（第 12 条）;

对于 300m^2 以上的新建、增改建建筑项目，有向所管行政厅进行汇报的义务（第 19 条）。

6）《节能法》和《建筑物节能法》对比分析

表 10 为建筑物适用于《节能法》和适用于《建筑物节能法》的对比变化情况。从表 10 可知，修订后的建筑物节能相关事项更加严格，以 2000m^2 的大规模建筑物为例，对于非住宅建筑，过去仅有申报义务，而《建筑物节能法》规定中规定了必须符合基准的义务，也就是要求更加严格了，同样，对于 300m^2 以上 2000m^2 以下的建筑物，过去的《节能法》仅指出在不满足要求的情况下，执行劝告，而在《建筑物节能法》中，不满足要求的情况下，实行了更加严格的指示、命令等。但是，二者都指出了住宅领跑的义务。

除了特定的建筑物外，《建筑物节能法》还规定了不适用规制措施的建筑物。

《节能法》和《建筑物节能法》　　表 10

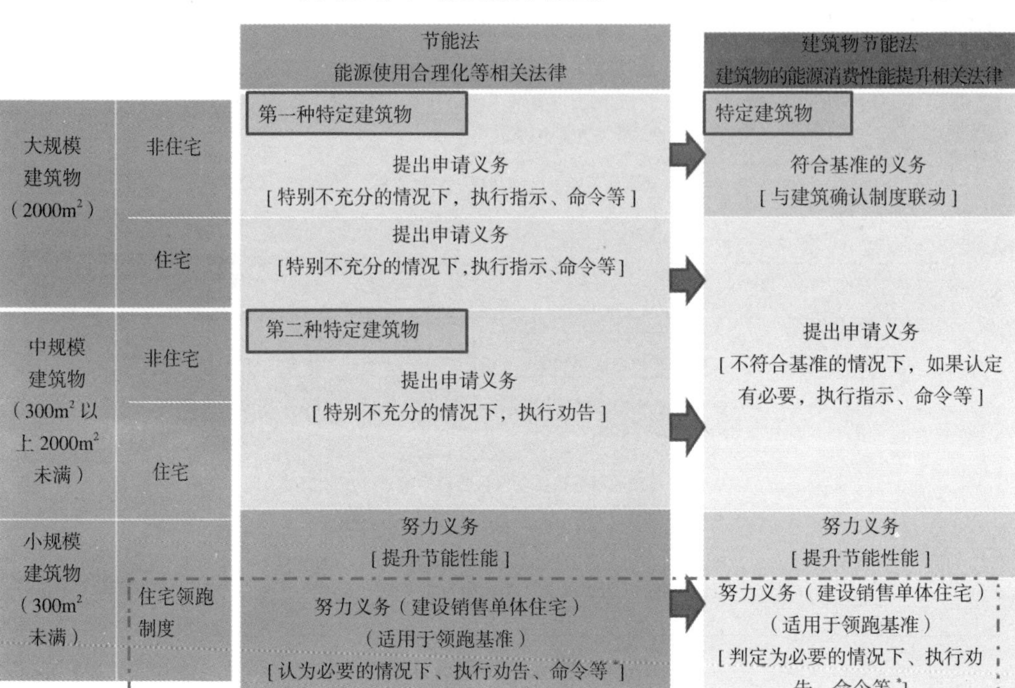

注：* 每年新建单体住宅 150 户以上的以住宅建设委事业的业主为对象。

是否适用建筑物节能法的规制措施（符合基准义务、适合性判定、提出申请义务），需要经过以下的判断。

（1）是否是规制措施之外的建筑物；下列情况为不适用规制措施的情况：

①无居室或者有高开放性，在用途上没有必要设置空调设备的建筑物，如畜舍及汽车车库等；

②保存措施等很难适用节能基准的建筑物，如“文化财产指定的建筑物”等，临时建筑物。

（2）建筑物的规模是否在一定规模以上

（1）的情况下，建筑物是否在一定规模以上，以以下情况为基础进行楼面面积计算，之后进行判断

①有较高的开放性空间，在是否适用规制措施的判断过程中，高开放空间不计算在楼面面积内，例如：非住宅部分 2000m²，但是如果开敞部分的面积 1000m²，则不符合；

②对于住宅和非住宅复合建筑物，除去住宅部分依据非住宅部分的楼面面积来进行判断。

（3）改、扩建建筑物的规制措施区分

非住宅建筑物的改、扩建过程中，满足以下条件的为适合义务对象。

"改、扩建之后的建筑面积"在 2000m² 以上；

与"改、扩建之后的建筑面积"相对应的"改、扩建部分的面积"的比例超过 1/2。

其中面积中扣除了"有高开放性的部分"的面积，详见表 11。

建筑物节能法规制措施适用情况　　表 11

[A] 改、扩建部分的面积	[B] 改、扩建后的建筑面积	[C] 改、扩建的比例	建筑物节能法规则措施
300m² 以上	2000m² 以上	½ 超过	适合义务
		½ 以下（*1）	适合义务
		½ 以下（*2）	提出义务
	2000m² 未满		提出义务
不满 300m²			规制对象外

7）住宅建筑的能源消费性能的表示制度

住宅建筑的能源消费性能的表示制度是指要求建筑物具备强调基准等级以上的节能性能，对于新建建筑等，强调特别的节能性能，需要接受第三方机构的评价，根据节能性能分为 5 个等级，用★来表示，如图 22 所示。

对于已有建筑物强调基准的适合性，适用于已有建筑物的节能改建，强调适合基准的情况下：接受行政厅的认定，基准适合认定标识（e 表示）表示。如图 23 所示。

图 22　建筑物节能表示制度

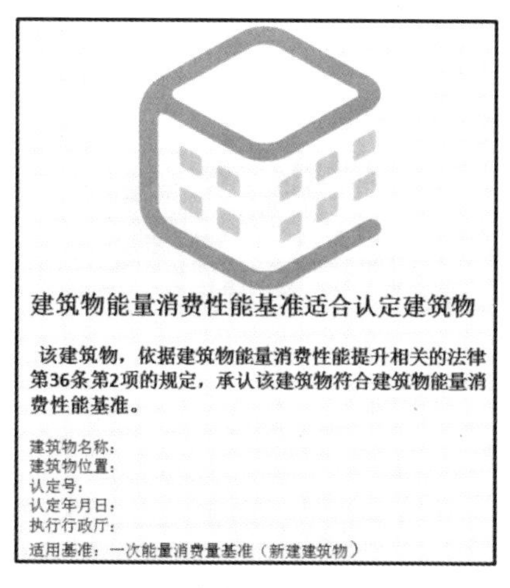

图 23　适用于节能改建建筑物的 e 认证

2.2 JIS 和 JAS 管理体系

2.2.1 JIS 制定的目的和意义

JIS（日本工业规格）是指，以促进日本的工业标准化为目的，以工业标准化法（1949年）为基础制定的国家规格。

标准化（Standardization）是将多样化、复杂化、无秩序化的组装过程向单一化、简单化、有序化方向转化的手段。而标准（等同于规格：Standards）可以被定义为标准化制定过程中的“协议”。标准中，有强制执行的标准和非强制执行的标准，一般情况下将非强制执行的标准称为标准（Standards）。

工业标准化是指，在任意布置的情况下，对于多样化、复杂化、无序化的“事物”或“事项”，从保证经济和社会活动的便利性（相容性）、提高生产效率（通过削减产品数量达到大规模生产的目的等）、保证社会公正性（保证消费者的利益，交易简单化等）、促进技术进步（新知识创造及支持新技术的开发、普及等）、保证消费者的安全、健康及保护环境等观点出发，制定的国家标准技术文书，即“规格”，换而言之，是全国范围内的“统一”或者“简化”。

2.2.2 日本标准化历史

图 24 为 JIS 法和日本的标准化发展历史，可见日本的标准化已经有 100 多年的历史，经过了 4 次修定，逐步完善，在日本国内工程建设领域有非常大的影响力。

图 25 为日本标准化政策的变迁。

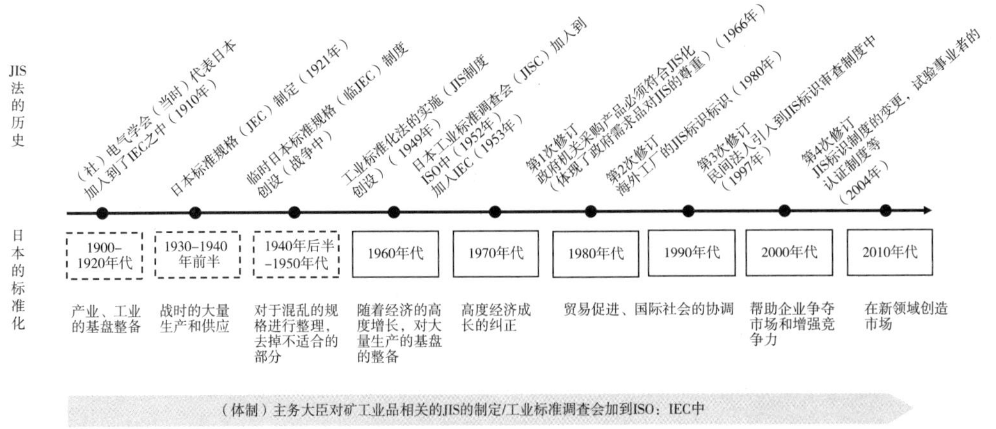

图 24 JIS 的发展历史

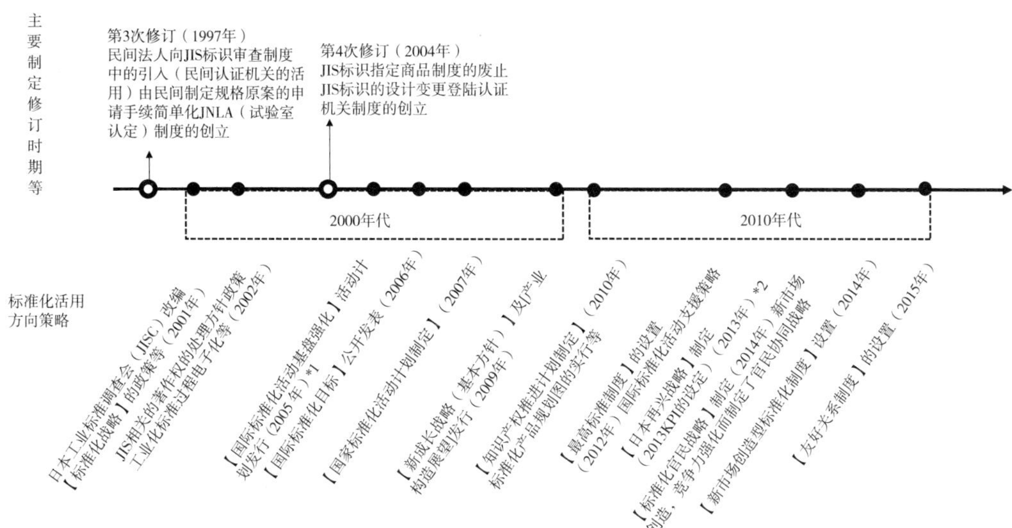

*1[国际标准化活动基盘强化活动计划是指平成19年制定的[国际标准化活动强化]为前身，环境、医疗、电气、电子等共计26个领域进行国际标准化活动的约定进行提示；

*2[日本再兴战略]中为KPI、[2016KPI]（国际标准化机关的干事国承担的件数超过100件）（[2015KPI]（2020年为止中坚、中小企业等优秀的技术、制品的标准化实现了100件）等设定了目标。

图 25 日本标准化政策的变迁

2.2.3 日本工业规格的申报、审批、制定流程

JIS 以《工业标准化法》为基础，在执行了如图 26 所示的申报和审批流程基础上，对其进行制定或者修订。

1）自主申报的审批流程

自主申报是根据社会的需求，选择国家、行业等应当进行标准化的课题任务，提出 JIS 草案，经 JIS 草案讨论委员会（由与该课题有直接利害关系的责任人组成）对需要审查 JIS 草案进行汇总编制。这些 JIS 草案将由以工业化标准法为基础设立的 JISC 进行审议，并由负责该事务的部长（大臣）进行编制或修订。

自主申报也可以由特定标准化组织（CSB）根据“工业标准化法”第 12 条提出 JIS 草案申请，由于这种方式下 JIS 草案的制作过程充分反映利害关系双方的意见，在确保公平，公开等原则的条件下，仅进行标准分会的调查审议后，就可以将 JIS 草案呈报给主管大臣。可见 CSB 在申报 JIS 过程中可以简化申报流程。

2）民间团体申报

民间团体提出工业规格申请的相关手续及流程如下所示：

（1）申请人登记、变更、废止

利益相关责任人在提交申请前应填写告示中指定的申请人登记表，然后向主管大臣提交申请。申请书可以直接向窗口提交或者邮寄，随时受理登记注册。主管大臣在登记注册手续完成之后，通过网络的形式通知利益相关责任人必要的用于申请的识别编号及密码。

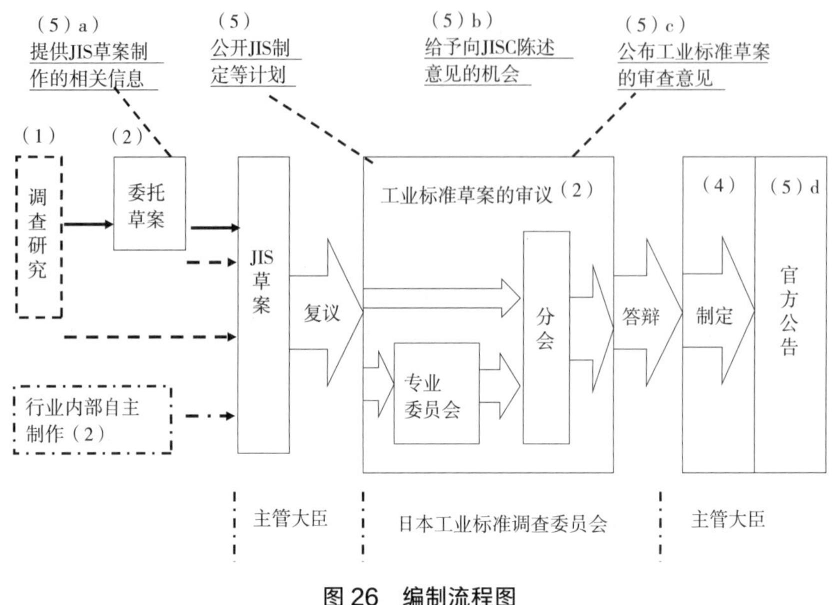

图 26　编制流程图

利益相关责任人在提出登记注册申请后，如果存在登记注册事项变更或者废止的情况，需要向主管大臣提交“申请人登记表”。申请表可以直接向窗口提交或者邮寄。

（2）事前调查

利益相关责任人如果计划在 2 年内提交工业标准草案，尽可能在草案制作之前向主管大臣提交“JIS 草案制作事前调查表”。该调查表可以直接向主管大臣窗口提交或采用邮寄的方式提交。

实施制作 JIS 草案事前调查的主要原因是，近年来，JIS 草案申请制度允许由一些民间团体等相关人士制作并提交，之后委员会再根据工业化标准法第 12 条的规定对草案进行审查和批准，在这个过程中发现，由于所申请的 JIS 草案的技术内容重复或者存在着不适用于国家标准（非强制执行）的内容，而可能会对 JISC 的调查审议工作产生不利影响，有时在花费了大量的人力成本后却被判定为不能成为 JIS 条款。因此，在民间团体提出 JIS 草案前，一定要进行“事前调查”，避免产生不利影响。

事前调查就是请利益相关人士在提出 JIS 的制定、修订申请时，在开始制作 JIS 草案前，一定要向相关部门提出制定、修订、废止的“事前调查表”。“事前调查表”中应该包括 JIS 草案的名称、规格内容等必要信息。

（3）提出申请

利益相关责任人需要填写经济产业省网站上的“工业标准制定等相关申请书”，并且网上向相关大臣提出申请。

相关大臣在收到申请后，如果确认该申请主要内容满足要求，则通过电子邮件的方式通知申请人。

3）审批流程

对于在日本经济产业省制定的JIS，在无特殊要求的情况下，与JIS的制定等相关的规格编号及名称将在每个月的20日公示（休息日的情况下，顺延到下一个工作日）。

另外，JIS需要符合《工业标准化法》的要求，在制定或修订5年之内对其内容进行重新的修订。即相关规格执行了5年之后，经过审查，对其内容的适用性做出相应的判断，给出：不进行修订继续使用（经确认）、修订、废止三个决定中的一种。JIS的管理体系如图27所示。

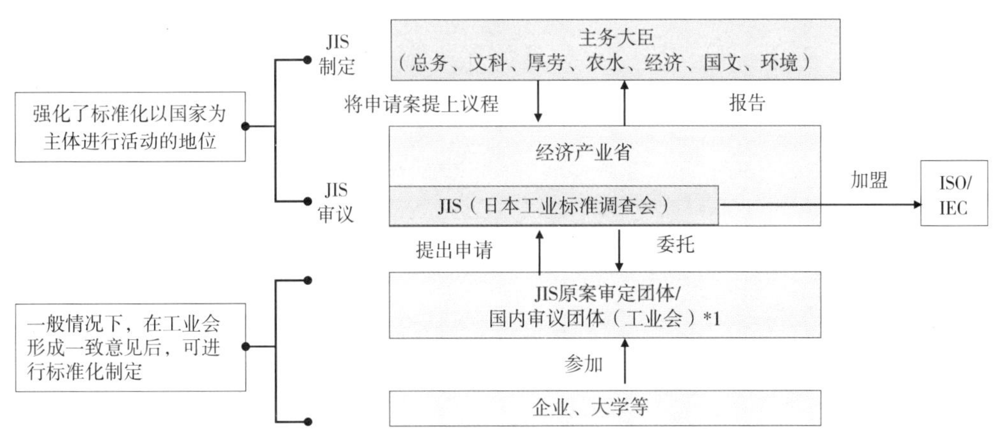

*1主要以工业会为中心。现在，JIS原案审定团体有工业会、学会等约有300家团体对应ISO/IEC的国内审议团体：ISO：约50家团体、IEC：约35家团体。在JIS及ISO/IEC中，领域如果相同，需双方兼顾情况较多

图27 工业标准化法的制定程序

2.2.4 工业标准化法（JIS法）修订概要

与第四次产业革命相伴，由具备标准化专门知识及能力的民间机构制定JIS草案，不需要经过调查会的审议，追加了迅速制定的政策。

在国会提出的工业标准化法（JIS法）修订法案内容包括：

① JIS对象范围的扩大、名称变更

对标准化的对象追加了大数据、服务等，“日本工业规格（JIS）”名称变更为“日本产业规格（JIS）”，法律名称变更为“产业标准化法”。

② JIS制定通过民间主导使得其反应更加迅速

对于满足一定必要条件的民间机构制定的JIS案，追加了不需要经过调查会审议的制度。

③对不经认证而使用JIS标识进行表示的法人等采取强化的惩罚措施

对不经认证就使用JIS标识进行表示的法人，处罚金额度提升到1亿日元（现在

对自然人的处罚金额上限为 100 万日元）

④促进国际标准化

在法律的目的上追加了促进国际标准化的项目，出台了与产业标准化及国际标准化相关的国家、国家科研机构、大学、事业者等的努力义务的规定。

修订法案于 2018 年 5 月，执行了可决、成立、公布的手续，目前处于修订法案实施准备中。修订后和修订前的申报流程对比情况如图 28 所示。

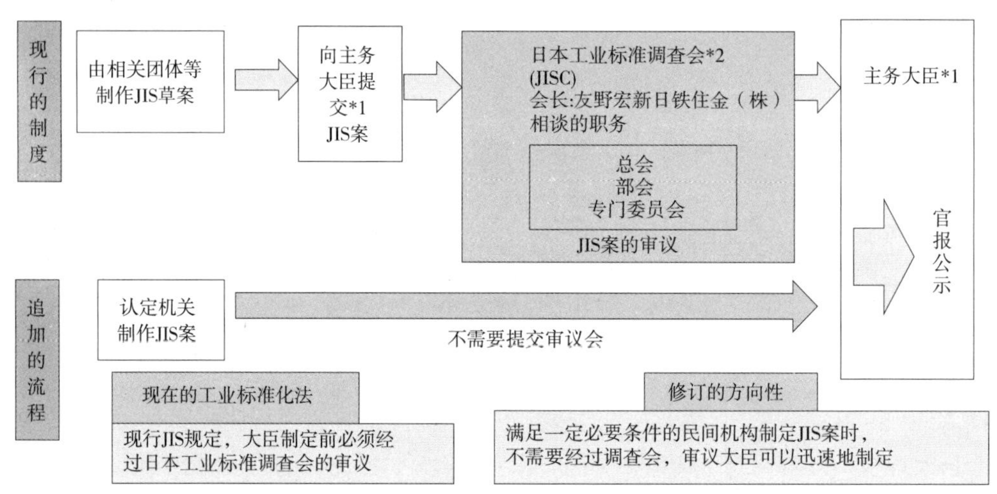

图 28　修订后的流程与修订前的流程对比图

除了图中所示的申报流程的大幅度简化外，增加了主务大臣，在现有的总务省、文部科学省、厚生劳动省、农林水产省、经济产业省、国土交通省、环境省，七个部门的基础上增加了内阁政府，目前共八个部门。

2.2.5　JIS 标准审批执行部门

与 JIS 制定和审批等相关的执行部门众多，其中有代表性的执行部门如下所示：

① JISC（日本产业标准调查会）

JISC 是英文 Japanese Industrial Standards Committee 的简称，日语的正式名称为日本产业标准调查会。JISC 是设立在经济产业省的审议委员会，是以工业标准化法为基础，对与工业标准化相关事项进行调查审议的机构。具体工作内容包括：执行 JIS（日本工业规格）的制定、修订等相关审议工作，同时具备对工业标准、JIS 标识表示制度、实验室登录制度等促进工业标准化执行的相关内容向各个相关大臣提出建议和回答问询的职能。并且，作为日本国内的国际标准化机构（ISO）及国际电气标准化会议（IEC）的唯一会员，参与国际标准制定工作。

JISC 的组织机构在“总会”下设立：“基本政策分会”、“标准第一分会”及“标准第二分会”，在各个分会下设立进行 JIS 审议的专门技术委员会。这种体制是在第 25 次总会（2014 年 3 月 18 日）中提出和建立的，其目的是为了正确回答与 ISO 领域和 IEC 领域相关的国内外的标准化、制定合格标准相关的专业审议问题，以及加强标准化政策的规划和审议工作。

②总会

JISC 中进行业务运营等基本事项策划职能的部门称之为总会，总会由委员构成（30 名以内，截止到 2017 年 7 月 26 日为 27 名），是 JISC 的最高决议机构，广泛讨论基于产业政策、技术政策、贸易政策等方面的标准化政策，并进行整体规划。此外，制定“委员会管理运营制度”等决定 JISC 调查委员会的具体的审议手续，同时制定保证 JISC 各分委会都能够高效工作的规章制度。

③基本政策分会

基本政策分会是由委员、临时委员和专门委员构成，其职责是对标准化及适应性评价相关的基本政策及制度的基本执行方针，以及不属于标准第一分会及标准第二分会所掌握的事项进行审议的部门。

④标准第一分会

标准第一分会由委员、临时委员及专门委员构成，审议 ISO 相关领域（不包括 JTC1，JTC2 领域）的与工业标准相关的 JIS 的制定、修订等工作，审议相应的国际标准，并对 JIS 标识制定、认定、认证制度、国际标准互认等的适应性和实施情况等相关事项进行评价。

⑤标准第二分会

标准第二分会是由委员、临时委员及专业委员构成，审议与 IEC 关联领域（包括 JTC1，JTC2 领域）的与工业标准化相关的 JIS 的制定、修订等工作，审议相应的国际标准及对 JIS 标识制度、认定和认证制度、国际标准互认等的适用性和实施情况等相关事项进行评价。JTC（Joint Technical Committee）是指 ISO 与 IEC 的联合专业技术委员会。

⑥特定标准化组织（CSB）

特定标准化组织（CSB）（Competent Standardization Body）制度是指，草案制作委员会在制作 JIS 草案的团体机构中，对期望参加的所有利害相关人员开放的参加通道，具有公平和公开性，因此，将 JIS 草案体制中，可以维护制作恰当的 JIS 草案的团体组织等称为 CSB，CSB 能够使草案的制作更加灵活，可以使日本工业标准委员会（JISC）在 JIS 的制定或者修订过程中的调查审议及事务处理更加迅速和高效。具体表现在，当 CSB 在以工业标准化法为基础提出申请时，因为其草案的制作过程等已经能够充分反应所有的相关责任人的意见，原则上，在确保公平，公开等原则的条件下，仅在标准分会进行调查审议后，就可以将“JIS 草案报告”提交给主管大臣。

2.2.6 特定标准化机构（CSB）制度

“特定标准化机构（Competent Standardization Body）制度”通常称作 CSB 制度。

1）目的和意义

（1）目的

在制定日本工业标准（JIS）起草草案（以下简称“起草草案“）的工业协会、学术协会、论坛（以下简称“团体等”）中，为了恰当地反映全部实质利益相关人员的意向，并保证公平性和公开性，为了制定包含标准样式在内的 JIS 草案，并且能够维持这种制度顺利进行的组织被称为 CSB。充分利用 CSB 组织在起草草案时的能力，使日本产业标准调查会在调查审议 JIS 制定和事务处理时更加高效、迅速，而在制度上确定了 CSB 的实施要领。

（2）意义

通过 JIS 的制定、修订等使得调查审议和事务处理工作更加高效化、快速化，推动先进技术领域的标准化，同时推动日本国战略性国际标准化活动的进行。

2）CSB 申报流程

（1）提交必要的文件

在起草团体中，符合“特定标准化机关（CSB）要求”的要求，并希望获得 CSB 确认的团体等，根据工业标准化法第 12 条第 1 款的规定，确认其符合 CSB 要求的文件应作为“工业标准制定等的相关申请文件”（以下简称“申请表”）附件，添加到相关文件中一并提交。

（2）内容的确认

标准小组委员会的领导会对添加在申请文件中的 CSB 要求文件内容进行审查，在判断其内容是否符合“特定标准化机关（CSB）的要求”时,需经标准小组委员会表决，提交确认文件的组织称为 CSB。

（3）公开

已经将提交确认文件的组织认定为 CSB 的情况下,在 JISC 主页上公开组织的名称，联系方式等信息。

（4）业务内容的变更报告等

关于“特定标准化组织（CSB）的要求”中规定的要求,CSB（已得到确认的团体）如果已经提交的内容发生变更时，需要将变更内容添加到申请文件的附件中。

此外，如有需要，标准小组委员会领导可要求 CSB 报告有关“特定标准化组织（CSB）要求”等相关事宜。

标准小组委员会的领导会对提交的报告进行审查，对于不符合“特定标准化机关（CSB）要求”的情况下，标准小组委员会经过讨论表决，将该团体确定为“不会被视为 CSB”。委员会会将处理结果告知该团体，同时在 JISC 主页上删除其相关信息。

3）达成共识的制度

能够作为 CSB 被确认接受的团体等，为了能够就起草草案达成共识，应采取下列制度中的一种。

（1）组织法

为了起草草案，在团体中成立符合“起草委员会的构成等”要求的委员会。成立的起草委员会可以灵活地利用团体等设置的技术委员会。

（2）标准委员会法

为了起草草案，成立符合“起草委员会的构成”等要求的委员会，但要与团体等组织分开设置，并设置负责运营管理委员会的事务局。（这也适用于多个组织共同设立一个委员会来编写 JIS 草案的情况。）

4）CSB 能力要求

CSB 应具备以下的起草草案成果或与其相当的成果。

①从事草案起草工作至少五年；

②草案起草工作期间，制定或修订的 JIS 达到 10 个以上；如果没有达到 10 个以上，处理的 JIS 合计应达到 200 页以上；

③在草案起草工作期间提出的 JIS 草案中，虽然存在上述问题，最终制作的 JIS 没有被拒绝。

起草委员会应对所有希望参加委员会的利益相关人员都敞开大门。委员会运营和达成共识所要遵循的准则应由各团体制定并实施。

5）起草草案的制度

①在起草草案时，要符合起草工作中的程序要求，同时确保起草工作的持续进行；

②当拟议草案作为 JIS 建立或修订时，将建立一种制度来管理 JIS 并（以免技术过时）根据需要进行审查（修改或废止）；

③起草过程中对于提出的异议，要有相应的处理程序；

④推进国际协调工作

起草草案时，检查是否存在相应的国际标准。如果有相应的国际标准，尽可能采用国际标准。

6）起草委员会的构成

与直接商业交易相关的 JIS 起草委员会由每个小组的代表成员组成。另外，与直接商业交易无关的情况，也请尽量采用这种方法。

在成立新的起草委员会的时候，为了能够恰当地反映全部实质利益相关人员的意向，其人员组成应包括来自各个群体的成员，且来自各群体的委员人数不得超过起草委员会总人数的一半。此外，必要时，应要求相关当事人（卖方，相关各部委，JIS 注册认证机关协会）加入草案起草委员会。

但是，与直接商业交易无关的，又很难确定其代表委员的群体的情况下，在成立 JIS（单位、专业术语、制图、基本的试验方法等）起草委员会时，全部代表委员也可以都是中立成员。

委员的资格

①关于商品、专业术语、试验方法等审议事项，需具有较宽的知识面和丰富的技术经验的人员；

②熟悉相关 JIS 和相关国内外标准等内容的人员；

③从各个群体或相关方的角度来看，可以代表组织反映意见的人；

④利益相关人员的参加。

无论国内还是国外，希望利益相关人员参加起草委员会的情况下，基于信息公开的观点，至少让他们以观察员的身份参与进来。

7）起草过程中的程序要求

（1）适用范围

要求相关程序有利于起草工作达成共识。

（2）程序的要求事项

该程序应有利于起草工作达成共识，并确保其公平性、客观性、透明性。要求事项如下。

①公开性

参加起草委员会应得到所有直接受到该草案影响人认可。参加委员会应以书面形式或在互联网上提交申请，出席委员会会议，并得到认可。在加入时，不得以任何组织的会员作为限制条件，不得以技术资格或其他类似的要求作为不当的限制条件。另外在加入时，不得以金钱作为限制条件。

②支配性的排除

在起草过程中，在单一的利益关系领域，不得由某一人或某一组织支配。

③委员会的构成

根据附件 2“起草委员会的构成等”构成委员会,同时必须明示各组织群体的属性。

④程序说明书

为起草工作而整理的程序说明书，应在事前分发给委员会成员（必要时，分发给相关当事人）。

⑤提出异议（反对）

在程序说明书中，对于作为或不作为在程序上的不公平性的处理方式，必须有相应的可核实的、现实的、容易利用的提出异议的机制（反对机制）。对于反对意见或提出异议的人，应有相应的反对机制（提出异议的机制），并对相关程序机制的使用方式加以说明。

⑥草案的发表

在起草草案时，为了给那些直接实质利益相关人提供参与的机会，必须事前在JISC主页公布起草草案的相关工作。

⑦意见、反对意见和异议的讨论

关于在起草和预告过程中提出的各种意见，反对意见和异议，应及时讨论、处理，并报告起草委员会。如果对提交的意见、反对意见和异议不能进行调整时，请通知意见提交者提交异议的程序，同时请他按照程序要求将意见、反对意见、异议报告给起草委员会。并对草案进行再次投票，确定有必要进行调整的内容。

⑧采用ISO或IEC标准作为国家标准的程序

根据“JIS（日本工业标准）与国际标准的整合指南（修订版）”的程序，必须最大限度的采用国际标准。

⑨商业交易条件

原提案不应规定与买卖双方的业务关系有关的条款，如抵押品，担保和其他商业交易条件。特定企业或组织的专有名词或商标，满足条件的制造商名单，服务公司名单或类似信息不得写入原始草案的文本或附件（或等同内容）中。在确定标准的适应性所必需的基本设备，材料或服务只有一个供应商的情况下，供应商的名称和地址可以在脚注或参考附件中写明，但在这种情况下，必须在所述设备，材料或服务之后或同等的物品、服务之后添加。

⑩在标准中关于专利的描述

关于专利的描述，应以“关于制定包括专利权的JIS的程序”为基础。

⑪记录

应制定并保存一份记录，以说明所编写的草案是基于规定的程序手册编写的。

2.2.7 JIS如何在工程建设领域发挥作用

1）工程建设领域的标准化具备以下特征

（1）政府需要较多；

（2）强制性法规、公共采购时以规定仕样书等为基准；

（3）JIS标识认证取得事业者众多。

2）JIS依靠强制法规使其广泛应用

（1）建筑基准法法律条文强化

建筑基准法第37条是关于建筑材料品质的相关法律条文，其内容摘要如下（建筑材料的品质）：

第三十七条　建筑物的基础、主要结构构件及其他在安全上、防火上或者卫生上重要的部位使用的材料，需要由政令确定，使用的木材、钢材、混凝土等其他的建筑材料由国土交通大臣来确定（下面将该条款称为 [指定建筑材料]），必须满足以下任何一项要求：

①对于每一种指定建筑材料的品质，必须满足国土交通大臣指定的日本工业规格或者日本农林规格的要求；

②除了日本工业规格或者日本农林规格记载的材料外，其他指定建筑材料必须与国土交通大臣在安全、防火或者卫生上要求的必要的与品质相关的技术基准相符合并获得国土交通大臣的认定。

从以上的条文可知，建筑基准法从法律的角度明确了 JIS 的法律地位，建筑材料如混凝土、钢材、焊接材料、混凝土砌块等；

（2）国家等规定了环境保护物品等的采购和推进等相关的法律（绿色购入法）：钢铁矿渣骨料、非铁矿渣骨料、水泥、无筋混凝土制品、温水洗净座便座、纤维板、合成板；

（3）促进资源有效利用的相关法律（资源有效利用促进法）：钢铁矿渣骨料、非钢铁矿渣骨料。

3）利用公共采购使 JIS 得到广泛应用

通过仕样书和指定材料等使得 JIS 得到广泛应用。

（1）公共建筑工程标准仕样书（建筑工事篇）；

（2）公共建筑改建工程标准仕样书（建筑工事篇）；

（3）公共建筑木结构工程标准仕样书；

（4）土木工程通用仕样书（案）；

（5）混凝土、混凝土制品、混合材料、砂浆、钢材、太阳能集热器、门套、窗框、隔热材料等。

2.2.8　JIS 审查工作计划公开及向 JISC 提出意见陈述的制度

1）JIS 审查工作计划公开制度

贸易技术障碍协定（WTO / TBT 协定）公布的 JIS 工作计划中记录了与 JIS 的制定相关的工作内容，强制要求至少每 6 个月进行一次公开发布。公开发布的内容包括，规格号码、规格名称、ICS 号码（国际规格分类）、工作阶段及担当科室等。工作阶段和工作情况如表 12 所示。

工作阶段和工作情况表　　表 12

工作阶段	工作情况
1	决定 JIS 的制定和修订工作计划（包括 JIS 草案准备阶段）
2	JISC 已经开始对 JIS 标准的制定和修订进行审议
3	已经收到关于 JIS 草案的意见
4	已经完成对 JIS 草案的评价
5	公开 JIS 的制定和修订

2）提供向 JISC 提出意见陈述的机会

JISC 小组委员会或专家委员会将就工作计划中显示的每个 JIS 制定、修订草案进行审议。如果就此草案的审议希望提出陈述意见，请通过以下程序向相关部门提出申请。有关 JISC 小组委员会 / 专家委员会开展的意见陈述时间表，请登录相关网站。

3）意见陈述要领

（1）对意见陈述人的要求

对于 JIS 的制定、修订草案有实际利害关系的相关人员，无论国籍如何，都可以成为意见陈述人。（这里与 JIS 的制定、修订草案有实际利害关系人员是指，与该 JIS 制定、修订草案相关的产品等的生产人员、用户、销售人员及与拥有与该 JIS 制定、修订草案相关联的专利的专利权所有人等，都可以作为意见陈述人。

（2）意见陈述的必要程序

因为需要在该 JIS 案进行审议的日本工业标准调查委员会的各个分委会、专门委员会进行意见陈述，因此，原则上需要在分委会、专门委员会开始审议前一周向各个主管科室提交以下申请：

①希望进行意见陈述的 JIS 草案的名称；

②草案意见陈述人与该 JIS 草案之间的实质上利害关系的书面说明；

③书面呈交陈述意见概要。

意见陈述在各个分委会和专门委员会中应使用日本语。

4）面向外国人的向 JISC 的审议提出意见陈述机会

对于 JISC 的审议，同时面向外国相关人员提供意见陈述信息。相关事宜与（1），（2）相同。

5）JIS 草案废止前的公告

面向国内外相关人员，对计划废止的 JIS，在废止前提出公告。对于 JIS 的废止，如果有疑问或意见，60 天内，可以与相关负责部门联络。

（1）具备对废止提出质疑和意见的人员资格

对于 JIS 的制定、修订草案有实际利害关系的相关人员，无论国籍如何，都具有提出质疑和意见的资格。（这里与 JIS 的制定、修订草案有实际利害关系的人员是指，与该 JIS 制定、修订草案相关的产品等的生产人员、用户及销售人员及与拥有该 JIS 制定、修订草案相关联的专利权所有人，都可以作为意见陈述人。

（2）对于公示的将被废止的 JIS 提出疑问和意见的必要程序

针对该 JIS 的废止提出质疑或意见时，需要以书面形式，向相关主管科室提出申请，需要提供以下信息：

① JIS 编号及名称；

②与该 JIS 的实质利益关系说明；

③质疑和意见概要。

（3）其他

提出质疑或意见所需要的费用全部由本人负担。

2.2.9 JIS 申报和审查过程中的规章制度

1）JIS 草案申报前自查

确认作为 JIS 的条件（受经济产业省委托，制定标准化草案的情况下，省略本项）

《工业标准化法》第 11 条规定：主管大臣将工业标准的提案提交给 JISC 进行审议，不经过审议、议决不能制定 JIS 等。JISC 制定《规格案审议指导意见》之后，要审议提案是否符合《工业标准化法》第 1 条的目的（该法律通过制定、普及适宜且合理的工业标准来促进工业标准化。并据此实现改善矿业、工业商品的品质，通过生产合理化来提高生产效率、使得交易公正、使用或消费合理。总之，工业标准化是以增进公共福祉为目的的。）和第 2 条的事项要求。因此，起草组织在事前调查阶段，要按以下的顺序对所制定 JIS 草案是否符合要求进行自查。

（1）符合国家标准的判断基准吗?

当符合①中任意一项且不符合②中任意一项的情况下，该内容被判定为满足作为国家标准的条件。

①工业标准化的优点

· 有助于改善品质或明确品质要求，提高生产力或使产业合理化；

· 有助于交易的单纯公正化，使用或消费的合理化；

· 有助于促进相互理解，确保兼容性；

· 特别有助于形成高效的工业活动或研发活动基础；

· 有助于技术的普及、发展和加强国际产业竞争力；

· 有助于补充保护消费者，保护环境，保障安全，保障老年人福利和其他社会需求的；

· 有助于国际贸易的顺利进行或促进国际合作；

· 有助于中小企事业的振兴；

· 有助于促进标准认证领域的管制放松；

· 由小组委员会或专家委员会认可的工业标准化的其他优点。

②工业标准化缺陷

· 其用途有明显的局限性，或是明显地局限在利益相关者之间的生产、交易，工业标准化后，弊大于利；

· 由于技术过时，替代技术的发展，需求结构的变化等原因，可以预见技术的利用率在逐渐降低，或者技术逐渐走向衰落；

· 对照标准化的内容和目的，没有包含十分必要的规定内容，或者即使包括，从现有的知识角度出发，该规定内容也不再合理；

· 该方案的内容和现有的 JIS 之间有着明显的重复或矛盾；

· 有相应的国际标准的情况下或者该国际标准即将完成的情况下，没有充分考虑与国际标准等的协调一致；

· 在没有相应的国际标准的情况下，没有充分考虑到该 JIS 制定或修改给进口带来的不利影响；

· 原始草案中包含专利权等的情况下，由专利权人等非歧视性的、合理的条件导致难以获得许可实施；

· 该草案是以海外标准（不包括由 ISO 和 IEC 制定的国际标准）或其他著作为基础的情况下，版权持有人在版权方面的协调尚未完成；

· 由于技术未成熟等原因，JIS 化会严重阻碍新技术的发展；

· 尚未就与强制性法律技术标准、公共采购标准的关系作出恰当的考虑；

· 被认为违反工业标准化法的主旨。

经判定，如果符合要求，则继续下面的自查程序，如果不符合，则中止制定。

（2）标准化适用范围、对象等产品是否为《工业标准化法》第 2 条所列的下列事项之一？

①矿业工业产品的种类、形式、外形、尺寸、结构、设备、质量、等级、成分、性能、耐久性或安全性；

②矿业工业产品的生产方法、设计方法、制图方法、使用方法、生产单位或矿工业产品生产相关的生产方法或安全条件；

③矿业工业产品的包装种类、外形、形状、尺寸、结构、性能、等级或包装方法；

④矿业工业产品的检测、分析、鉴定、检查，检定或测定方法；

⑤矿业工业产品相关的术语、缩写、记号、符号、标准数或单位；

⑥建筑物和其他结构的设计、施工方法或安全条件。

经判定，如果符合要求，则继续下面的操作，如果不符合要求，则中止制定。

（3）符合“①.国家积极应对的领域”吗？如果不符合①.，那么符合“②.市场适应性”吗？

①该国正在积极应对领域的判断标准

如果符合下列各项中的任意一项，就认为是国家积极应对的领域。

· 基础领域：作为术语，记号等促进共同理解不可或缺的标准、规定了大量相关人员使用的统一方法的标准；

· 从保护消费者的角度来看必需的领域：由于购买、使用缺陷产品等，存在对消费者造成重大不利风险，因此，从保护消费者利益的角度出发的必要的标准；

· 在强制性法规技术标准，公共采购标准等标准中被引用的标准：与安全有关的强制性法规技术标准，公共采购标准等被广泛引用或预期被引用的标准，通过标准化来确保公共利益的相关标准；

· 以提出国际标准为目的的标准：根据政府委托项目、辅助事业开发的标准和ISO/IEC等快速方法提出的标准。

②市场适应性相关的判断基准

如果属于下列任何一项，则被判定为具备市场适应性。

· 符合JIS化国际标准等情况：由ISO、IEC制定的国际标准或审议中的国际标准案被JIS化的情况、被采纳作为ISO或IEC中的新的工作项目，或者可以确定将被采纳的，并被提交给ISO或IEC作为国际标准提案；

· 市场流通中，可以通过相关生产统计等（政府机关，工业协会，消费者团体等公布的）确认的情况，或未来有望进行新的市场收购的情况；

· 如果被明确地用于民间第三方认证制度中（在这种情况下，关于第三方认证制度，生产者、使用者、消费者应达成一致的意见）；

· 能够改善各群体[生产者、使用者、消费者或JIS（单位、术语、制图、基本检验方法等）中难以规定群组的中立者]的便利性。

经判定，如果符合要求，则继续下面的操作，如果不符合要求，则中止制定。

（4）知识产权的处理

关于专利权等的工业所有权和著作权，要按如下的作法进行处理。在准备起草JIS草案前，请确认是否可以就知识产权的处理达成一致。

①专利权处理：JIS的技术内容包括专利权等[专利权，实用新型权（包括申请后的权利）]情况下，如果专利权的权利人或专利权申请人提出以“允许在不歧视任何人且合理的条件下实施此类专利权”为主旨的声明时，就可以进行草案的制定。

因此，在草案制定时进行专利权调查或者专利权已经存在的情况下，请确认专利权人是否可能会提出以上声明。

②著作权处理：起草组织自主申请制定的或国家标准化委员会等委托制定的（详

细情况在委托协议中确认）JIS 草案，原则上其著作权归起草组织所有。但是，从 JIS 的公共性角度，需要限制根据原始起草组织或委托协议提出的 JIS 案的部分版权，起草组织需要提交著作权处理确认书。

另外，在制定 JIS 草案时，草案以现有的规格为基础的情况下，请注意以下几点注意事项。

· 以现有的 JIS 为基础；

现有的 JIS 有版权所有人。一般来说，不需要事先许可，但我们建议您事先与现有 JIS 的版权所有者（草案创建组织）联系和协调，因为修改并提交 JIS 时，起草团体将涉及一些关于修改部分二级版权的问题；

· 以国际标准（ISO / IEC）为标准的情况

原著作权所有者是 ISO/IEC。JIS 被采用的情况下，原则上不需要事先向国际组织提出许可和支付专利使用费，但我们建议您事先与国内有关国际标准的审议机构等进行联系和协调。如果在此基础上提交翻译等，则在申请的起草组织中将出现翻译等的二级版权问题；

· 基于 ISO / IEC 以外的国际标准的情况

关于除 ISO / IEC 以外的海外标准，标准化组织通常具有著作权，并且基于此创建 JIS 时需要事先获得授权并支付专利使用费。因此，提交草案的组织需提前进行协调，以便与海外标准化组织就版权使用问题达成一致意见。另外，在某些情况下，因为与特定的海外标准化组织间事先就著作权使用规则相关事宜达成了一致，所以请联系 JIS 的负责部门。如果在此基础上提交翻译等，则在申请的起草组织中将产生翻译等的二级版权问题。

2）JIS 草案起草委员会组成

在成立新的起草委员会时，为公正、恰当地反映所有实质利益相关人的意图，其组成包括各个团体（生产者，消费者和中立者）中的成员，且来自各团体的委员人数不得超过原始起草委员会人数的一半。此外，如有必要，要求相关方（销售人员、省厅、JIS 注册认证机关协议会等）的参与。

但是，在设置原始起草委员会时，如果没有直接商业交易，又很难确定 JIS 组别（单位、术语、制图、基本的检验方法等）的团体机构，只在原案制作委员会设置时，将来自这些团体机构的代表委员作为中立人员来构成起草委员。

（1）委员的资格

①对商品、术语、检验方法等审议对象的相关事项有丰富的知识，和技术经验的人员；

②精通有关 JIS、（国）内外标准等相关标准内容的人员；

③能够从各团体或相关当事人的立场出发，并代表组织发表意见的人员。

（2）利益相关人的参与

如果利益相关方要求参加委员会，无论他们是本国人还是外国人，基于信息公开的观点，至少应该以观察员身份参加。

对于利益相关者的参与，应请注意以下几点。

①相关省厅的参与

在政策方面引用法律法规或采购标准或与其关联较大的情况下，草案制定要征得有关部委和机构的同意。此外，如有必要，可以让相关省厅、部门作为委员会成员或利益相关人参与。

② JIS 标识的相关人员的参与

如果有 JIS 标识认证取得人员参与的情况下，可以向 JIS 注册认证机构理事会（JIS CBA。秘书处：JSA）申请，原则上应以中立委员的身份参加。

③另外，在下列情况下，需要确认 JIS CBA 作为委员会成员参与的意愿。

· 没有 JIS 标志认证持有者，但存在注册认证机构；

· 产品（加工技术）规格的制定或修订过程中，假定需要认证 JIS 标识的情况下（或者存在想要被认证的企业的情况下）；

· 另外，在修订过程中，请参照现有 JIS 的原始草案起草委员会的成员组成，根据交易 / 使用的实际情况选定利益相关人。要求有实质利益关系群体即生产者、使用者、消费者和中立者（必要的情况下可以包括销售人员）等人员参与到原始起草委员会中；

· 此外，请尽可能在有关与商业交易没有直接关系的主题上加以适当的修改。

3）事前调查和样式调整

（1）事前调查

为了提高 JISC 的审议效率，在编制原始草案之前（对于经济产业省委托的标准化项目，在该年度编制 JIS 草案前），向主管大臣的 JIS 担当窗口提交调查表，并得到确认。在提交时，应注意以下几点。

①工业标准案的编号和名称，主管大臣等 [即标准编号，名称（日语和英语），主管大臣等]；

②关于制定、修改内容的事项 [制定、修改和期望效果，规定项目或修改的部分和要点等]；

③符合“工业标准化法”等（工业标准化法第 2 条适用条款，标准的种类等）；

④有关起草事项（期限，起草机构名称，草案制作委员会组成等）；

⑤提交草案的著作权等相关信息；

⑥关于对国际流通影响的事项（对应国际标准编号，匹配代码，制定、修订不会带来不利影响的理由等）；

⑦与 JIS 标识表示制度的关系（认证获得者或注册认证机构的存在等）；

⑧生产状况等（年产量，工厂数量等）;

⑨其他（是否存在类似的 JIS，是否在规定、公共采购方面被引用，是否存在专利权等知识产权，）。

在 JIS 担当窗口[注1)]确认调查表、当判定为可以编制草案的情况下，在 JISC 小组委员会上审议和决定的同时，依据 WTO / TBT 协议发布工作计划[注2)]，并在 JISC 网站上公布 JIS 草案制定的相关信息（包括起草组织的名称）[注3)]。（注 1）在经济产业省申请时，将该 JIS 项目提交给 JSA。JSA 在检查 JIS 项目过程中，发现记载内容有任何不足时，起草组织应根据 JSA 的指示进行修改。之后，经济产业省再次确认调查表中的内容（必要时召开听证会）。有关事前调查的详情，请访问 JSA 网站；注 2）URL：http：//www.jisc.go.jp/jis-act/plan-ref.html；注 3）根据本公告，有关人士可以书面形式向起草委员会提出书面意见陈述。URL：http：//www.jisc.go.jp/jis-act/drafts-preparation.html）

（2）样式调整

为了使其适合 JIS 的相关规定并使其符合国际标准要求，我们将在原始草稿制定阶段（从起草到提交），由 JSA 基于 JIS Z 8301（标准样式和创建方法）进行样式调整。在样式调整期间，起草组织和 JSA 之间应在初步调查阶段达成一致意见。原则上，如果由经济产业大臣以外的主管部长专管的情况，将在申请之后进行 JSA 样式调整，但从提高行政效率角度来看，申报人如果想在准备期间调整 JSA 的样式，可以与 JSA（或经济产业省担当窗口）进行协商。

4）起草草案时的注意事项

在准备草案时，请仔细商讨以下各项，并在草案编写委员会中达成共识。

（1）技术内容

请确保计划制定的草案满足以下所有条目。

①明确要标准化的所有内容和目的，根据目的，包含必要和充分的规定内容。

②作为行业标准，草案内容应当统一，从现行技术水平来看，草案的规定内容应当合理。

③调查是否存在对应的国际标准，如果存在国际标准或国际标准接近完成，请基于此国际标准编写 JIS 草稿。“JIS 草案符合国际标准”这一事实意味着对应程度对应于 IDT（一致）或 MOD（修订），而在 MOD 的情况下，有必要尽可能与国际标准一致。对于 MOD 或 NEQ（不一致）的情况下，澄清其内容与国际标准不相符的原因。

④假定获得 JIS 标识认证的产品（或加工技术）标准，符合 JIS Z 8301 的 6.7（适应性评价）的规定内容，以及对已取得 JIS 标识人的产品（或加工技术）标准的编写修订草案时，根据需要，请在“前言”中写明获得 JIS 标识认证的相关过渡措施。

⑤基于国外标准编写 JIS 的情况下，指明相应的国外标准等的动向。

⑥该单位应采用 SI 单位作为标准值。

⑦ JIS 草案与其他 JIS 之间没有矛盾。

⑧确保引用的规格没有被废除。

⑨明确与强制性法律和公共协调标准的关系，并确认不存在矛盾。

⑩确认工业标准的制定、修订不会对进口产生不利影响。

（2）过渡措施的记载案例

所谓过渡措施，是指 JIS 修订公布后，JIS 标志认证的制造商等在修订后的一段时间内，可以基于修订前 JIS 标准使用旧的 JIS 标识的作法。

如到平成 × 年 ×× 月 ×× 日“从修改之日起经过 ×× 月的时间”为止的期间内，根据“工业标准化法”第 19 条第 1 款等有关条款的规定，在 JIS 标识表示认证方面，JIS××××：×××× 也是有效的。

（3）知识产权

关于专利权和著作权，需要满足下列各事项。

①调查是否具有专利权等，如果有专利权，需要获得专利权人在无歧视和合理条件下提交正式许可声明的同意书等；

②当草案基于国外标准（不包括 ISO 和 IEC 制定的国际标准）和其他著作权时，请与版权持有者就版权进行协商；

③明确草案审议过程中产生的新的著作权问题。

（4）草案的样式

关于草案的样式，需要满足下列各项要求。

①草案的样式基于 JIS Z 8301；

②使用 JIS 电子模板；

③如果对应的国际标准存在，且有必要的情况下，请在 [附件（参考）] 中列出与相应的国际标准比较表。

在修订时，我们通常采用修订整个标准的方法，但如果修订内容仅限于一个部分且认定仅修订这一部分更为合理时，则可以进行补充修订。是否进行补充修订由原始起草委员会决定。（提交的过程与普通修订相同）

5）提交前的最终确认

受标准化制作委员会等委托工作的情况下，由 e-JISC 提出草案。

（1）原始文件的管理

JSA 对草案进行调整的情况下，在样式调整之后，原始文件由 JSA 管理。如果希望在提交草案之前进行修改，需要起草组织委托 JSA 对原始草案进行修订。

（2）调查审议报告书的最终确认

提出 JIS 草案申请时，草案编写委员会根据审议事项等，对事前调查表、变更项及审议经过报告书中是否存在错误、疏漏等进行最终确认。

此外，通过委托项目和JSA公开招募项目编写的JIS草案编写方案，由于是委托项目，JSA将在e-JISC网站上依据下面③中的内容履行JIS草案申请程序。

e-JISC：实现从JIS提交到公示（包括JIS的公开）行政程序的“工业标准策划制定系统”。是工业标准化法施行规则第2条第2款规定的提交程序。

（3）通过JSA进行确认

在提交提案之前，请向JSA提交审议经过报告书（包括意见受理公告原稿，以下称“审议经过报告书等”）。

在JSA中，重点关注以下项目。如果确认的结果、描述内容有任何不足之处，请根据JSA的指示进行更正。

①主管部长是否有错误？

②已制定内容与修订后内容的差别是否记录清楚？

③在制定时，在草案制定委员会达成一致并确定的标准编号是否记录清楚？

④制定和修改的理由（必要性）与预期效果和规定项目（制定情况）或其他要修改的地方、要点与其他地方的记述内容之间是否存在矛盾？

⑤工业标准化法第2条的有关条款、标准类型、国家标准的合理性判断标准是否有错误？

⑥原始草案起草委员会要求各个实质利益相关的组织（生产者，消费者/消费者和中立者（必要时包括销售方））的从属人员参与，原始起草委员会组成方面是否存在问题？

⑦存在有关强制性规定，公共筹措标准等情况下，或者打算表示JIS标识的情况，有关法令或物资主管部门的担当部署，JIS注册认证机关协议会等是否作为草案制定委员会成员或相关人员参加？

⑧存在对应国际标准时，是否符合国际标准？如果不一致，则需要说明不符合事项和理由，此外需要说明其他地方的描述是否矛盾？

⑨进口不会受到不利影响的原因，与其他地方的描述是否一致，是否合适？

⑩草案制定委员会中是否有外国人或外资企业参与？（符合条件的情况）

⑪是否清楚地陈述了生产，进口和出口统计数据？（作为市场适应性相关的判断基准，通过相关生产统计等确认市场流通状况的情况，或者预计在未来能够获得新市场的情况）

⑫与现有的JIS是否重复？

⑬对是否附有专利权等进行调查，在有专利权等情况下，是否添加了由专利权人在非歧视性的、合理的条件下提交正常实施许可权声明？

⑭当草案基于海外标准（不包括ISO和IEC）或其他人的著作物，已被转载时，与版权所有者之间是否进行了协调？

6）提交

（1）通过 e-JISC 申请

JSA 的公开招募项目和经济产业省的标准化委托项目，由于是委托给 JSA 的项目，所以，JSA 执行草案的申请程序。

（2）预先注册与申请

预先注册，获得识别编号、密码（仅限第一次）。

由于识别编号和密码是必需的，请根据“JIS 申请书”的样式提前向主管部长提出申请。提交申请可以直接提交到担当窗口或采用邮寄的方式。随时接受注册。注册以后，主管部长会通知申请者，告知其识别编号和密码。

（3）注意事项

申请应按照 JISC 网站提供的申请表格样式（工业标准制定等的申请书和说明资料等）填入必要的事项后，和 JIS 草案一起，通过 e-JISC 提交申请（利用 e-JISC 提交时，上面提到的识别编号、密码是必需的）。主管大臣认定申请满足必要的申请条件时，对申请进行受理，并通过电子邮件通知申请人。

此外，需要向 JIS 负责部门发送“关于处理有关日本工业标准的制定、修订专利权等的声明”（如有必要），“关于处理有关日本工业标准制定、修订案和同等标准著作权确认书”和“关于保护原始起草委员会个人信息”。

申请书的基本要件如下（工业标准化法施行规则第 2 条）

①申请人的住所和姓名（或名称）是否记录清楚？

② JIS 草案的名称和制定、改正、废止的差别是否记录清楚？

③制定、改正或废止的理由是否记录清楚？

④是否添加了审议经过报告书（到草案制定为止的经过或议事记录制定或改正的情况）？

⑤是否附上申请人的职业文件、工作内容（如果是组织，组织的宗旨和工作内容以及成员的姓名或名称）？

⑥另外，说明材料的目的是获得 JISC 审议所需的信息。

（4）保护起草委员会人员的个人信息

从保护个人信息的角度出发，附在申请表上的原始起草委员会的委员名单，需要经确认同意后，在 JISC 审议后对全体委员发布，并在 JISC 网站上公布。其结果会记录在《关于保护草案制定委员的个人信息》中，并附在申请文件中。

另外，原则上，在没有征得全体委员同意的情况下，不得将委员会名单公布在 JISC 网站上。

7）提出申请后的跟进工作

在收到申请后，将根据 WTO / TBT 协议（原则上为 60 天之内）公布意见受理情况。起草组织应基于意见受理公告，回应这些意见，必要时讨论草案的变更等相关事宜。

8）JISC 审议

在 JISC 审议中，请出席专家委员会或回应 JISC 委员等的意见（必要时对修订草案进行讨论）。另外，如果申请人在提交后需要修改草案，请咨询 JSA。JSA 会与 JIS 担当课室协商并根据 JIS 担当课室的判断对草案原始文本进行修改。

9）JIS 制定、改正后的问题

关于 JIS 的疑问，会直接收集起来，或通过 JSA、JIS 担当课室收集起来，请起草组织统一回答。因为这些问题涉及从技术内容到技术背景等多个领域，所以请起草组织一定要保管好制定、修订等相关的一系列资料。

10）五年审查制度

JIS 必须在最近公告的 5 年期限届满之前进行审查，给出审查通过、修订或废止的决定（法律第 15 条）。目前，基于委托项目，JSA 将在审查期限满的前一年对 JIS 项目进行调查，除了对这次调查做出回应之外，还应在 JIS 制定、修订后，根据市场和技术趋势等进行有计划的维护和管理。

2.2.10 实验室注册制度（JNLA）

1）概要

实验室注册制度是为了使保证交易双方都能信赖产品实验结果而制定的制度。本制度由独立行政法人制品评价技术基盘机构认证中心认证。

2）内容

建材试验中心的经营理念是通过第三方的证明事务对居住生活、社会基盘整备等做贡献。大部分的需要证明的事项不是任意的证明，而是依据官方的制度，为建材和企业提供的相关证明。具体内容包括：

（1）在 ISO 审查本部进行的 ISO 管理体系的认证

企业和工厂是否符合管理体系 ISO9001（品质）及 ISO14001（环境）等的审查制度，在符合的情况下，对企业进行认证和公示。

（2）产品认证本部进行的与产品和加工技术相关的 JIS 标识表示的认证。

JIS 中规定的混凝土制品等的产品制造商，应对其产品试验与品质管理体制进行相关的审查，在符合 JIS 要求的情况下进行认证，对于符合 JIS 认证要求的制品等进行 JIS 标识表示。

（3）在性能评价本部进行以《建筑基准法》为基础的建材等的性能评价。

对于新开发的材料、设备等，以建筑基准法的性能规定为基础进行性能检验时，对检查试验等获得的性能是否满足要求进行评价。其结果与国土交通大臣的认定相关联，一般情况下被认为是一致的。

值得注意的是（1）（2）是以任意的标准为基准的业务，基本上不是判断其是否符合强制的规格的要求，（3）是由法规确定的，因此是以必须遵守的基准为基础进行的性能评价（例如技术的基准）。但是，（1）（2）（3）都有以技术基准为依据的情况，这种情况下就必须适用于任意标准的规格。

3）认定、认证和评价的区别

认定、认证和评价的含义如表 13 所示。

认定、认证和评价的区别和联系　　表 13

名词	含义	出处
认定	对于是否存在一定的事实或者法律关系，具有权利性的确认行为	
认证	一定的行为或者文书的成立或者记载通过执行正确的手续，由公立的机关进行确认和证明的情况	法律用语辞典 [第 4 版] 有斐阁
评价	善恶、美德、优劣等价值进行判断	广辞苑 [第 6 版] 岩波书店

（1）认定

因为是“有权利的”，所以以中央政府和地方政府等有权利的组织为主体的情况较多，依据“法律关系”，有具体的法律可依，其中技术基准已经确定。

（2）认证

是指“公立的机关”，主体不仅限于政府，可以由一般的财团法人及 NPO 等为主体实施。并且，对象也应该是“通过采取正当的手续使文书成立或者记载正当”，不考虑文书的内容的是否违反法律。

因此，ISO 与 JIS 印象上更符合“认证”。

（3）评价

评价强调为一般用语，《建筑基准法》第 68 条记录了“国土交通大臣…指定的，为了对构造方法进行认定审查，可以进行全部或一部分必要的评价”，“评价”是“认定”的前提。同时，通过组织指定“公立机构”的地位，可以认为不是对用语而是对全体制度赋予了公共性。

简单来说，《建筑基准法》中建筑材料等的性能评价结果为国土交通大臣进行认定时的主要依据，使用未接受认定的建材是违反建筑基准法的。

4）认证、评价的能力和资质

下面，就认证、评价人员和组织能力、资质等进行说明（表 14）。

ISO、JIS 性能评价制度的比较　　表 14

	制度的依据	认证、评价的类别	审查员等的名称	建材试验中心的地位	地位赋予单位
ISO	JIS 17021（ISO/IEC17021）	管理体系认证	审查员	认证机构	认定机构（日本适合性认定协会（略称 JAB）的认定）
JIS	工业标准化法	制品认证	审查员	登记注册认证机构	经济产业大臣的登记认证
性能评价	建筑基准法	性能评价	评价员	指定性能评价机构	国土交通大臣的指定

当然，进行直接认证、评价的人员应该是与该领域关系密切并且有较多专业知识的人员，并应在组织中登记认证后，授予审查员和评价员等称号。例如，进行性能评价的评价员，国土交通省令中规定应为具有大学教授、副教授职务人员或在试验研究机构进行试验研究业务的人员，具备专业知识和较高的能力水平是首要条件，在选任过程中需要向国土交通大臣提出申请。

并且，进行认证、评价的组织本身也应能够证明其为客观公正的第三方机构。对于任何一项制度，实施的职员及设备应当进行充分的管理，应当追求技术基础上的整合。满足这些的首要条件是接受政府等上位机构的认定、登记注册、指定等，之后才能执行可以信赖的业务。在进行各项业务过程中，建材试验中心在发行登记注册证书、评价证书时，包括判定委员会、评价委员会等外部相关责任人员在内的第 3 方委员会进行判断，而且对于任何一个都要在每一年的业务检查过程中接受上位机关检查。

2.2.11 JIS 标识表示制度

JIS 标识表示制度是指制造企、事业单位等通过登记注册认证机构对制品试验（JIS 标准值的适用）及品质管理制度进行审查后取得的认证（图 29），经过认证的制品可以印制 JIS 标识。

登记注册认证机关是指当判定为与基准相抵触的情况下，为了立即进行再审查而进行现场调查，执行处置、JIS 标识表示临时停止、认证取消等措施的部门。

但是，在合同明确约定采用符合 JIS 认证产品的情况下，企业没能提供，属于违反该项契约的行为，而不属于违反 JIS 法的行为（JIS 标识认定事业者将认定的制品上印制了 JIS 标识后出厂的情况除外）。

在 JIS 标识中，除了“JIS”标志外，有 JIS 标识的产品（包括包装）上还会显示 JIS 的标准号、类型和等级，注册认证机构的名称，被认证的业务经营者的名称或缩写等。

①通过民间第三方机构取得认证

JIS 标识认证制度是指在国家注册的民间第三方机构（登录认证机构）受理认证。另外，获取认证时可以自由选择登记注册认证机构。

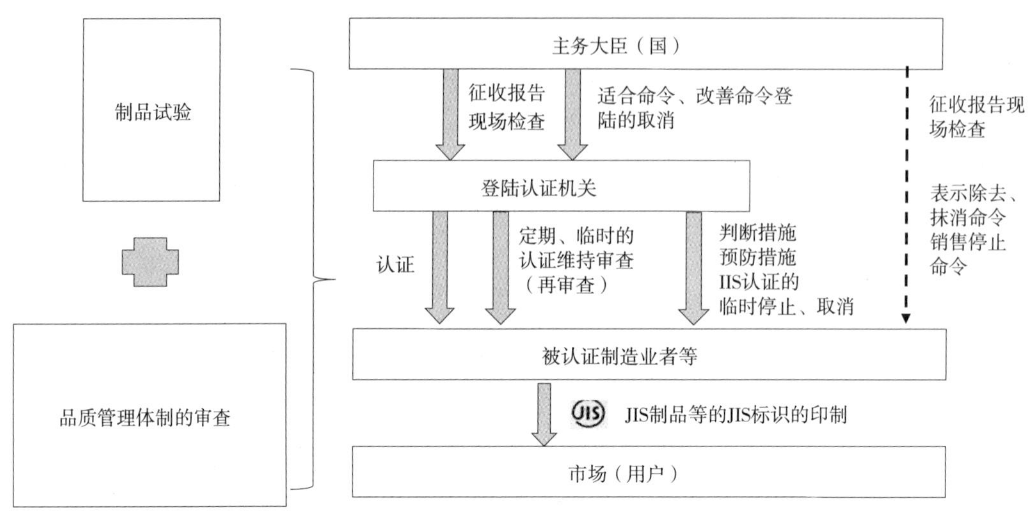

图 29　JIS 制品表示制度管理体系

在认证过程中，登录注册认证机构通过抽样方式对产品进行测试和对质量管理制度进行审查。对于产品测试结果，也可以采用获得以工业标准化法为基础的实验室注册系统（JNLA）认证的实验室的测试结果。

②标识认证对象为 JIS

标识认证对象应为可以被认证的且在 JIS 产品规格中拥有的产品。

③成为 JIS 标识对象的企业

成为 JIS 标识表示对象的企业为国内外制造（或者加工）行业、销售行业、进出口企业，或对具备一定生产量的特定批次（如特定的 1000 个，1000 枚等）等。但无对每家工厂（或商业场所）都必须通过认证的强制要求。

④登录事项应具备国际性

为了建立一个国际一致性的认证体系，日本规定符合国际认证机构的要求 ISO / IEC 17065 是登记注册的必要条件，产品检验时，除了质量控制体制外，还需要由登录认证机构负责对产品进行试验检测。

⑤ JIS 标识设计

JIS 标识的设计应符合相关规定。

⑥保证日本 JIS 标识认证体系可靠性的具体措施

对于登记注册认证机构，除了定期的更新程序外，还要进行现场检查等维护和管理工作，并根据需要，采用下达恰当整改命令的措施。

对于取得认证方，除了登记认证机构要对认证是否可以维持进行审查外，政府部门也应根据需要进行现场检查，当产品的质量等被认为有问题的情况下，下达去掉 JIS 标识表示的命令。但是，取消认证应由登录认证机构执行。

此外，通过主动的向消费者和用户征求信息，收集投诉及进行适当的处理及对取得认证的市场上的相关产品进行抽样检验等（试验性检验），来达到维持和提高制度的信赖性的目的。

2.2.12 TS/TR 草案制定

1）TS/TR 草案制定条件

（1）标准仕样书（TS/ 种类 1）

JISC 对 JIS 制定相关联的审议结果表明，它不属于政府应该主动处理的重点标准，或因为无法确认其市场适应性等情况下，而未能取得 JIS 的制定共识，但可以判断将来有制定 JIS 的可能性，作为标准仕样书（TS）发布的标准文书。

（2）标准仕样书（TS/ 种类 2）

工业标准化法第 3 条第 2 款中有关 JISC 的审议结果表明，该案例中的技术仍处于开发过程中，在现阶段达成共识存在困难的情况下，为了避免断送将来制定为 JIS 的可能性，暂时作为标准仕样书（TS）发布的标准文书。

（3）标准报告书（TR）

基于工业标准化法第 3 条第 2 款中有关 JISC 的审议结果，作为与 JIS 不同种类且与标准相关联的文书，被认为有助于推进标准化的情况下，标准文书会被作为标准报告书（TR）公布。

2）是否符合工业标准化法

在计划拟定的草案中，想要标准化的事项，必须符合工业标准化法第 2 条中的任一项。

①矿业、工业产品的种类，型式，形状，尺寸，结构，设备，质量，等级，成分，性能，耐久性或安全性；

②矿业、工业产品的生产方法，设计方法，制图方法，使用方法，原单位或生产矿业、工业产品相关的工作方法或安全条件；

③矿物或工业产品的包装的种类，形式，形状，尺寸，构造，性能、等级或包装方法；

④矿业、工业产品的检测，分析，鉴定，检查，认证或测量方法；

⑤矿业、工业技术相关的术语，缩写，符号，代码，标准数字或单位；

⑥建筑物和其他构筑物的设计，施工方法或安全条件。

经判定，如果符合要求，则继续下面的操作，如果不符合要求，则不能起草。

3）是否考虑在未来制定 JIS

经判定，如果正在考虑，则有可能作为 TR 公布，如果没有考虑，但被认为有助于标准化的推进，则有可能作为 TR 公布。

4）对于假想中的利益相关者，是否有可能达成共识

经判定，如果有可能达成共识，则有可能作为TR公布，如果没有可能，但被认为有助于标准化的推进，则有可能作为TR公布。

5）知识产权的处理

这与JIS知识产权的处理方式一样，在开始起草TS / TR草案之前，请确认能否就知识产权的处理问题达成共识。

6）整备讨论体制

不要求像JIS起草草案进行审议，但是在起草TS（Type II）草案时，通过构建由假定的利益相关者组成的委员会，需澄清必要的事项，以便日后就JIS的建立达成共识，而且，可以顺利地成立JIS起草委员会。

此外，利用现有的起草委员会进行审议，也有助于澄清必要的事项，以便在日后制定JIS时达成共识。

7）草案制定时的注意事项

在制定草案时请充分审议以下各项目内容

（1）TS/TR草案的技术内容

TS与JIS的内容基本相同，但要明确达成共识存在困难的事项。

TS/TR草案的体裁（格式）

①基于JIS Z 8301，TS草案的格式应使用JIS草案制作电子模板；

②参照JIS Z 8301，TR草案的格式应符合电子媒介的标准的基本构成要素（前言，适用范围等）。

（2）知识产权

与JIS的知识产权注意事项相同。

（3）向e-JISC提交说明材料的最终确认（仅限于经济产业省作为主管的情况）

起草机构打算提出提案时（在经济产业省标准化委托业务的情况下，请在向e-JISC提交以前），应向JSA提交审议进度报告。

除了在JSA要确认以下内容外，经济产业省也将对提交内容进行确认。对于JSA和经济产业省指出的事项，起草组织在审议进度报告中体现，并录入e-JISC中。

①主管大臣是否正确?

②公布、继续、修改或废止的差别，写清楚了吗?

③公布，延续，修改或废止的必要性，记载项目或主要修订点是否合适?

④公布的主旨是否合适?

⑤对专利权人是否具有专利权等进行调查，并在有专利权等的情况下，得到专利权人在无歧视和合理条件下提交正式许可声明的批准，这些是否添加进去?

⑥ TS/TR以国外标准或其他著作物为基础的情况，或是转载的情况，是否与著作

权人就著作权进行协商？

⑦是否通过审议原始 TS / TR 来明确对新产生的版权的处理方式？

⑧在 TS 公布时，虽然该草案有可能根据有关人士的意见在将来制定 JIS，但在现阶段，认为就 JIS 制定想要达成共识还存在着困难，就此是否进行了说明？（如果由起草委员会决定的情况，将其主旨记录下来比较好）。

⑨在 TS 存续期间，公布期间，就 JIS 制定达成共识相关的事项和现状，就此是否进行了说明？

8）提交提案

在这里，记载了经由 e-JISC 提交提案的主要手续。

（1）预先注册与提交提案

与 JIS 的预先注册相同。在 JIS 已经注册时，不需要重复注册。

（2）提案书需要确认以下几点。

①申请人的住所、姓名（或名称）是否写清楚了？

② TS/TR 草案的名称、公布、继续、修改或废止的差别，是否写清楚了？

③ TS 和 TR 的差别

④公布、继续、修改或废止的理由，是否写清楚了？

⑤是否添加了草案制定过程？

（3）起草委员会相关人员个人信息保护

在提交提案时，记录起草委员会组成情况，与 JIS 处理方法相同。

9）提交提案后的跟进工作

从提案受理到公布为止的过程中，委员会需要参加 JISC 审议，可能需要委员会对委员的提问等进行回答（必要时对草案进行修改）。

10）TS/TR 公布、继续、修改后

对于 TS/TR 的疑问，会直接或间接通过 JSA、JIS 担当课室提出，相关人员需要一一作答。因为这些问题涉及从技术内容到技术背景等多个领域，所以请提案人一定要保管好公布、继续、修订等相关的一系列资料。

原则上，TS 在公布后三年内需要重新进行审查，判断其是否可以 JIS 化（也可能是修改、延长三年或废止），因此在公布期间，在 JIS 化时请尽量达成共识。原则上，TR 在公布五年后废止。

2.2.13 TS 及 TR 的申报和审批流程

1）标准仕样书（TS）

标准仕样书是指对在日本工业标准委员会的审议中，无法确认市场相容性或在技术上尚处于发展过程中，目前尚未建立 JIS 共识，但是经过判断，未来可能被认定为

JIS 的项目，而制定的标准文书。标准仕样书（TS），还可以细分为以下几个方面：

（1）标准仕样书（TS/ 类型Ⅰ）

在 JIS 制定过程中尚未取得必要的共识，未来，具备制定为 JIS 可能性的标准文件。

（2）标准仕样书（TS/ 类型Ⅱ）

在技术上尚处于发展过程中，尚不完善，现阶段制定为 JIS 还有一定难度，将来，可能具备制定成为 JIS 可能性的标准文件。

另外，标准仕样书（TS）在发行后 3 年内需要进行再次审议，再次审议的结果为：可以制定为 JIS、可以再延期 3 年或者废除。原则上仅限延期一次。

2）标准报告书（TR）

标准报告书（TR）与 JIS 以外的标准相关（与标准化有关的信息，数据收集等相关），虽然本身不是 JIS，但是可以作为有助于推进标准化的标准文件发布。原则上，标准报告书（TR）在发布后 5 年废止。

3）提案

标准仕样书（TS）与标准报告书（TR）的草案与工业标准草案（JIS 草案）的申请方式相同，由民间团体等利益相关责任人自发制作，再向主管大臣提出。

另外，从快速发表的观点出发，原则上采用电子邮件的方式提交申报书。

2.3 JAS 管理体系

2.3.1 JAS 目的和意义

JAS 制度是基于《农林物资标准化法（1952 年第 175 号法）（JAS 法）》制定的，其主旨如下：①改善产品品质；②生产合理化；③交易公正化；④使用、消费合理化。

JAS 制度的主旨是，通过“JAS 标识认证标准制度”和“品质表示标准制度”，使农林物资的生产、流通更加顺利，使农业生产等更适应消费者的需求，同时振兴农业生产等，该制度有利于保护消费者的利益。

2.3.2 JAS 的调查管理制度

（1）关于获得认证的从业者是否符合相关技术标准并继续获得认证，以及 JAS 标识的表示工作是否被正确地执行，注册认证机构会定期对此进行调查；

（2）关于注册认证机构是否符合继续从事注册工作的标准，以及注册工作是否被正确地执行，（独立法人）农林水产消费安全技术中心会定期对此进行调查。另外，必要时农林水产大臣会对注册认证机构和获得认证的从业者实行官方介入调查；

（3）根据这些调查结果，必要时我们将采取一些措施，例如取消注册资格、取消已经获得的认证或责令其进行改正。

2.3.3 JAS 的处罚制度

没有获得评级的产品和商品如果被添加了 JAS 标识或山寨标识进行销售，其经销商将被判处一年以下监禁或 100 万日元以下罚款（JAS 法第 24 条）。

如果注册认证机构没有以符合农林水产省条例规定的标准开展认证工作，农林水产大臣可以撤销其注册的资格（JAS 法第 17 条第 12 款）。如果经认证的从业者不符合认证标准，注册认证机构可以取消其获得的认证（JAS 法第 17 条第 12 款）。

此外，如果经认证的从业者的评级或 JAS 标识的标示不恰当，农林水产大臣可以下令其进行整改或取消其使用 JAS 标识的资格（JAS 法第 19 条第 12 款）。

另外，对于销售指定的有机农产品和有机农产品加工食品的经销商来说，其销售的产品包装上标有“有机○○”而没有 JAS 标识，农林水产大臣可以责令经销商去掉相关的标识，进口商品则会被禁止销售、禁止委托销售、禁止陈列展销（JAS 法第 19 条第 16 款）。

2.3.4 JAS 制定制度

JAS 标准在制定之前，需由农林水产大臣先指定相关的农林物资的种类（品种）。在制定标准时，必须经过由消费者、生产者、实际使用者、学术专家等组成的“农林物资标准调查委员会（JAS 调查委员会）”的表决。

为了使 JAS 标准适应社会需求的变化并对不再需要的标准进行整理，对现有的 JAS 标准每五年重新审查一次。并且，除了要重新审查生产、交易、使用、消费的现状与未来前景，还要考虑国际标准（食品标准等）的动向。

根据 JAS 法，所谓农林产品是，除酒精，医药品等以外，包括：食品、饮料和油脂；农产品、林产品、畜产品和水产品以及以这些为原料或材料生产或加工成的产品 [不包括（1）中列出的产品种类]，由内阁的命令确定的产品（灯芯草制品、普通材料、胶合板等）。无论是在国内还是国外生产、制造，都应遵循 JAS 标准。

以下三点可以作为确定 JAS 标准的基准：

（1）关于成色、成分、性能和其他品质的基准；

（2）关于生产方法的基准；

（3）关于流通方法的基准。

2.3.5 JAS 协会

日本农林规格协会为一般社团法人，是从事 JAS 制度普及和 JAS 标识商品普及活动的社团法人。

该协会作为公益法人成立于 1969 年 12 月，在农林水产省的指导下，得到了制造商、消费者和经销商的理解与支持，同时还促进了 JAS 制度的普及和相关事业的发展。该协会的事业概要如下所示。

1）JAS 普及相关工作

（1）在内阁主办的饮食文化教育推进全国大会上展示 JAS 产品等；

（2）发行了刊物“JAS 信息”；

（3）发行了 JAS 标准书等；

（4）发行了《JAS 制度指导手册》，以帮助大家理解 JAS 制度；

（5）该协会的主页上有关于 JAS 的最新信息。

刊登了面向消费者的广告。

2）JAS 等培训课程

（1）举办了食品制造业品质管理负责人培训会；

（2）举办了有机加工食品 JAS 培训会；

（3）举办了食品表示研讨会、公司内部培训支持项目；

（4）举办了特别研讨会。

3）举办过的研讨会的主题

（1）“关于 JAS 制度的机能强化和战略性利用”；

（2）“关于未来的食品表示制度的发展方向”；

（3）“关于原料原产地表示的新规则和使用新规则时需要注意的问题”。

4）时事问题的答复

关于 JAS 相关的业内的时事问题，向会员提供相关信息。

5）理事会事务局

理事会事务局旨在普及确保高品质和安全性的体系（从食品的生产、流通到消费），振兴食品相关产业，提高国民生活质量。

2.3.6 JAS 标准草案制定手册摘要（2017 年 8 月版）

1）前言

本手册总结了企业、组织、地方政府等准备根据日本农林标准法（以下简称“JAS 法”）等申请（以下称为“申请”）参与制定或重新审查（以下简称“制定等”）制定日本农林标准前（以下简称“JAS 标准”），准备制定 JAS 标准草案时应注意的程序和要点。

根据 JAS 法，在制定 JAS 标准时，应通过农林物资标准调查委员会（以下简称“JAS 调查委员会”）的表决。

对于想要提出提案的人，为了使其制定的 JAS 标准草案符合 JAS 调查委员会制定的 JAS 标准有效性判断标准——《日本农林标准的制定、重新审查的标准》，我们建议您按照本手册开展相关工作。

另外，由于本手册会随时更新，因此使用时请参阅最新版本。

2）作为 JAS 标准草案的合理性

JAS 调查委员会制定的“制定、重新审查标准”作为判断 JAS 标准合理性的标准。如下所示：

对于 JAS 标准草案，我们需要检查和调整其内容以符合此标准。

日本农林标准的制定、重新审查的标准（摘录）符合下列中的某一项。（符合 JAS 法的目的）

（1）能够改善农林产品的品质；

（2）能够使农林产品的生产、销售及其他相关工作更加合理化，并提高生产效率；

（3）能够使农林产品的交易顺利进行；

（4）能够使消费者在消费农林产品时有更多合理选择的机会；

（5）符合下列中的某一项（列入 JAS 标准没有负面影响）；

（6）不是只在特定人员之间进行生产或交易的产品；

（7）不会由于需求结构的变化等原因，导致利用率明显减少；

（8）根据应该标准化的内容和目的，草案必须包含必要且充分的规定内容；并且，从当前知识层面来看，该条款的内容是合理的；

（9）JAS 标准草案的内容与现有的 JAS 标准的内容之间没有明显的重复或矛盾；

（10）当存在与 JAS 标准草案的内容相同的国际标准或预计将制定相关国际标准时，需要对 JAS 标准与国际标准的整合进行适当考虑；

（11）在没有相应的国际标准时，适当考虑制定 JAS 标准对进出口的影响；

（12）当 JAS 标准草案包含专利权时，预计能够获得专利持有人在非歧视性且合理的条件下授予的使用许可；

（13）如果 JAS 标准草案是基于海外标准或其他版权作品制定的，那么需要与版权所有者就版权使用问题进行协调；

（14）关于 JAS 标准草案，能够根据利益相关人员的意见对草案进行调整；

（15）对与强制性法规、技术标准・公共采购标准的关系，应作出适当的考虑。

（16）符合农林水产政策的目的。

3）JAS 法（摘录）

（1）目的

根据该法律在农林水产领域制定适当且合理的标准，确保适当的认证和检验有效的实施，并通过采取恰当措施优化食品和饮料以外的农林产品的品质表示，以实现该法律的下列目的。

①有助于改善农林产品的品质；

②有助于农林产品的生产、销售及其他相关工作更加合理化，并提高生产效率；

③有助于农林产品的交易顺利进行；

④有助于消费者在消费农林产品时有更多合理选择的机会；

⑤有助于农林水产业和相关产业的健康发展，保护广大消费者的利益；

⑥日本农林标准的制定。

（2）第3条（略）

前款规定的标准考虑了农林产品品质、生产销售和其他的情况，农林产品交易现状及未来发展趋势、国际标准的发展趋势。同时，为了反映实质利益相关人员的意图，且在相同条件下提交申请时申请人不受到差别对待，必须根据JAS法制定相关标准。

（3）第4条 各都道府县和利益相关者可以按照农林水产省的政令，向农林水产大臣提交申请，请求向草案或日本农林标准中添加有关内容。

农林水产大臣，收到根据前款规定提交的请求后，就对请求的内容立即展开研讨。如果请求中的内容被认定为日本农林标准应制定的内容，那么该内容会被起草为日本农林标准草案，然后提交到审议会进行讨论。如果认为这些内容没有必要制定为日本农林标准草案，农林水产大臣会将研讨结果和原因告知申请人。

4）JAS法的施行规则（摘录）

（日本农林标准的制定、确认等的申请）

第13条：根据JAS法第4条第1款的规定提交申请的申请人，应考虑与该草案相关的农林产品品质、生产销售和其他情况，农林产品交易现状及未来发展趋势，国际标准的发展趋势。同时，为了反映实质利益相关人员的意图，且在相同条件下提交申请时申请人不受到差别对待，必须根据JAS法制定该草案。

5）制定国家标准的必要性

JAS标准是农林水产大臣依据JAS法的有关规定制定的国家标准。

出于这个原因，JAS标准草案不仅要符合JAS法的宗旨，还必须考虑公共利益。

在这种情况下，所谓公共利益不仅意味着作为社会和经济基础的标准，而且意味着与提高整个产业竞争力直接相关的标准，还意味着可预测该标准会对社会、经济带来连锁反应（例如，开拓新市场）。

另外，要证明是否符合上述要求，必须出示能够作为证据的客观事实和数据。而且，即使在审查相关标准时，也需要出示作为证据的事实和数据，因此有必要持续掌握大环境的变化。

6）JAS标准草案的技术性内容

对于JAS标准草案，标准化的内容和目的应该明确。它必须包含必要且充分的规定内容，如确保某些性能所必需的标准，以及评估其性能的检测方法等。

另外，有必要对技术数据进行收集、分析、验证，且从现有的知识角度，其技术内容应合理。

特别是在制定有关检测方法的 JAS 标准草案时，需要根据检测结果的使用目的来确认该检测方法是否具有所需的作用（例如，测量值的偏差（离散性）是否足够小）。在这种情况下，有必要根据国际标准中合理的评估标准来判断草案中检测方法的作用。

此外，即使目前这种技术还不成熟，且正处于开发阶段，但如果在不久的将来有可能达到合理技术水平，也可以作为标准仕样书（TS）发布。

7）知识产权的处理方法

在制定 JAS 标准草案时，必须小心谨慎，以免利益相关检查员受到差别对待。

出于这个原因，建议处理专利权和著作权的方法如下所示。

（1）专利权等的处理方法

在 JAS 标准草案的内容包含专利权等 [专利权、实用新型专利权（包括申请时的文件）] 的情况下，专利权所有人或申请人必须提交以“我们承诺对待任何人都将在无差别且合理的条件下授予其专利权的实施许可”为主旨的声明书。

在制定 JAS 标准草案时，在对相关专利权等进行调查的同时，还需确认专利权所有人是否有可能提交许可声明。

（2）JAS 的著作权的处理方法

①关于 JAS 标准草案，从广泛向公众普及 JAS 标准的角度来看，我们建议所有著作权人同意，且第三方可以无条件地使用已颁布的 JAS 标准。

因此，在制定 JAS 标准草案过程中，提案人应在提交草案时明确著作权所有人的同时，确认与日本农业标准有关的著作权的处理方法，并提交确认书。

另外，基于 ISO 制定 JAS 标准草案时，原则上不需要得到国际组织的事先许可，也不需要向国际组织缴纳专利权使用费，但我们建议事先与该国际标准的国内审议机构进行联系、磋商。

②如果未经相关著作权人同意，我们不会公布已制定的 JAS 标准的内容。

（3）制定 JAS 标准草案的步骤和注意事项

根据提交的草案制定 JAS 标准时，管理 JAS 制度的食品产业局食品制造课食品标准室（以下简称 JAS 室）、（独）农林水产消费安全技术中心标准检查部（以下简称“FAMIC”）和负责该项目大类及相关工作的农林水产省担当课（以下简称“担当课”），将全面支持 JAS 草案的编制工作。

第 14 条　根据本法第 4 条第 1 款（包括在该法第 5 条中适用的情况）提交的申请应附有描述以下事项的文件。但是，在要求确认或废止日本农林标准时，需确认或废止的日本农林标准会被作为草案重新进行审查。

①申请人的姓名或名称、地址、所从事业务的类型和内容

关于制定或确认日本农林标准的农林产品种类、处理方法、检测方法等，或 JAS 法第 2 条第 2 款第 4 项列举的项目间的划分，以及制定、确认、修订、废止之间的区别。

②制定、确认、修订、废止的理由

对提交的草案中农林产品的品质或生产、销售和其他情况的处理方法，以及这些农林产品交易的现状和未来前景以及国际标准的趋势进行调查的结果概要；

在申请制定或修改日本农林标准的情况下，与该提交的草案具有实质利益的相关人的意见概要。

2.3.7 制定 JAS 标准等的流程

JAS 制定的一般流程如图 30 所示。

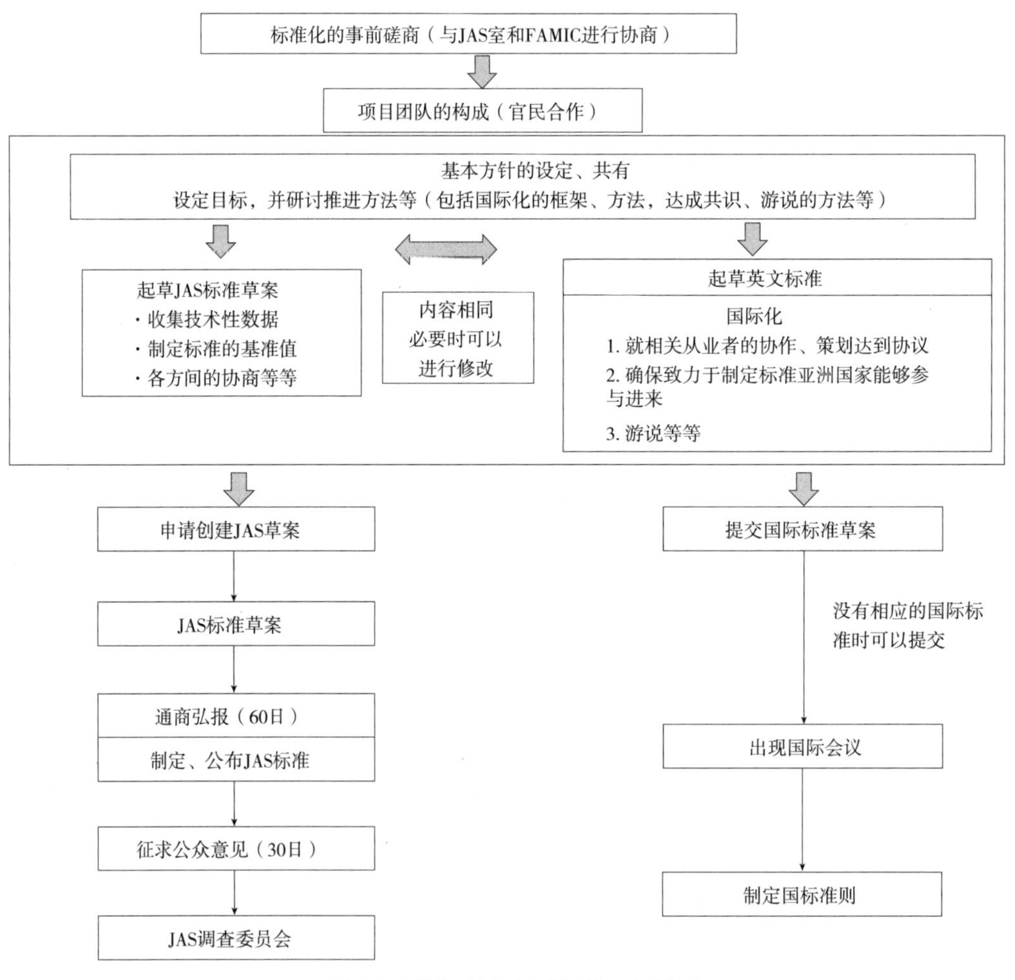

图 30 制定 JAS 标准等的一般流程

1）事前咨询

JAS 室和 FAMIC 在正式提交申请之前提供咨询服务（以下简称“事先咨询”），以便优化创建 JAS 标准草案的工作，提高工作效率并避免重复申请。我们建议提案人进行事先咨询。

在事前咨询阶段，申请人应对 JAS 标准化的目的、对象、方向性进行整理，并提交包括以下项目的调查表。

（1）申请人的信息；

（2）JAS 标准草案的编号和名称；

（3）关于制定、修订事项；

（4）关于该商品、技术的现状；

（5）关于 JAS 标准草案的著作权信息；

（6）预定国际提案；

（7）其他。

JAS 办公室在确认事前调查表后，推动创建 JAS 标准草案相关工作的情况下，在告知申请人 JAS 标准草案主旨的同时，会在制定和审查 JAS 标准工作计划中公布程序进展情况，并在主页上公布相关信息。

2）项目团队的设置

关于 JAS 标准草案，有必要客观地判断它是否具有适当的技术内容，它是否可以实际应用；有必要确保与国际标准、知识产权、强制性规定、农林水产政策等的一致性，有必要与利益相关人员等进行意见协调。

出于这个原因，在编写 JAS 标准草案时，我们建议由以下成员组成的项目团队（以下简称“PT”）进行研究和调整。

（1）成员资格

①对审议事项有广泛的知识并具有丰富的技术经验的人员；

②精通相关 JAS 标准和相关标准内容的人员；

③能够代表组织反映意见的人员。

（2）成员的构成

应考虑拟制定的 JAS 标准草案的利益相关人员（以下称为“利益相关人员”）和中立人士间各种属性的平衡。但是，在难以确定 JAS 标准草案中利益相关人员时，所有成员均由中立人士担任比较合适。

一般来说，下列人员属于利益相关人员。

①我们会将标准的品质要求、检测方法公示，制定这样的 JAS 标准的目的就是要按这个标准来执行。在这种情况下，因为必须充分考虑广泛的利益相关人员的一致意见，因此利益相关人员是指具有相同品质要求、检测方法的人，通常是由具有相同质量要求和检测方法的人组成的产业团体。

②我们会将特殊的品质要求、检测方法公示，制定这样的 JAS 标准的目的就是要把这个标准和标准的品质要求、检测方法区别开来。在这种情况下，不需要考虑广泛

的利益相关人员达成一致意见。

对于中立人员，根据需要，向 JAS 室申请，FAMIC、担当课、检测研究机构、学术专家、(外国的)认证机构、检测从业者、强制性监管机关等参加策划。

如果日本和海外的利益相关人员要求参加 PT，为了确保整个流程公开、透明，则利益相关人员必须参加，或至少让其以观察员的身份参与。

3) 制定 JAS 标准草案

在 PT (Project Team) 中，我们将在 JAS 室，FAMIC 和担当课的支持下建立并分享基本方针，推进具体规定内容的研讨和调整，并制定 JAS 标准草案。

在编写国际标准草案时，应该编写相应的英文标准。

(1) 建立并分享基本方针

在制定 JAS 标准草案之前，标准化的目的和范围、研讨的推进方法 (时间表，工作内容，责任分担等) 等基本方针由 PT 设定，并由所有成员共享。

(2) 设定并共享标准化的目的

根据标准针对的对象、水平的不同，制定标准所产生的效果也会有很大的差异。例如，如果以"有用成分的含量"作为标准，且定位在较低水平，那么一方面符合标准的货物供应量一般会增加，则难以获得来自市场的有效评价。

另一方面，如果定位在较高水平，那么符合标准的产品将更容易获得有效的评价，而供应将受到抑制，扩大市场和提高大家对标准的认识等效应将受到限制。

但是，如果目的不明确，就很难决定如何制定 JAS 标准和如何确认 JAS 标准中的评价基准。出于这个原因，首先我们需要分享标准化的目的。

为了提高 JAS 标准的国际认可度和影响力，旨在实现国际化的情况下，从研讨 JAS 标准草案的最初阶段，就需要制定和分享目标方针，以确定如何利用国际体系和政策，如何建立海外支持体系以及如何推进游说是非常重要的。

(3) 国际化

另外，关于国际化，除了制定诸如 ISO 标准和 codex 标准之类的国际标准之外，还可以尝试让 JAS 标准向海外渗透并使其他国家也接受 JAS 标准。

4) 对 JAS 标准草案进行研讨、调整

根据基本政策，着手制定 JAS 标准草案。

通过听证会、文献调查、测试等收集作为技术内容基础的事实和数据等，同时，验证与国际标准，知识产权，强制性法规，农林水产政策等的一致性后，对于基于这些制定的 JAS 标准草案初稿，需要通过举行会议并利用电子邮件进行反复磋商、调整，最后确定 JAS 标准草案。

在这时，还需要验证它是否具有实际应用的可能性。

制定 JAS 标准草案时请注意以下几点:

（1）它应符合制定、重新审查的基准；

（2）作为项目团队，应就 JAS 标准草案的制定达成共识；

（3）JAS 标准草案的样式，应参考“日本农林标准规格表样式和制作方法指南”，制定符合标准基本组成要素的内容。

当我们考虑把这个标准国际化时，我们会起草国际标准草案并制定相应的英文标准。

5）提交申请

在提交申请时，除“日本农林标准法实施细则”第 14 条所列文件外，还应提交“日本农业标准制定申请书”。

“关于日本农林标准专利权处理方法的声明书”，“关于日本农林标准著作权处理方法的确认书”和“关于保护项目团队成员的个人信息”。另外，如果专利权等没有所有人或管理人，申请人将收到此类报告，而不是提交“关于日本农林标准专利权处理的声明书”。

此外，因为 JAS 调查委员可能会在农林水产省的网站上公布 PT 成员名册，所谓从保护个人信息的角度来看，公布名册需要得到全部 PT 成员的确认，其确认结果请按照“关于保护项目团队成员的个人信息”提交报告。在没有得到全部成员同意的情况下，原则上不会公布该名册。

6）提交申请后的跟进工作

为了把 PT 起草的 JAS 标准草案制定为 JAS 标准，有必要在通商弘报上征求公众意见，并通过 JAS 调查委员会的审议、表决，以平衡各方的利益关系等。

出于这个原因，即使提交申请后，申请人和 JAS 室也会继续合作，并全心致力于制定 JAS 标准等。作为提案人的主要工作：

（1）提供制定 JAS 标准所需的信息（技术数据，关于著作权等的协调状况，利益相关者的动向等）；

（2）提供必要的信息以回答从通商弘报、公众意见（与①相同）收到的问题和要求；

（3）回应 JAS 调查委员会的审议（向审议委员会说明具体标准内容和技术理由等）。

请充分考虑以上几点。

另外，如果目标是作为国际标准草案提交给 ISO 等机构，提案人将与利益相关者合作，例如参加制定国际标准的国际会议和游说相关国家等。

此外，JAS 标准要求至少每五年重新审查一次。提案人应该根据市场和技术变化趋势等，对 JAS 标准进行维护使 JAS 标准具有合适的内容。因此可以修订该 JAS 标准，以便对 JAS 标准进行适当的维护。

2.3.8 关于标准仕样书（TS）

1）TS 内容

关于 JAS 标准草案，因为与利益相关方的协调不够充分，技术尚处于发展中等等，导致被认定为“目前还达不到制定 JAS 标准的要求，将来可能制定为 JAS 标准”，那么该草案可以作为标准仕样书（以下简称 TS）公开发表。

通过将草案作为 TS 公开发表后，通过公开讨论收集利益相关者的意见，实现技术成熟，促进 JAS 标准的制定等。

TS 应在发布后 3 年内重新审查，想要制定 JAS 标准可以延长 3 年，或直接废止。原则上在期限内只能延长一次。

※TS 是 Technical Specifications 缩写。

2）TS 发行前的流程

TS 发行前的一般流程如图 30 所示。作为 JAS 标准草案提交之后，存在 2 种可以作为 TS 的情况：

（1）在 JAS 调查委员会审议的过程中，被判定可以作为 TS 的情况；

（2）农林水产大臣判定其可以作为 TS，并取得 JAS 调查委员会的同意的情况。

根据 JAS 调查委员会审议的结果，JAS 标准草案被判定为不能作为 TS 时，该草案即被确定为废弃案。

3）作为 TS 发表是否具有合理性的判断基准

在判断草案作为 TS 发表是否具有合理性时，即使不符合“制定、重新审查”标准的某一项，也会考虑将来把该草案制定为 JAS 标准。而且需进行下列判断：

（1）能否与预想的利益相关者达成共识?

（2）能否预见到技术的成熟?

（3）根据以上 2 条来进行判断。

（4）制定 TS（标准仕样书）的流程图 31。

2.3.9 JAS 认定申请指南

相关商品获得 JAS 标识认证的方法

1）前言

本指南的主旨是为获得 JAS 标识认证申请人提供 JAS 认证申请的相关信息。

只有获得 JAS 标识认证的从业者（以下简称“经认证的从业者”或“获得认证的从业者”）才能在食品、木制建筑材料等产品上添加 JAS 标识。

获得认证的从业者是指经过农林水产大臣登记的第三方注册认证机构的审查，设施条件，品质管理等符合政府设定标准的从业人员。

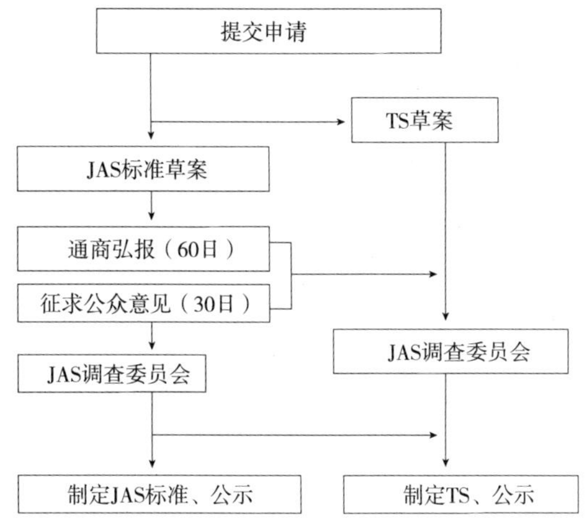

图 31　TS 发行前的一般流程

注：※　在提交申请时，在有关农林物资标准化法和“独立行政法人农林水产消费安全技术中心法（修订版）（2017 年第 70 号法律）”施行之前，关于制定 JAS 标准草案的问题，请按照本手册规定的示例开展相关工作。

※　即使是按照政府部门的委托制定 JAS 标准草案，也请按照本手册规定的示例开展相关工作。

为了给相关产品添加 JAS 标识，对于依据 JAS 标准制定的产品，有必要判断产品是否适用 JAS 标准（或评级）。JAS 授予流程如图 32 所示。

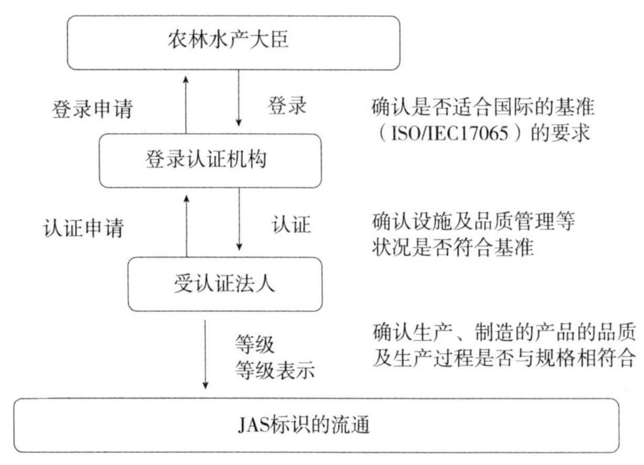

图 32　JAS 资格授予流程

注：*1　ISO / IEC 指南 65 是由国际标准化组织（ISO）和国际电气标准化会议（IEC）制定的“对产品认证机构的一般要求”。建立了一系列的工作规程，包括公平的认证工作，检查员的要求，内部审计等。

*2　对于每种食品和木质建筑材料，应建立一系列相关的标准，包括生产、制造的设施，品质管理的实施方法，组织和负责人的要求，内部审计等（认定的技术标准）。

*3　对于每种食品和木质建筑材料，应建立一系列的相关的标准，包括质量标准，生产方法，流通方法等［日本农林标准（通称：JAS 标准）］。

2）事前确认事项

在说明获得认证的方法之前，还有其他重要的事项需要确认。

（1）第 1 项“该产品是不是 JAS 标准中的种类？”

①符合农林水产大臣制定的 JAS 标准的产品，才能添加 JAS 标识。

②请注意，并不是所有各类的食品和木质建材都制定了相关的 JAS 标准，酒类、医药品、高安全等级的化妆品和化妆品等不是 JAS 法包含的对象，因此不能对其添加 JAS 标识。

③在日本农林水产省网站上有 JAS 标准一览。

（2）第 2 项“是否可以贴上 JAS 标识？”

依据 JAS 标准分类情况，对应的认证对象如表 15 所示。请确认自己是否属于相应的认证对象。

认证对象　表 15

分类	获得认证对象
关于成色、成分、性能和其他品质的标准	制造业者、分销商、（国内）进口商、（国外）出口商
关于生产方法的标准	生产过程管理者（生产者、将管理恶化掌握生产过程的生产业者作为组成成员的法人、管理掌握生产过程的分销商）、下游从业者、（有机农产品和有机农产品加工食品的）进口商
关于流通方法的标准	管理和掌握流通过程的（生产业者、制造业者、进口商、运输业者、分销商及生产业者、制造业者、进口商、运输业者或分销商作为成员的法人

注：对上述分类来说是有例外情况的，具体请确认适用农林产品认证的技术标准。

3）获得 JAS 认证的步骤

要获得 JAS 认证，请按照下列步骤 1 ~ 9 进行准备。

（1）步骤 1 详细了解 JAS 标准的制度

在取得认证的过程中，首先要充分理解 JAS 标准制度，JAS 标准制度的相关资料，可以在农林水产省的网站上查看。

所谓“农林物资的种类”，是指方便面、熟火腿、木材、手抻面、有机农产品、生产信息公开的牛肉等。

每种农林物资对应的相关工作内容（包括制造和下游从业者）均要取得相关认证。

必读内容：

① JAS 标准（符合农林物资种类的东西）

②认证技术标准 ※（符合农林物资种类的东西）

③评级的表示样式和表示方法（符合农林物资种类的东西）

④ Q&A（符合农林物资种类的东西　有些标准没有 Q&A 部分）

JAS 法相关条款：

JAS 法（特别是，第 1 条、第 2 条、第 14 条 ~ 第 15 条第 2 款、第 18 条 ~ 第 19 条第 2 款、第 19 条第 11 款 ~ 第 19 条第 16 款、第 21 条）

JAS 法施行令（政令）（特别是，第 10 条）

JAS 法施行规则（省部级政令）（特别是，第 25 条 ~ 第 36 条、第 46 条、第 72 条 ~ 第 73 条）

（2）步骤 2 确认组织、设施等是否符合标准

确认想取得认证的农林产品类型是否属于 JAS 标准和认证技术标准，并检查自己的管理体系、组织（例如，人员、资格条件）和设施（例如，生产制造、流通设施的条件、范围）是否符合这些标准的要求。

（3）步骤 3 选择注册认证机构

①选择注册认证机构，并委托其进行审查。

②注册认证机构的相关信息可以在农林水产省的官方网站和 JAS 协会的官方网站上找到。

③根据农林物资的种类，有多个相关的注册认证机构。认证区域，费用等可能因注册认证机构而异，因此请仔细确认后再进行选择。

④注册认证机构不能提供顾问咨询服务，但其有义务向申请人公布有关认证程序、权利和义务、手续费等信息。请在申请时收集这些信息。

（4）步骤 4 学习相关课程

①学习相关课程，是获得认证的必须条件。

②根据认证技术标准的规定，品质管理负责人、评级负责人等必须参加相关课程的学习，需要学习第 3 步中选择的注册认证机构指定的课程。

③所谓注册认证机构指定的课程，有的是注册认证机构开设的，有的是其他机构（JAS 协会等）开设的。

（5）步骤 5 提交申请表

①从注册认证机构获取申请表格，填写必要的项目，并将附件一起提交。

②登记认证机构审查申请表是否有漏填项目，并通过查看其内容判断是否可以受理其申请，审查事项包括：①申请被拒的情况；②申请表格中信息不完整；③根据 JAS 法施行规则（第 46 条第 1 款第 1 号下的 z），不能受理某类人员的相关申请（自认证撤销之日起，未满一年的从业者）。

（6）步骤 6 文件审查

①当申请表被受理时，将对申请内容是否符合认证技术标准进行详细的文件审查。

②改正

③关于文件审查中发现的不符合要求的部分，可能会根据不符合的程度指出改进建议，或者要求重新提交申请。

（7）步骤 7 实地调查、产品审查

①在文件审查之后，进行实地调查。

②在实地调查中，注册认证机构的审查人员将前往工厂或农场等，查看申请内容是否符合现场情况和实施情况，是否满足认证技术标准。

③在实地调查中，需审查确认内部条例、评级规定、文件资料图等申请书中的内容与管理记录、证明文件、设施状况等实施状况是否有不相符的内容。

④在定义成色、成分、性能和其他质量标准的JAS标准（JAS标准定义了相关的测定方法）时，对申请人想要添加JAS标志的产品是否符合JAS标准进行产品检验（分析、检测等）。

⑤产品检验是由注册认证机构的产品检验员对随机抽取的产品进行检验。

⑥在关于生产和流通方法的JAS标准（未定义测定方法的JAS标准）中，由于不能通过检测方法确认其是否符合JAS标准，所以不对产品进行检验。

⑦如果在现场调查或产品检验中不符合标准，由于登记认证机构指出的问题会告知申请人，令其在截止日期前完成相关改正内容。

⑧通常情况下，改正后的内容会先报告给审查人员，审查人员再把已经改正的内容写入报告书，然后提交给注册认证机构。

（8）步骤8判定

注册认证机构会把文件审查、实地调查、产品检验的结果连同申请内容一起提交到判定委员会，判定委员会判断其是否满足“认证技术标准”（进行文件审查、实地调查、产品检验的审查人员不得参与最后的判定）。

申请人如果对判定结果有异议，可以执行“提出异议”的程序。

（9）步骤9交付认证证书

对于判定结果满足标准要求的申请人，将成为“获得认证的经营者”。此外，还将向获得认证的经营者颁发证书（图33）。

对于获得认证的经营者，其具有JAS标识的产品可以在市场上贩卖、流通。

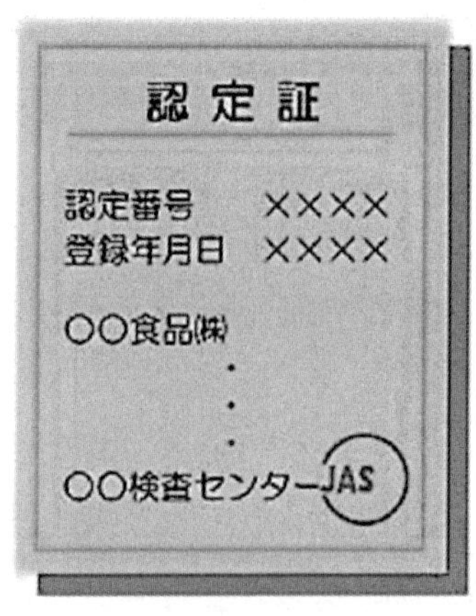

图33　认证书示例

从提交申请表（程序 5）到收到认证证书（步骤 9）所花费时间长短取决于农林产品的类型以及经营者的规模。为了使整个流程能够顺利进行，理解 JAS 标准并建立适当的评级机制是非常重要的。

4）获得认证后的审查制度

（1）每年一次的调查、不定期调查；

通常，每年调查一次，如有必要，在特殊情况下，注册认可机构的审查人员将访问从业者并调查其是否仍然遵守认证技术标准；

（2）报告评级后取得的成绩；

获得认证的从业者应在每年 6 月末之前，向注册认证机构报告前一年度（去年 4 月到今年 3 月）使用 JAS 标识取得的成绩（JAS 产品的生产数量、JAS 标识的使用数量）。

2.3.10 日本农业标准格式和制定方法指南

1）前言

本指南由农林水产省食品工业局食品标准部参照 JIS Z 8301：2011 编制制定。

标准格式和制定方法

本手册旨在通过统一标准票据的格式和创建方法，轻松理解标准，提高标准创作效率，简化标准之间的比较。

本指南规定了日本农业标准（JAS）的格式和制作方法。创建此标准的方法可以比照标准规范（TS）。

根据 JIS Z 8301，除本手册中规定的事项外，同一标准中的“工业标准化法”应被替换为“日本农业标准法”,“日本工业标准”为“JIS”,“日本农林规格”为“JAS”,“农林水产省”,“〇〇大臣”为“农林水产大臣”，“日本工业标准委员会”为“农林委员会标准委员会”，“附件△△”是“本指南的附件△△”。

2）规范性引用文件

本标准引用了日本的相关规范，并对相关被引用规范进行了完善，且规定相关规范的最新版本也同样适用于本标准。

3）术语和定义

本指南中使用的主要术语和定义根据 JIS Z 8301 中的第 3 条款（术语和定义）制定。

4）总则

一般原则是根据 JIS Z 8301 第 4 条（一般原则）制定。

5）组成

该组成是基于 JIS Z 8301 的条款 5（组成）。

6）组成要素

引用前缀元素

（1）封面按照 JIS Z 8301 的 6.1.1（封面）；目录基于 JIS Z 8301 的 6.1.2（目录）；前言根据 JIS Z 8301 的 6.1.3（前言）制定；描述列在目录之后。

对于 JIS Z 8301 的 6.1.3 中的 a)，更换如下。

制定的理由（修正）表明制定或修改的基础的固定形式声明如下。

“这个标准是由农林水产大臣根据日本农业标准法审议后由农林水产大臣制定（修订）的日本农业标准。”

根据日本农业森林标准法等要求制定（修定）的情况下的正式判定如下。

“本标准根据日本农业标准法第 4 条第 1 款的规定（根据第 5 条比照适用），根据日本农业标准原始议程从 ××× 确定（修订）日本农业标准。由农林水产部标准研究委员会审议后由农林水产大臣设立日本农业标准（修订）。”

序言按照 JIS Z 8301 的 6.1.4（序言）。

（2）一般规格要素

名称：标准名称应符合 JIS Z 8301 中的第 6.2.1 条；范围：适用范围取决于 JIS Z 8301 中的第 6.2.2 条（适用范围）。但是，JIS Z 8301 中的第 6.2.2 条的 f）款不适用；规范性参考文献：关于引用标准，参见 JIS Z 8301 中的第 6.2.3 条（引用标准）。

（3）技术监管要素

技术监管要素应符合 JIS Z 8301 中的第 6.3 节（技术监管要素）。但是，在起草化学分析方法时，可以参考 ISO 78-2 中的第 6.3.6 条（测试方法）。

（4）参考修订元素

参考修订因子参考 JIS Z 8301 中的第 6.4 节（参考修订要素）。

（5）其他参考元素

其他参考元素参考 JIS Z 8301 中的第 6.5 节（其他参考元素）。

（6）通用规则和要素

通用规则和要素符合 JIS Z 8301 中的第 6.6 节（共同规则和要素）。

（7）合格评估

合格评定参考 JIS Z 8301 中的第 6.7 节（合格评定）。

（8）质量管理体系，可靠性和抽样检验

质量管理体系，可靠性和抽样检验按照 JIS Z 8301 中的第 6.8 节（质量管理体系，可靠性和抽样检验）。

（9）如何总结产品标准

①如何总结产品标准取决于 JIS Z 8301 中的第 6.9 节（如何总结产品规格）。

根据国际标准制定标准时的特别修订事项

如果基于国际标准创建标准时，应执行 JIS Z 8301（创建一个基于国际标准的标准相关规定）第 7 条规定。

②标准的大小和格式

标准单据的尺寸及其外观取决于 JIS Z 8301 第 8 条（标准单据的尺寸及其外观）。

③如何总结注解

如何总结注解取决于 JIS Z 8301（如何总结注解）的第 9 条。

2.4 学会和各类团体组织标准体系

2.4.1 成立日本建筑协会的目的和意义

日本建筑学会（一般社团法人）的成立是为了使日本与建筑相关的学术、技术和艺术更加发达和进步。

日本建筑学会发行建筑工程标准仕样书主要是为了保证建筑物在施工过程中（一部分的设备等的制作和施工也包含在内）的品质和施工技术水平，建筑工程标准仕样书中设定了要求目标，并给出保证实现设定的要求目标的具体技术手段和相关案例，该仕样书有助于使材料和构造方法（工法）满足标准化要求，促使业主、建设单位、设计人员、监理人员、施工人员，都具备与标准技术的内容相关的知识。

依据日本建筑学会章程要求，学会广泛地开展了各类工作，如促进调查研究的振兴、信息的发送和收集、促进教育和建设文化的振兴、业绩的表彰、国际交流、提出建议和要求等。此外，学会在日本全国设置了 9 个支部和 36 个分支机构，各支部和分支机构也在各自区域内开展了各式各样的工作。

以下为日本建筑学会开展的主要活动简介：

①促进调查研究的振兴

根据建筑学专业领域的划分，设置了 16 个常设研究委员会，并在此基础上进一步建立了约 560 个小组委员会和工作组，共有 7000 名委员，每年组织 2300 次会议来进行专门的调查研究活动。此外，根据不断变化的社会需求，组织专门调查委员会来解决相应的课题研究工作。

调查委员会的科研活动成果，以学会的规准、仕样书、指针、报告书等形式进行出版。同时，还会以讲座、研讨会等形式向包括会员在内的广大建筑业从业人员进行普及。

②举办各类学术会议

全国大会，是本学会举办的进行最新学术和技术情报交流的大型会议。全国大会上，会员可以进行科研报告、学术报告、建筑设计的发布会、分专业的研究会议或小组讨论、讲座和建筑展览等，该会议每年举行一次，历时三天。

学会还与日本科学理事会及其他相关学术团体共同举办研究报告、专题研讨会等，并开展跨学科科学研究活动。

③出版发行各类杂志和书籍

《建筑杂志》是日本建筑学会的机关杂志，在该杂志上发布了各类情报信息，每个月发行一次。《建筑杂志》中包含特刊、话题、资料等，内容非常丰富，是建筑界的综合性杂志。

除了定期出版的刊物外，还进行各类出版物的编辑发行工作。这类出版物以设计、施工不可缺少的各类规准、仕样书、指针为代表，还包括阪神淡路大地震灾害调查报告、建筑设计资料集、建筑类用语词典、研究资料、研究报告书、建筑教育用的图书、幻灯片、视频，还出版面向建筑专家以外的普通市民的各类书籍。

④参与社会贡献

根据日本建筑学会进行的原始调查和研究结果，向国会和市政府提出关于改进防灾、建筑风格、城市规划的建议，建立全球环境和建设宪章，向建设可持续循环社会方向努力，并对日本的政策及环境问题积极建言，对有价值的建筑物所有人提出保护建筑物的建议，加强建筑文化建设。

援助建设委员会是日本建筑学会组建的一项积极参与社会贡献活动的委员会。日本建筑学会处于社会的中立地位，其目的在于结合目前积累的学术和技术知识，支持有学识和有经验的会员实现出色的住房和城市规划设计。日本建筑学会自 2000 年成立司法援助大会以来，更加强调了社会贡献，并且在学会创立 120 周年的 2006 年，成立了城镇建设支援建设委员会和住房建设支援建设委员会。之后的 2012 年将城镇建设支援建设委员会和住房建设支援建设委员会统一，建立了住房、城镇支援建设委员会，2013 年又成立了儿童教育支援建设委员会。

2.4.2 学会的组织机构和运营方式

建筑会馆是本学会开展活动的主要场所，建筑会馆中设有大厅、会议室、图书馆、建筑博物馆、画廊、物资配送中心、秘书处等，在庭院内为会员提供开展各类活动的场所。

该学会由总会和理事会共同管理运营。总会由正会员直接选举产生的代议员和总会任命的干部（正副会长、理事，支部长，审计员）构成，是对本学会管理运营上的重要事项进行审议和做出决定的机构。理事会会长，五名副会长，理事和支部长组成，是一个负责本学会全部会议运营的机构。会长和副会长由代议员选举产生，支部长由其所在的支部区域的正社员的直接选举产生。代议员和干部的任期为两年。

日本建筑学会将日本国划分为 9 个区域，并设置了支部。各支部根据各自区域内的实际情况独立完成调查研究活动，独立开展研究报告会、演讲会、讲座、见习会、表彰会等活动。在全国设置了 36 所辅助机构作为支部的辅助机关，也开展以县（相当于我国的省）为单位的活动。

2.4.3 JASS 建筑工程标准仕样书的意义和指导方针

建筑工程标准仕样书是日本建筑学会制定的并面向社会发行的系列书籍。该仕样书简称为 JASS（Japanese Architectural Standard Specification），根据施工种类的不同，进行命名和编号。

日本建筑学会发行建筑工程标准仕样书主要是为了保证建筑物在施工过程中（包括部分建筑制品的生产和施工）的品质和施工技术水平，建筑工程标准仕样书中设定了要求目标，并给出实现既定目标的具体技术手段和相关案例，该仕样书有助于使材料和构造方法（工法）满足标准化要求，促使业主、建设单位、设计人员、监理人员、施工人员，都具备与标准技术内容相关知识。

建筑工程标准仕样书可以成为设计人员在制作具体的建筑工程仕样书时的参照。也可以对设计人员以外的监理人员、施工人员、制造商、业主和建设单位起到教育和启发的作用。

建筑工程标准仕样书的原文可以构成施工合同文件中设计文件的一部分来使用和引用。

建筑工程标准仕样书具备中立性的特点,因此,显示了合理的经济技术水平。并且，该仕样书的内容在会员之间受到非常广泛的认同。

建筑工程标准仕样书，反映了技术方面的相关研究进展，结合了材料和构造方法（工法）方面的进步的同时,也担负着将学会的研究成果向社会进行反馈的责任。因此，仕样书会根据社会需求的变化进行修订。

建筑工程标准仕样书，除了要以满足实际建筑物建设需求为前提外，还必须符合建筑基本法要求，而且应该尽量引用公认的各个规格。

建筑工程标准仕样书，原则上应该保证各个施工工种间的整合。

建造工程标准仕样书的正文附加了解说，解说主要起到教育和启发的作用。

2.4.4 JASS 制定方针

1）为了合理提高建设质量，编制恰当的施工标准，在制定标准仕样书体系时考虑以下几点：

（1）不约束和控制建筑设计，尽可能保证统一。但是，一定注意施工技术不能打破最低限制的要求。

（2）施工技术的专门化细分趋势越来越明显，因此需要与以建筑技术者为代表的大量的专家密切协作，在保持各专业领域的技术有机结合的同时，通过仕样书将各专业技术向建筑技术中渗透。

（3）结合与技术相关的研究新进展，材料进步，通过对研究成果的讨论，尽快的将研究与研究成果转化，将直接相关的技术进步编写到仕样书中。

2）用途：因为仕样书在制定过程中广泛听取了各方的意见，所以，无论是官方还是民间，无论是中央还是地方的各种建筑物，本仕样书适用。

3）规格、计量、法令

（1）计量单位为米，其他的惯用的计量单位写在括号中。

（2）《日本工业规格》、《日本标准规格》等规格中有的规格可以直接采用，对于标准规格中没有的规格，可以采用特定的行业规格，但是应该谋求标准规格和行业规格之间的协调和活用，也可以制作日本建筑学会暂定规格。

（3）一定不能与建筑基准法相关事项相背驰（体裁，简称）。

（4）对于在建筑施工中一般的和共通的事件进行详细记述，对特殊的材料、施工方法、尺寸及多种工法只做罗列，各施工中都附加了特别仕样书，设计人员可记入需要事项。

（5）该仕样书简称为 JASS（Japanese Architectural standard specification），与分册序号并用，使用语更加简化。

2.4.5 JASS 出版的目的和意义

为了提高建筑施工技术，日本建筑学会在大正 12 年（1923 年），设立了委员会，开始着手仕样书的标准化制作工作。从开始制作到昭和 16 年（1941 年），制作了与建筑主体工程标准化相关的 16 本标准仕样书，并且分批在大会杂志上进行了发布。为了对在此期间的技术进步和材料变迁等作出迅速反应，计划进行仕样书的修正工作，但是迫于当时国内外局势的变化，仕样书的修正计划尚未开始就搁置了。第二次世界大战结束后，仕样书的修订工作终止，委员会制度废止，战后的秩序混乱，仅能根据紧急的需求，生产一些质量低劣的建筑产品，建筑行业的复兴前途一片昏暗。但是，由于国外驻军设施的建设需求的增加，涌入了大量的海外技术，这对第二次世界大战中低劣的建筑技术的恢复给予了很大的刺激。昭和 24 年（1949 年），国民经济实力逐渐复苏，提出改进建筑物的建筑质量的要求，昭和 25 年（1950 年）5 月，由于建筑基准法的制定和实施，已经从法律的角度对提高建筑质量进行了规定。

以此为基础，涌现出了一股建造热潮，昭和 25 年（1950 年）2 月对建筑的限制基本全部废止，在无限压制后，民用建筑得到了蓬勃的发展，这就要求提高建筑施工技术水平。另外，日本因为第二次世界大战的原因而出现了 10 年的建筑空白期，此时，国外的建筑技术已经得到了显著进步，因此必须要对施工技术进行合理改善。此时提出以经济性为基础，运用输入技术，并结合日本本国的研究成果，达到建筑施工简易化、机械化的目的。

日本建筑学会考虑了这些重要性因素，于昭和 26 年（1951 年）5 月，为了对标准仕样书进行全面的更改，对材料进行了调查，设立了“材料施工标准委员会”，为了促进此项事业的全面发展，广泛地征求了建筑业各界技术人员和设备技术人员约230名委员的意见。

2.4.6 JASS21制定和修订的意义

1）JASS21 ALC板工程制定（1979年1月）

昭和37年（1962年）左右，日本引入了ALC（Autoclaved Lightweight Concrete）技术，从市场上出现ALC制品到指定JASS施工技术规程，已经积累了10年以上的实践经验。期间，在引进技术的同时，在日本建筑学会内部，由狄野春一博士主办了“ALC研究会”，各方面的研究人员对ALC制品的性能进行了综合研究，为ALC技术的发展奠定了坚实的基础。之后的昭和42年（1967年），建设部认定了“ALC构造设计基准”，此外，昭和47年制定了ALC制品的JIS即“JIS A 5416蒸压养护轻质发泡混凝土制品”。可见，再无其他的建筑产品具有像ALC板一样的快速增长背景，时至今日，ALC板作为建筑材料的地位已经得到了充分的肯定。

ALC材料具备轻质、可加工性和保温隔热性能优良的特点，而且，其具备的比强度更是普通混凝土不可比拟的。但是，只有当建筑材料的优点与其相应的施工方法相配合，才能够使其充分发挥建筑物的性能，因此，急需制定很多与此相关的ALC板施工标准仕样。为了满足此项要求，在日本建筑学会材料施工委员会第一分科委员会处设置了ALC工程小组委员会，开始着手ALC板工程标准仕样书的编制工作，经过2年的审议，于昭和49年（1974年）6月的建筑杂志上对成案进行了公示，之后编写了解说部分，与正文结合出版。

一般情况下的ALC制品为板状或者块状，其中的板状工程的工程数量众多，因此，该仕样书的标题仅体现了“板”。该仕样书仅适用于板的组装，板的防水工程和竣工工程不包含在范围内，该部分内容需要参见相关的JASS。

目前，作为JIS生产的ALC制品仅有4种。这4种均为国外的引进技术，分别使用各自的材料和施工方法进行ALC工程的施工。因此，对于工程细部，存在着本书中记述未详尽的部分，这部分内容在技术指南（解说书）中进行了详细说明。即解说书具备解说的作用的同时，还具备技术指南的作用。

2）1989年修订版

昭和50年（1975年），JASS21制定实施以来，已经使用了10年，在此期间，ALC的基本的规格JIS A 5416（轻质发泡混凝土板）（ALC板）的名称发生了很大改变，关联性很大的其他JASS（如JASS钢筋混凝土工程、JASS8防水工程等）也进行了修订。另一方面，从地震灾害的调查和现场施工的合理化方面，有必要根据ALC板使用部位的不同，推进对施工方法的管理和改进。

以这样的状况为背景，日本建筑学会对JASS进行了全面的审查，于1986年11月设立了小组委员会，来推进修订的研讨工作。之后，对研讨结果进行总结，出版了JASS 21的修订案，并在1988年6月的建筑杂志上进行刊登。在之后的小组委员会上，推进解说执笔工作的同时，对于JASS21修订案的主要详细内容进行了总结，并以正文、解说加附录的形式进行了改版出版。

由以上过程可知，1989年修订版的基本考虑方法和意义与之前的版本相同。但是，具体的修订内容为对整体构成进行再讨论，并对修改部分进行说明，特别是对屋面、楼板、外墙板、内隔墙板等部位的施工方法，及各个部位的安装构造方法进行了详细记述，之后对整个内容进行了重新改写。解说方面也积极地与现阶段的技术情报相结合，为了对整体解说进行全面更改，与旧版相比，更加详细。而且，对在使用JASS过程中需要经常查阅的参考文献等，在篇幅允许的范围内，在卷末列出。

3）1998年9月修订版

由于本仕样书执行过程中，与本仕样书相关联的，如ALC板的JIS，关联性较大的JASS、指南类以及ALC协会规定的基准类等都进行了修订或调整，如增加了参与ALC工程的相关技术人员技能审查制度，因此，围绕着ALC工程的各种情况发生了变化。在这种背景下，1989年制定了JASS21的修订版，该修订版以提高ALC工程的施工品质为第一目的，因此，对于各个部位的施工方法和其安装构造方法进行了详细的阐述。

该版本的修订不仅是由于使用ALC板的工程数量逐年增加，而且是因为将高层化和大型化的ALC板工程向标准化和合理化方向推进，在提高了施工品质的同时，也可以对使用了ALC板工程的工程质量提高作出贡献。这样，对于ALC板工程，经过了工程质量提高阶段后，建筑物的品质也可以得到进一步提高，JASS21进入到要求工程质量进一步提高的时期。

考虑到以上因素，1994年4月，成立了JASS21修订小组委员会，对修订工作进行讨论。到目前的JASS21为止，已经公认ALC板工程的施工品质得到了充分的保证，修订的基本方针为“与ALC工程相关的与建筑物的工程质量提升直接相关的仕样书”。

首先对ALC相关事项进行广泛的调查，例如，实施了对兵库县南部地震灾害情况调查，ALC建筑物竣工情况调查，ALC工程及采用了ALC板的建筑物相关问卷调查，并启动了对这些调查结果的分析。

整体构成为，在预期的设计向性能设计方向转变的基础上，在保证ALC建筑物的品质、性能的条件下，在设计上应当注意的是需要对各种工况下的建筑物进行重新设计和补充。并且，明确分包商和总承包商的责任区分，估价、竣工等，与工程相关事项，并对之前叙述的调查结果，在本文和解说的制定过程中进行了充分利用。

4）2005年10月修订版

在前一次的修订后，《建筑基准法》进行了修订、各种规范等与ALC板相关的工程环境的调整，因此，JASS21 记述的事项也需要进行调整。例如，《建筑基准法》中对风荷载等荷载进行了修订，并对防火和抗火相关事项进行了大量的修订工作。建筑基准法第 38 条相关的“ALC 构造设计基准”附录由“ALC 安装构造基准”代替，“ALC 安装构造基准”由 ALC 协会制定，另外，考虑建筑抗震性能及在建筑工程整体向干式施工方向转变的趋势下，有必要对 ALC 板的安装构造方法进行重新审查。另外，由于性能规格化的逐步推进，有必要明确性能，提升品质。

此次的修订工作，除了使以上所述内容更加充实外，还对体裁进行了更新。修订的主要内容包括以下几方面：

（1）第 2 节中设定了新性能，对目前的安装构造章节记述的与性能相关内容进行总结，将不完善的部分进行了补充；

（2）外墙用 ALC 板的安装构造方法：从提高抗震性能的角度出发对其进行审查，去掉了之前的插入钢筋法；

（3）调查问卷的调查结果表明，需要更多的与 ALC 板工程相关的其他工程的描述，因此，对上次修订的附录部分进行补充修订；

（4）增加了部分与解体工程相关的描述，之前的 JASS 是新建工程的仕样书，所以，解体工程不作为重点，考虑到今后的工程需求，增加了对解体工程的描述；

（5）附录中的“ALC 板构造设计指针，同解说”“ALC 安装构造标准，同解说”风荷载的计算实例，将旧的 JASS 中删除掉的安装构造方法进行了重新编写；

（6）连接角钢相关的词汇进行了重新整理，对整体进行了审查；

（7）对引用的各 JIS 修定内容进行重新调整。但是，对于依据旧 JIS 进行的试验等，对新旧内容进行确认，对于没有问题的部分，可以采用的旧 JIS，对这部分内容进行了详细描述；

（8）引用时，与其他 JASS 修定内容相结合。

2.4.7 JASS10 墙式预制钢筋混凝土工程标准仕样书修定的意义

1）1972 年 9 月修订

JASS10 标准仕样书的制定是在昭和 40 年（1965 年）完成的。目前，由于建筑生产工业化时代要求，本仕样书得到了快速的发展和普及，大量构件在固定的工厂内生产完成，这种情况与前面一个仕样书的主要的结构构件在施工现场生产的方法不同。于是，在昭和 43 年（1968 年）1 月，开始了 JASS10 的修定工作，经过大概 3 年的时间，在昭和 46 年（1971 年）2 月的建筑杂志上公开了 JASS10 的修定草案，之后继续进行解说及技术指针的修定工作并出版。

本次修订工作最大的变化内容是，由于大部分构件在固定的工厂内生产完成，因此，将之前的标准仕样书第 4 节“构件制作”分离，形成了“构件的制造基准”部分，这点与其他的工程标准仕样书的构成情况不同。

“构件制造标准”与一般的仕样书分开表示的理由是，构件常常由施工企业之外的其他企业生产制作，并且，即便是同一个制造商内部进行制造的情况下，构件仍需要进行现场或者工厂检验，需要进行交货地点的审查，所以，需要将“构件的制造标准”从工程仕样书中分离，单独进行编写。另外，为了使构件的制造标准成为该工厂的企业规格基准，并且将构件的构造标准成为标准化的立足点和准备，将其内容详细地记录在“构件制造基准”解说中，并进行了相当详细的规定。此外，仕样书的部分主要总结了建设现场的工程仕样书，这与之前的仕样书基本相同，但是强调了连接构造的承载力，并且，也提出了施工精度的要求，并将主体结构部分开，设置了新的章节。

解说部分参照 JASS5 的修定方针，正文、解说和技术指针分开，解说部分主要是说明正文的意义和意图，以及对正文中无法表达的事项进行补充，技术指针中，为了尽可能忠实正文，详细记录了最能够得到信赖的最新的技术资料、相关的施工工法、制造方法或者与这些相关的注意事项，同时记录了对最新技术指针起关键作用的事项。

但是，在编辑过程中发现，在本文的意义和意向中如果不对技术指针性质的资料进行详述，而仅仅进行解说，即将解说和技术指针分开编写是相当困难的，出于这一理由，与本书最开始进行编写时的意图相反，与之前的编写手法相同，最终的成稿为正文和解说两个部分构成。

2）1978 年 3 月修订

关于 JASS10.1 墙片式预制钢筋混凝土工程及 JASS10.2 墙片式预制钢筋混凝土构件的制造基准修订的意义：

JASS10 在昭和 40 年（1965 年）制定完成，昭和 47 年进行了一次修订。经过了数年的应用，对其内容进行审查后发现，JASS10 中规定的内容多处均与现状不符。首先，因为新材料的开发、JIS 的修订、以 JASS5 为代表的其他相关仕样书、指针的修定、制定等，JASS10 中大量的内容均有必要进行修订。其次，目前在全国设置了多个预制混凝土工厂，实际生产业绩不断累积，而且对于预制混凝土构件进行了大量的研究工作，发现了很多问题。在这样的情况下，日本建筑学会材料施工委员会指出必须对 JASS10 内容进行修订。由于担任原仕样书修订工作的第 15 分科会中的大部分委员进行了更换，因此制定的修订目标为小修，昭和 51 年 4 月，进行了为期 1 年的紧急审议，后花费了 2 年时间对正文和解说部分进行了中等程度的修订。JASS10 由现场预制混凝土工程仕样书和工厂预制钢筋混凝土构件的制造基准两部分构成，目前的仕样书尚未进行明确的划分，本次修定中，将仕样书分为：JASS10.1 墙式预制钢筋混凝土工程，JASS10.2 墙式预制钢筋混凝土构件的制造基准两个部分构成。各节的构成也较目前的 JASS10 做了很大改动，如追加了卷扬机、搬运设备，防止公害发生的维护等若干事项。各节正文和解说部分内容，结合现有的研究成果与实施经验，对大量的变更和追加部分进行了详细的阐述。

3）1991 年修订

JASS10 预制混凝土工程（现行的 JASS10.1 墙式预制钢筋混凝土工程及 JASS10.2 墙式预制钢筋混凝土构件的制造基准）标准仕样书的修定意义。

JASS10 自 1965 年制定以来，经过 1972 年和 1978 年的 2 次修定后，很长一段时间都没有进行再审查。期间，因为相关的预制混凝土工程的技术进步、社会局势的变化等，出现了与 JASS10 内容与现状不相符的情况，并且对 1986 年的 JASS5（钢筋混凝土工程）进行了大范围的修订，同时相关的规准、规格等也进行了大量的制定、修订，因此，需要结合最新的研究成果对其进行修订。

本次修订的主要目的为提升预制混凝土构件及其组装构成的建筑物的品质、提升建筑物的耐久性。修订中对 JASS10 的名称进行了变更，在其中加入了大量的新规定，进行了较大范围的修订，主要修订内容包括：

（1）通过对本仕样书的适用范围、内容进行重新审查，将其名称修订为“JASS10 预制混凝土工程”。

（2）本仕样书由 14 个章节及附录构成，由现行 JASS10.1（工程仕样书）及 JASS10.2 制造基准 2 个部分修订构成，依据施工顺序，将预制混凝土构件从制造到组装、连接工程进行了一体化的编写。

（3）适用范围：在传统的仅适用于中、低层墙式预制钢筋混凝土工法的基础上，增加了钢骨高层预制钢筋混凝土工法，也就是 HPC 工法及高层墙式预制钢筋混凝土工法。

（4）施工人员根据施工计划书，在工厂内对构件进行制造，解说中对工程整体的工程管理和品质管理进行了规定，并对其内容和方法进行了详细论述。

（5）3 节中设定了“构件处使用的混凝土及构件混凝土的品质”，构件混凝土的抗压强度应该满足的条件包括：塌落度最大值、单位混凝土量的最小值、水灰比的最大值、混凝土中盐分总量规定值及碱骨料反应的抑制对策等。

（6）构件制造时使用的混凝土材料中，细骨料中含有的盐化物（NaCl）含量应该控制在 0.04% 以下。搅拌用水不可以使用回收水。且现场施工的钢筋混凝土工程使用的材料应该满足 JASS53 节（材料）的规定。

（7）明确规定了构件的截面尺寸的精度，构件的保护层厚度及构件的竣工状态等，在解说中，叙述了确保实现这些规定应该考虑的具体对策。

（8）构件制造工厂限定为固定工厂，也就是说移动工厂、施工现场不适用于本仕样书。并且，本仕样书删除了常规“节”中规定的“工厂设备”，将其作为标准的实例移动到了后面的附录中。

（9）配合比的确定方法，规定了构件混凝土脱模时、出厂时所需要的强度，以及为了保证设计基准强度而作的配合比强度确定方法。此时配合比强度的额外增加量，分别是脱模时对应强度的 1.73σ，是出厂时设计基准强度的 3σ（σ：混凝土的压缩强度的标准偏差）。

（10）构件的组装，在常规的中、低层墙式工法的基础上增加了高层墙式工法、HPC 工法中采用的组装机械等，在解说中对组装作业顺序及作业安全管理等进行了阐述。

（11）对构件的连接方法中套筒连接及高强螺栓连接进行了追加规定，并在解说中对这些材料的处理和施工中的注意事项进行了阐述。

（12）明确了填充混凝土和垫层砂浆的使用材料、配合比、施工方法等的相关规定。填充混凝土及垫层砂浆的设计基准强度，一定要在构件的设计基准强度之上，且大于 210kgf/cm^2。

（13）结合部的防水工程，规定了屋面板处结合部的防水及膜防水的相互配合，在解说中对材料的选择、施工注意事项进行详细论述。

（14）仕样书第 13 节为“品质管理及试验、审查”，将传统的各章节分散试验和检验相关规定进行了统一表示，品质管理的原则、使用材料的试验、审查，构件处使用的混凝土及构件混凝土的试验和检验，构件混凝土在浇注前进行审查，规定需要进行构件制品、填充混凝土和垫层砂浆的试验和审查，构件安装位置精确度的检查、焊接连接部位和套筒连接检查等。

（15）附录中增加了本次修订的 JASS10T-101（垫层砂浆施工柔软度试验方法）及 JASS10T-102（垫层砂浆压缩强度试验方法）。

4）2003 年 2 月修订

JASS10 预制钢筋混凝土工程修订意义：

现行 JASS10“预制混凝土工程”是 1991 年进行修订的，经过十余年的使用，其间进行了大量的相关规范、规程的制定和修订工作，如《建筑基准法》、同施工令的修订及与之相伴的告示的制定和住宅品质保证促进等相关法律的制定工作（住宅性能表示制度），本学会“钢筋混凝土构造设计基准”及“JASS5 钢筋混凝土工程”的修订，以及 JIS 规格等的修订。因此，需要与这些修订的内容相一致。

此外，预制混凝土工法与建筑生产中技术开发的进展和社会形势的变化相伴，其适用领域在逐渐扩大，不仅包括传统的墙式预制钢筋混凝土工法，还包括在高层集合住宅使用的框架预制钢筋混凝土工法和墙框架式预制钢筋混凝土工法，期望将这些框架类钢筋混凝土工法也作为研究对象添加到标准仕样书中。

以这样的现状为背景，材料施工委员会于 1999 年设立了 JASS10 改进小组委员会，对现行的 [JASS10] 进行基本评论的同时，与最近的研究成果相结合进行了大手笔的修定工作。下面是本次修订过程中主要的修定点。

（1）本仕样书的适用范围：不仅包括传统的墙片式预制钢筋混凝土工法，而且墙片式框架预制钢筋混凝土工法、框架预制钢筋混凝土工法及预制钢骨钢筋混凝土工法也是本仕样书的研究对象。研究对象为主体框架采用完全预制的构件（以下，构件）或部分预制构件。但是，对于主体框架为现场浇注的混凝土建筑物，一部分为部分预制构件的情况下，对该部分工程 [JSSA5] 的适用范围进行了明确的规定。

（2）第 2 节中设置“主体结构性能要求”，可以使设计人员及施工人员，对预制钢筋混凝土建筑物主体结构的通用性能要求有基本的认识。该项延续了 1997 年的 [JASS5] 的规定，对预制装配式钢筋混凝土建筑物特有的施工荷载的构造安全性，构件连接部位防水性能进行了规定，还增加了主体结构及构件组装时的精度等要求。

（3）该仕样书的第 3 节中，设定了“构件、结合部及现场浇注混凝土构件的性能和品质”，构件中使用的设计基准强度范围为，普通混凝土为 21 ~ 60N/mm^2，12 种轻质混凝土 21 ~ 36N/mm^2，2 种轻量混凝土 21 ~ 27N/mm^2，在 JASS5 中与普通混凝土相关的内容是在高强度混凝土的范围内分别引用了其上限值和下限值。耐久性上要求耐久设计基准强度，引入品质基准强度作为管理混凝土试件抗压强度的要求值。这里，沿用了 JASS5 的规定，考虑到预制构件特有的制造条件，所以与 JASS5 的规定略有不同。

（4）结合部处混凝土保护层厚度，在无特殊规定的情况下，应与构件的设计保护层厚度相同，规定应在最小保护层厚度的基础上增加 5mm。且结合部处使用的混凝土的水灰比是构件的 55% 以下。

（5）混凝土的使用材料中，要根据如今的时代要求，采用新型的再生骨料。但是，其品质必须具备与现行的 [JASS10] 中规定的砾石、砂等普通骨料具备基本相同的品质，使用部位、使用方法等依据特别规定。该仕样书第 6 节中设定了“构件处使用的混凝土配合比”，为了保证构件混凝土脱模时所需要的强度，出厂时所需要的强度及品质基准强度，规定了配合比强度的确定方法。一般情况下，可以认为，构件混凝土的压缩强度在保证龄期的情况下，在设计基准强度之下的概率基本为零，此次的修订中，对于与 [JASS5] 规定相同的品质基准强度，在确定了一定的不良率的同时，增加了最小界限值的规定。

（6）构件的制造，采用了设计基准强度超过 36N/mm^2 的相对较高强度的混凝土，并且，对于截面尺寸较大的构件，在制造过程中，特别对加热养护方法的留意点进行了详细的解释说明。

（7）对于构件的组装及构件的连接，以本仕样书为对象的所有的预制混凝土工法，在解说中重新进行了全面地研究，并引入最新的技术资料。

（8）本仕样书第 12 节中提供了“现场浇注混凝土的施工”，基础、基础梁、低层等的现场浇注构件及框架预制钢筋混凝土工法的节点域部分等构件的连接部位、并对采用部分装配式叠合楼板的顶层混凝土等的施工方法进行了规定。

（9）连接部位的防水工程，适用对象为所有工法，特别是构件间连接部位的防水及构件与现场浇注混凝土部分的防水过渡，及屋面构件连接部位与膜防水间的配合等，利用解说的方法进行详细的论述。并且对于建筑用封口材料以外 JIS 规格中没有的防水材料（胶带状的密封材料，液体状的密封材料及防水用玻璃板）的品质基准进行了规定。

（10）品质管理及检查，品质管理和试验检查原则，材料及制品的试验、检查，构件制造工程中的试验、检查（混凝土的试验、检查、构件的制品检查等），构件在进场时的检查、构件在组装时的精度检查，构件的连接部位的试验、检查（焊接接合的试验、检查，填充灌浆料的试验、检查等），连接部位的防水试验、检查等进行了规定。附录中，包括本次新确定的 JASS 10 T-103（胶带式密封材料的品质基准），JASS10T-104（液体密封材料的品质基准）及 JASS 10 T-105（防水玻璃板的品质基准）。

5）2013 年 1 月修订

（1）JASS10 预制钢筋混凝土工程修订意义

JASS10 于 1965 年制定，之后分别在 1978 年、1991 年和 2003 年进行了 4 次修订。在最初制定过程中主要是以中低层墙式预制钢筋混凝土构造为研究对象，由建筑施工工程仕样书和构件的制造标准两部分构成，1991 年修订过程中将这两部分进行合并处理，根据施工顺序进行了重新排版。且随着预制工法的发展，除了中、低层墙式预制工法外，还出现了使用钢骨的高层预制构件工法、墙式框架预制工法、框架预制工法等各种工法，2003 年以这些预制工法为研究对象进行了修订。

近年来，建筑物使用的混凝土强度等级逐渐向高强度方向发展，与之相应的预制钢筋混凝土使用的混凝土的强度等级也逐渐向高强度化方向发展，并且近年来对“钢筋混凝土构造计算规准、同解说”“建筑工程标准仕样书，同解说 JASS5 钢筋混凝土工程”进行了修订，以及“高强度混凝土施工指针（案），同解说”等相关指针的制定、修订及与混凝土相关的 JIS 的修定等都指出有必要将 JASS10 与这些修订工作进行整合。

在这样的背景下，材料施工委员会于 2009 年成立了 JASS10 修订小组委员会，结合最近的高强度化、高品质化趋势的相关调查和研究成果，对现行的 JASS10 进行了重新修订。

（2）本次修订的要点

①本仕样书的主要对象为预制装配式工法，与前一次修订情况相同，对墙式预制钢筋混凝土工法、框架预制混凝土工法、墙式框架钢筋预制混凝土工法及预制钢骨钢筋混凝土工法的适用范围进行了明确说明，“工法”的概念采用日语直译。

②旧版中，施工计划书的制定及施工管理在第 4 节中进行表示，因为这些都是一般事项的记述内容，因此，修订版统一将其挪到了第一节的总则中。

③对第 1 节总则中的用语进行了更新，对各种预制方法，及进行强度管理的试件

的养生方法等进行了定义。

④设定使用年限级别大约为200年的超长期级别。

⑤旧版第2节“构造物要求性能”及第3节“构件、连接部位及现场浇注混凝土构件的性能和品质”二者对混凝土保护层的厚度进行了规定，第3节“预制构件、连接部位及现场浇注混凝土构件的性能及品质”中，预制构件及现场浇注混凝土级别在其他的地方进行记录。

⑥对构成预制钢筋混凝土建筑物的预制构件、连接部位及现场浇注混凝土构件，连接部位处使用的材料，连接部位混凝土，小空间填充混凝土，垫层砂浆、填充砂浆、连接部位等的灌注和钢筋连接处的灌注进行分类、整理，并对各种性能和品质进行明确记载。

⑦预制构件的配比方法与之前的JASS10相同。

⑧对于预制构件的制造，从确保耐久性的观点出发，对脱模后的湿润养生进行了规定。旧版中，第8节“构件储存、出货”，第9节“构件的搬运和验货”。实际上验货地点是工程现场，第7节修订为“预制构件的储存、出货、搬运”，第8节修订为“预制构件的验货、临时安置”。

⑨第10节为预制混凝土构件的连接，除了钢筋及钢结构的连接之外，对于连接部位处使用了不同材料时规定了不同的工程仕样。

⑩品质管理及检查，预制构件混凝土脱模时，对于出厂日及品质基准强度，压缩强度的判定基准根据试件的种类的不同进行规定。

2.5 企业管理体系

企业管理体系是为了保证建筑工程质量、降低造价、减少工期等条件下制定，由于每个企业均有各自的管理体系，且管理体系不公开，所以这里不做论述。

2.6 小结

（1）日本法律、法规中的技术标准是通过《建筑基准法》确认审查制度来保障其有效执行的，通过事前、事中和事后审查，对工程建设项目是否符合建筑基准法要求进行确认；

（2）JIS和JAS的有效运行通过法律强化和官方的政府采购来保障；

（3）实验室认证制度为第三方检测认证机构执行的认证和评价制度，除了对照相应的技术标准要求，确认是否颁发JIS标识等认证外，也依据建筑基准法，在国土交通省大臣的指挥下，对新材料等进行认证，其监督管理机关为上位机构；

（4）为了保证标准的有效运行，制定了非常严格的惩罚制度；

（5）日本充分发挥社会团体的力量，对包括法律和技术法规在内的各级标准进行管理，政府仅对相关的确认审查机构进行监督管理；

（6）日本社会团体成立时间久、影响范围广、会员数目众多、得到了社会各界的认可，标准的制定、修订和发表制度完备，且制定了完备的学会章程和会员制度，保障了标准的管理体系的有效运行。

3

日本装配式建筑标准体系和管理体系

3.1 W-PC、WR-PC 和等同现浇 R-PC 构造设计目标

1）W-PC 设计目标

（1）在通常的荷载作用下，建筑物及主要受力构件及连接部位处不发生引起使用障碍的变形和振动；

（2）在罕遇地震作用、中等积雪、中等暴风荷载作用下，结构主要受力部分及连接部位处不发生损伤且使用功能不损失；

（3）在极其罕遇地震作用下，结构主要承重部分及连接部位处允许发生破坏，但是建筑物不发生倒塌、倾倒等危及人类生命的破坏。

2）WR-PC 设计目标

（1）在永久荷载和可变荷载作用下，不发生引起使用障碍的开裂及变形。

（2）在罕遇地震作用下，不发生过大的不可修复的损伤（混凝土的开裂及残余变形，钢筋的屈服变形等）。

（3）在极其罕遇地震作用下，建筑物的倾覆、崩裂及构件及壁柱 - 梁交叉部位的破坏等不对人的生命财产产生直接影响。

（4）开间方向的屈服模式原则上为 2 层以上梁首先形成塑性铰的梁先行屈服型破坏模式，最上层壁柱顶部、1 层壁柱脚部及抗拉一侧外柱上也可以形成塑性铰，原则上基础梁不能出现塑性铰。

（5）进深方向受力墙体采用预制装配式构件时的设计方针为，进深方向受力墙形成机构时的应力可以由预制受力墙水平连接部位的错位破坏模式进行判定。

3）等同现浇的 R-PC 构造设计目标

因为需要确保与现场浇注混凝土结构具备同样的性能，因此：

（1）在常时、积雪和暴风荷载作用下，建筑物的主要受力部分及预制构件、预制连接部位处无有害裂纹和变形；

（2）在暴风和罕遇地震作用下，最低设计目标是限制预制连接部位处不发生有害滑移和过大的残余开裂裂纹；

（3）在极其罕遇地震作用下，预制构件和预制连接部位的设计基本原则是保证与现场浇注 RC 结构具备同等的构造性能，因此，预制框架的连接部位处不能产生滑移及破坏，受力墙的垂直连接部位及水平连接部位处虽然容许产生滑移，但是最低限制目标是不导致建筑物的倒塌和破坏。

日本目前实际使用的预制装配式工法按照大类可分为以下 3 种：

①现场浇筑框架结构的预制装配式工法；

②墙式钢筋混凝土结构预制装配式工法；

③墙式框架结构预制装配式工法。

为了使采用了预制装配式工法的建筑物与现场浇筑 RC 结构具备相同的力学性能，开发了预制装配式混凝土构件的连接方法。其目的是使预制装配式混凝土结构与现场浇筑钢筋混凝土结构具备同等的抗震性能。墙式钢筋混凝土构造对应的预制装配式工法是 W-PC 结构，抗震性能为强度抵抗型，一次设计用（多遇）地震作用下的层间位移角限值为 1/2000；通常的框架结构对应预制装配式工法是 R-PC 结构，通过建筑物的变形来实现耗能，抗震性能属于能量消耗型。墙式框架结构对应 WR-PC 结构的耗能性能介于二者之间，一次设计用（多遇）地震作用下的层间位移角限值为 1/200。

由于日本与工程建设相关的标准体系构成与我国不同，其主要特点是法律强制性标准集中，主要是以《建筑基准法》[8] 为代表的法律、政令、省令、告示等，另外，强制性标准还包括《建筑基准法》指定建筑材料相关的 JIS 和 JAS 标准，JIS 和 JAS 标准属于行业标准，非强制，除了这些由政府官方部门制定的标准外，日本社会团体组织也在工程建设标准制定过程中发挥了重要作用，制定了规准、指针、仕样书等，这部分标准相当于我国各级标准中的非强制标准，除此之外，各大企业也会根据本企业的实际情况制定相应的标准，其主要目的是提高企业的核心竞争力，不具备普遍意义。

3.2　装配式建筑法律标准体系

3.2.1　W-PC 结构相关法律标准体系

1）建筑基准法

满足建筑基本法第 20 条结构承载力要求。[11]

建筑物必须保证在自重、活荷载、积雪、风压、土压、水压及地震作用等其他震动和撞击时结构的安全性，并符合以下基准要求：

（1）建筑物安全方面必要的构造方法必须符合相关政令确定的技术基准要求；建筑基准法第 6 条第 1 项第 2 号或者第 3 号中的建筑物是指，地上层数为 2 层以上，或者楼面面积超过 200m^2 的建筑物，这类建筑物必须满足结构承载力要求；

（2）除了①项的安全性能方面的规定外，对于高度为 13m 或者檐口高度超过 9m，主要结构部分（除楼面、屋面及楼梯外）为石造、砖造、混凝土砌块造、无筋混凝土造及其他的类似建筑物，依据政令中技术基准的规定，通过结构计算对建筑物的安全性进行二次确认。

2）建筑基准法实施令

由建筑基准法实施令第 36 条（构造方法相关的技术基准）确定的，适用于令第 36 条到第 80 条第 2 款的所有基准，对于与壁式预制钢筋混凝土结构（WPC 结构）的构造方法相关的技术基准依据国土交通省告示第 1026 号（2001 年 6 月 12 日）表 16。

国土交通省告示第 1026 号　　表 16

项目	国土交通省告示第 1026 号	
	W-RC（现浇）	W-PC（预制）
适用范围等	除去地下室层数为 5 层以下，及檐口高度为 20m 以下、各层层高为 3.5m 以下	
混凝土材料	设计基准强度 18N/mm^2	
墙量	墙量（cm/m^2） 从最上层开始计算 层数为 4 及 5 的层：15 其他层：12 地下室：20	墙量（cm/m^2） 地下室除外 层数为 4 和 5 的建筑物的各层：15 层数为 1 ~ 3 的建筑物各层：12 地下室：20
耐力墙厚度	耐力墙的厚度（cm） 除地下室层数为： 1 的建筑物：12 2 的建筑物：15 3 以上的建筑物 （最上层）：15 （其他层）：18 地下室：18	耐力墙的厚度（cm） 最上层及最上层开始层数为 2 的楼层：12 其他层：15 地下室：18
配筋率	配筋率（%） 除地下室外层数为 1 的建筑物：0.15 2 以上的建筑物 最上层：0.15 最上层开数层数为 2 的楼层：0.2 其他层：0.25 地下室：0.25	配筋率（%） 除地下室外层数为： 2 及 2 以下的建筑物的各层：0.2 3 及 3 以上的建筑物 最上层：0.2 最上层开始计算层数为 2 和 3 的层：0.25 其他各层：0.3 地下室：0.3
墙梁的构造	配箍率：0.15 以上	配箍率：0.2 以上
楼板、屋面板构造	钢筋混凝土构造 但是，保有水平承载力在必要的保有水平承载力之上时不受此条限制	
基础构造	无基础梁宽度规定值	

3.2.2 WR-PC 结构相关法律标准体系

WR-PC 结构设计相关建筑基准法和建筑基准法施行令条文与前节中法律条文一致[12]，构造方法依据国土交通省 2001 年告示，即 2001 年国土交通省告示第 1025 号（壁式框架钢筋混凝土结构建筑物或者建筑物的结构部分的构造方法相关安全性能进行确认的必要的技术基准摘要），国土交通省告示与团体标准间的对照关系如表 17 所示。

国土交通省告示基准与团体标准的对比情况　　表 17

项目		2001 年国土交通省告示第 1025 号	预制装配式建筑技术集 第 3 篇 WR-PC 的设计（2003 版）
适用范围	一	地下室除外层数在 15 层以下，及檐口的高度在 45m 以下	层数在 15 层以下，檐口高度在 45m 以下。但是，有地下室的建筑物原则上不适用，建筑物的长度原则上在 80m 以内，进深方向建筑物的长度的 1/4 以上
	二	开间方向各框架原则上刚接框架	开间方向，原则上由壁柱和等宽梁构成刚接框架
	三	进深方向每一榀应当由下至上的连续耐力墙构成的墙式构造或者为刚接框架中一种。但是，进深方向的结构形式为刚接框架的情况下，除一层为外墙的情况外，地上二层及以上各层可以设置连续的耐力墙	进深方向的构面可以由两端设置壁柱的独立连层耐力墙构造或刚接框架构造构成 进深方向刚接框架处设置耐力墙时，必须满足以下规定： 1）连层耐力墙从 2 层到最上层连续布置 2）连层耐力墙最下部（2 层楼板部位）设置框架梁 3）依据进深方向耐力墙的各项规定 耐力墙的形状尺寸不包括防水板缝等额外浇注部分
	四	进深方向耐力墙为 4 道以上，及刚接框架的道数不满耐力墙的道数	进深方向的构面数量有 4 道以上的独立连层耐力墙，刚接框架的构面数量小于连层耐力墙数量
	五	两道耐力墙间刚接框架的数量为 2 以下	—
	六	建筑物的平面形状及立面形状为长方形或者其他类似的形状	原则上以规整的建筑物为对象，但是，以下 3 种形状的建筑物在适用范围内： 1）1 层有独立柱（不与耐力墙相连的柱）的建筑物 2）平面为大雁排列形建筑物 3）有缩进的建筑物
	七	结构主要受力部分，包含预制钢筋混凝土造的部分时，预制钢筋混凝土造构件间或者预制钢筋混凝土构件与现场浇注构件间的结合部部位，在传递应力的同时，应当具备必要的刚度和韧性，并进行紧密连接	1）结构主要受力部分使用的预制构件的水平结合部及垂直结合部，在正常使用情况下，不发生影响结构正常使用的开裂和变形 2）结构主要受力部分的水平结合部和垂直连接部位，在罕遇地震动作用下，不发生需要修复的过大的损伤 3）结构主要受力部分使用预制装配式构件的水平结合部和垂直结合部，在极其罕遇发生地震动作用下，结合部以外部分不能先行破坏
混凝土及砂浆的强度	一	结构主要受力部分的混凝土及砂浆的设计基准强度，21MPa 以上	结构主要受力部分的混凝土为普通混凝土，其设计基准强度为 21MPa 以上，36MPa 以下。上下层的强度差在 6MPa 以内
	二	砂浆的强度，以令第 74 条（第一项第一号除外）及昭和 56 年建设省告示第 1102 号的规定为准	接合用砂浆的抗压强度应在被连接构件的设计基准强度以上

续表

项目		2001 年国土交通省告示第 1025 号	预制装配式建筑技术集 第 3 篇 WR-PC 的设计（2003 版）
钢筋的种类		结构主要受力部分的钢筋，如柱的纵筋和箍筋，梁的纵筋和箍筋及剪力墙钢筋，不能使用圆钢	1）结构主要受力部分的钢筋为异形（非光圆）钢，规格由 JISG3112 确定 2）抗剪加强钢筋除了满足 1）项的要求外，对于指定的工法采用高强度抗剪钢筋 3）无粘结楼板或次梁使用 PC 钢材规格满足 JISG3536 的要求 4）焊接金属网满足 JISG3551 的规格要求，钢筋直径为 4mm 以上，但当作为楼板或耐力墙的纵横向钢筋时为 6mm 以上
第四开间方向的构造	一	柱为主要受力构件时，必须依据以下①~④（进深方向为刚性框架柱时，①②③除外）来确定其构造形式	—
	一	①进深方向的最小直径为 30cm 以上，及开间方向最小直径 3m 以下	壁柱的宽度在 300mm 以上，壁柱的高度在 3000mm 以下。壁柱的截面尺寸不包括防水板缝等构造增加部分
	一	②除角柱及与作为外壁的连层耐力墙相连的柱子除外，开间方向的最小直径为进深方向的最小直径的 2 倍以上、5 倍以下（地上部分的最下层除外，其他的柱子为 2 倍以上、8 倍以下）	壁柱的扁平率（D/b），除开间方向外柱及独立柱（不与耐力墙相连的柱）外，在 2 以上、5 以下，但是，2 层以上的壁柱，可以为 2 以上、8 以下
	一	③各层柱的最小直径均不能小于其上层柱	壁柱与下层连续设置，其截面尺寸不能小于下层壁柱
	一	④地上部分各层柱的水平截面面积和不能小于规定值	规定了最下层和其他层的壁柱率（各层沿着开间方向壁柱的截面面积的合计值与其上一层楼面面积比）
	二	梁为主要受力构件时，梁的宽度为 30cm 以上，高度为 50cm 以上，且高度应该在长度 1/2 以下	1）同一构面上梁的宽度原则上与下层壁柱宽度相同，宽度为 300mm 以上 2）梁高位 65cm 以上，且梁内测的长度原则上为梁高的 4 倍以上 3）地上层数为 6 以下的建筑物的最上层梁育最上层开始计算第 2 层的梁在具有相同的截面和配筋 4）梁的纵筋的壁柱梁交叉部位在定位除了依据 RC 规准，下端钢筋水平定位部分应该具备充分的定位长度，必须保证在壁柱中心线前弯曲定位或者也可以进行直线定位
	三	柱进深方向上最小直径应在与其相连的开间方向梁宽以上	进深方向的最小直径，原则上与与其相连开间方向梁宽尺寸相同
第五进深方向的构造	一	耐力墙必须满足以下的①②③的要求	—
	一	①厚度为 15cm 以上	厚度为 180mm 以上
	一	②两端的柱子紧密连接	—
	一	③地上部分的各层耐力墙的水平截面面积满足最小限值要求	规定了最下层和其他层的壁率，各层进深方向壁柱的截面面积和（cm^2）与其上一层楼面面积（m^2）比，但是，壁柱或者耐力墙为预制构件时，其进深方向有垂直结合部时，应提高壁率

续表

项目		2001 年国土交通省告示第 1025 号	预制装配式建筑技术集 第 3 篇 WR-PC 的设计（2003 版）
第五进深方向的构造	一		进深方向耐力墙除了设置基础梁外，各层及屋面处梁必须为以下任意一种形式： 1）单独设框架梁，配置梁的纵筋和箍筋 2）不单独设框架梁，配置与壁厚同宽的梁纵筋，再配置箍筋或其他的约束钢筋 3）不单独设框架梁，在楼板的厚度范围内配置头部连接钢筋作为梁的纵筋，之后配置箍筋或者梁约束钢筋
		—	有开口的耐力墙上下楼板位置处设置框架梁
		—	配置了不连续次梁，或楼板仅布置在一侧时，设置框架梁。但是，次梁端部有柱的情况下，可以省略框架梁
	二	一道耐力墙由多个连层的耐力墙构成的情况下，连层耐力墙之间，由与耐力墙同宽的梁进行连接的同时，与该梁连接的两个柱的进深方向的最小直径，必须在该抗震墙的厚度以上	—
	三	作为刚性框架构造上主要受力构件的柱和梁，满足以下的①②③的构造要求	进深方向刚接架构处不设置耐力墙时，必须要满足以下规定
		①柱进深方向最小直径在 30cm 以上，开间方向的最小直径在 3000mm 以下	进深方向刚接框架的壁柱的扁平率可以不足 2
		②梁作为构造上主要受力构件时，宽度应在 30cm 以上，高度应在 50cm 以上，且高度应在为长度的 1/2 以下	刚接框架为仅由壁柱和梁构成的纯框架结构
		③柱开间方向的最小直径，应大于与柱相连的进深方向梁的宽度	进深方向上梁的构造与开间方向的 2）和 3）相同
第六楼板及屋面板构造	一	钢筋混凝土结构	屋面板和楼面板为现场浇注钢筋混凝土造或者叠合楼板
	二	连接构造必须具备将水平荷载作用下产生的外力进行有效传递的刚度和承载力（最下层楼板处为条形基础或基础梁）	构造上满足强度和刚度与周边的结构构件连成一体的要求
	三	厚度在 13cm 以上	厚度在 150mm 以上
	—	—	走廊或者阳台等部位的悬臂楼面板为现场浇注混凝土结构、叠合楼板或全预制构件
第七基础梁		基础梁必须为一体的钢筋混凝土结构（如果是两个构件进行组合时，构件间应当紧密连接）	基础楼板和基础梁，在无特别的规定的情况下，应采用现场浇注混凝土构造形式，构造上必须满足将上部荷载有效地向基础传递的目的要求 基础楼板及基础梁的埋置深度应该为建筑物高度的 6% 以上，但是，当建筑物的高度超过 31m 时，建筑物的高度超过建筑物短边的长度的 2.5 倍时，埋置深度为 8% 以上 基础梁的高度足够大的同时，基础梁的刚比与壁柱的刚比的比值原则上应大于 1
第八层间位移角		根据令第 88 条，地上部分的水平层间位移角应该在 1/200 以下	1 次设计地震力对应的各层的层间位移角原则上 1/200 以下

续表

项目	2001 年国土交通省告示第 1025 号	预制装配式建筑技术集 第 3 篇 WR-PC 的设计（2003 版）
第九刚性率和偏心率	壁式框架钢筋混凝土造建筑物或者建筑物的构造部分的地上部分，必须进行各层刚性率和偏心率的计算。这种情况下，将令第 82 条的三的第二号中的 15% 提高到 45%	各层刚性率为 0.6 以上，并且各层的偏心率在 0.45 以下。1 层具有柱构面形状的建筑物，偏心率 1 层为 0.15 以下，其他层在 0.3 以下
第十保有水平力	地上部分保有水平承载力必须满足以下①~④的规定	—
	①依据令第三章第八节第四款规定的材料强度进行各层的水平荷载进行承载力计算	保有水平承载力的计算时地震层剪力分布系数为建设省告示 1793 号 3 的 Ai 分布形式，或近似的分布形式
	②地震作用下的各层必要的保有水平承载力计算	同告示
	①≥②	同告示
	地震作用下的构造特性系数根据剪切破坏模态选取，对主要结构部分的衰减效果及韧性性能进行恰当的评价	当上下层的有连续的开口时，进深方向的构造特征系数需要进行特别验算
第 10 韧性的保证	对于开间方向的框架，确认在保有水平承载力作用下，任意层层间位移不会急剧增加	除设计上容许的最上层壁柱的顶部、1 层壁柱脚部及张拉一侧外柱的抗弯屈服外，形成破坏机构时各层壁柱的抗弯强度富余度 α 应该满足规定限值

3.3 装配式建筑 JIS 和 JAS 标准体系

1）《建筑基准法》第 37 条

安全上、防火上及卫生上重要的建筑物基础、主要的结构受力构件等政令规定的部位使用的木材、钢材、混凝土等其他建筑材料必须为国土交通大臣指定的材料（即指定建筑材料），必须满足以下 2 项要求中的任意一项要求：

①每一种指定建筑材料的品质应当满足国土交通大臣指定的日本工业规格和日本农林规格要求；

②除了前一项中的指定建筑材料外，需要通过国土交通大臣的认定来判定其他的指定建筑材料是否与国土交通大臣在安全上、防火上或者卫生上要求的必要的品质相关的技术基准相一致。

2）预制装配式构件

①指定建筑材料

国土交通大臣确定的建筑材料，是指在 2000 年建设省告示第 1446 号中指定的材料，WPC 造建筑物中使用的主要材料包括：结构用钢材及铸钢、高强螺栓及螺栓、钢筋、焊接材料、混凝土。

②国土交通大臣指定的日本工业规格

WPC 造建筑物中指定建筑材料的品质需要适用于国土交通大臣指定的日本工业规格要求，对于不适用于日本工业规格的情况下，如果接受了国土交通大臣的认定也可以成为指定建筑材料。

③预制装配式构件的品质

建设省住宅局建筑指导科监制的新日本法规（修订建筑基准法）P.538 页指出“混凝土相关的品质是现场浇注的情况下的品质规定，对于预制构件及预制桩等二次制品，因为自身具备更高的品质，不属于这些基准的范畴”，因此，PC 工厂制造的预制装配式混凝土构件，不能成为这里的指定建筑材料。

3）日本工业规格中与预制装配式构件相关的规格

日本工业规格中关于预制装配式构件的规格不属于国土交通大臣指定的建筑材料，目前日本工业规格中有如表 18 所示的几项规格。

预制装配式相关日本规格　表 18

JIS 序号	日文名称	中文名称
JISA5361	プレキャストコンクリート製品—種類，製品の呼び方及び表示の通則	预制装配式混凝土土制品 - 种类、制品的名称及表示通则
JISA5362	プレキャストコンクリート製品—要求性能とその照査方法	预制装配式混凝土制品 - 要求性能及对照方法
JISA5363	プレキャストコンクリート製品—性能試験方法通則	预制装配式制品 - 性能试验方法通则
JISA5364	プレキャストコンクリート製品—材料及び製造方法の通則	预制装配式制品 - 材料及制造方法通则
JISA5365	プレキャストコンクリート製品—検査方法通則	预制装配式混凝土制品 - 检查方法通则
JISA5366	プレキャスト無筋コンクリート製品	预制装配式无筋混凝土制品
JISA5367	プレキャスト鉄筋コンクリート製品	预制装配式钢筋混凝土制品
JISA5368	プレキャストプレストレストコンクリート製品	预制预应力混凝土制品

3.4　装配式建筑团体标准体系

3.4.1　W-PC 相关团体标准

1）团体标准

与 W-PC[11] 相关的团体标准如表 19 所示，这里提到的标准仅是各个团体组织制定的标准中的一部分。

W-PC 相关团体标准　　表 19

名称		发行年份	发行单位
プレキャスト建築技術集成 第 2 編 W-PC の設計	预制装配式建筑技术集成 第 2 篇 W-PC 设计	2003	预制装配式建筑协会
壁式鉄筋コンクリート造設計施工指針	墙式钢筋混凝土造设计施工指南	2003	日本建筑中心
壁式鉄筋コンクリート造設計・計算規準・同解説	墙式钢筋混凝土造设计、计算规范同解说	2015	日本建筑学会
壁式構造配筋指針・同解説	墙式构造配筋指南及说明	2013	日本建筑学会
壁式プレキャスト鉄筋コンクリート造設計規準同解説	墙式预制钢筋混凝土设计规范及说明	1982	日本建筑学会
鉄筋コンクリート構造計算規準・同解説	钢筋混凝土构造计算规范及说明	2010	日本建筑学会
壁式プレキャスト構造の鉛直连接部位の挙動と設計法	墙式预制构造的垂直连接部位的力学性能和设计方法	1989	日本建筑学会
建築工事標準仕様書・同解説 JASS10 プレキャスト鉄筋コンクリート工事 2013	建筑工程标准仕样书及说明 JASS10 预制钢筋混凝土工程	2013	日本建筑学会
プレキャスト鉄筋コンクリート構造の設計と施工	预制钢筋混凝土构造的设计及施工	1986	日本建筑学会

2）技术标准和团体标准之间的关系

表 20 为国土交通告示和团体标准间的关系

国土交通省告示和团体标准间的关系　　表 20

<table>
<tr><td rowspan="2">项目</td><td>国土交通省告示第 1026 号</td><td rowspan="2">PC 建筑技术集成 第 2 编 W-PC 的设计</td></tr>
<tr><td>W-PC（预制）</td></tr>
<tr><td>适用范围等</td><td>除去地下室层数为 5 层以下，及檐口高度为 20m 以下、各层层高为 3.5m 以下</td><td>地上层数为 5 层以下，檐口的高度为 20m 以下，
及各层高度在 3.5m 以下
建筑物的长度为 80m 以下（原则）</td></tr>
<tr><td>混凝土材料</td><td>设计基准强度 18N/mm^2</td><td>设计基准强度 18N/mm^2 以上 36 N/mm^2 以下</td></tr>
<tr><td>墙量</td><td colspan="2">墙量（cm/m^2）
地下室除外
层数为 4 和 5 的建筑物的各层：15
层数为 1 ~ 3 的建筑物各层：12
地下室：20</td></tr>
<tr><td>抗震墙的厚度</td><td colspan="2">抗震墙的厚度（cm）
最上层及最上层开始层数为 2 的楼层：12
其他层：15
地下室：18</td></tr>
</table>

续表

配筋率	配筋率（%） 除地下室外层数为： 2 及 2 以下的建筑物的各层：0.2 3 及 3 以上的建筑物 最上层：0.2 最上层开始计算层数为 2 和 3 的层：0.25 其他各层：0.3 地下室：0.3	
墙梁的构造	配箍率：0.2 以上	
楼板、屋面板构造	钢筋混凝土构造 但是，保有水平承载力在必要的保有水平承载力之上时不受此条限制	钢筋混凝土造，但是 1 层为钢筋混凝土造以外也可。该种情况下，搭接长度为： 壁厚 15cm 以上：4cm 以上 壁厚不满 15cm 时：3cm 以上
基础构造	无基础梁宽度规定值	基础梁宽度应大于等于抗震墙宽度

3.4.2 WR-PC 相关的团体标准

WR-PC[12] 结构相关团体标准如表 21 所示。

WR-PC 结构相关团体标准　　表 21

日文名称	中文名称	发行年份	发行部门
建築物の構造関係技術基準解説書	建筑物的构造关系技术标准说明书	2001	国土交通省（监制）
プレキャスト建築技術集成 第 3 編 WR-PC の設計	预制装配式建筑技术集成 第 3 篇 WR-PC 设计	2003	预制装配式建筑协会
壁式ラーメン鉄筋コンクリート造設計施工指針	墙式框架钢筋混凝土造设计施工指南	2003	日本建筑学会
鉄筋コンクリート構造計算規準・同解説	钢筋混凝土构造计算规范及说明	2010	日本建筑学会
鉄筋コンクリート造建築物の終局強度型耐震設計指針同解説	钢筋混凝土建筑物的终极强度型抗震性能设计指南及说明	1990	日本建筑学会
鉄筋コンクリート造建築物の靭性保証型耐震設計指針同解説	钢筋混凝土建筑物的韧性保证型抗震性能设计指南及说明	1999	日本建筑学会
建築工事標準仕様書・同解説 JASS10 プレキャスト鉄筋コンクリート工事 2013	建筑工程标准仕样书同解说 JASS10 预制钢筋混凝土工程	2013	日本建筑学会
プレキャスト鉄筋コンクリート構造の設計と施工	预制钢筋混凝土构造的设计及施工	1986	日本建筑学会
中高層壁式ラーメン鉄筋コンクリート構造設計指針	中高层墙式框架钢筋混凝土构造设计指南	1998	住宅都市整备公团
中高層壁式ラーメン鉄筋コンクリート構造設計指針技術資料	中高层墙式框架钢筋混凝土构造设计指南技术资料	1998	住宅都市整备公团

3.4.3 等同现浇的 R-PC 构造设计团体标准

等同现浇的 R-PC[13] 工法，除《建筑基准法》及配套的实施令外，无专门的法律法规，无国土交通省告示对其设计进行规定。但是与该工法相关技术标准可以参考相关的团体标准，表 22 中列出了所有的可资参考的团体标准。

R-PC 构造设计相关的基准和团体标准　　表 22

日文名称	中文名称	年份	发行机构
建築物の構造関係技術基準解説書	建筑物的构造关系技术标准说明书	2001	国土交通省（监制）
プレキャスト建築技術集成 第 4 編 R-PC の設計	预制装配式建筑技术集成 第 4 篇 R-PC 设计	2003	预制装配式建筑协会
現場打ち同等型プレキャスト鉄筋コンクリート構造設計指針（案）同解説（2002）	等同现浇的预制钢筋混凝土构造设计指南（案）同解说（2002）	2002	日本建筑学会
鉄筋コンクリート構造計算規準同解説	钢筋混凝土构造计算规范及说明	1999	日本建筑学会
鉄筋コンクリート造建築物の終局強度型耐震設計指針同解説	钢筋混凝土建筑物的终极强度型抗震性能设计指南及说明	1990	日本建筑学会
鉄筋コンクリート造建築物の靭性保証型耐震設計指針同解説	钢筋混凝土建筑物的韧性保证型抗震性能设计指南及说明	1999	日本建筑学会
建築工事標準仕様書・同解説 JASS10 プレキャスト鉄筋コンクリート工事 2013	建筑工程标准仕样书及说明 JASS10 预制钢筋混凝土工程	2013	日本建筑学会
建築耐震設計における保有耐力と変形性能	建筑物抗震设计时承载力和变形性能	1990	日本建筑学会
プレキャスト鉄筋コンクリート構造の設計と施工	预制钢筋混凝土构造的设计及施工	1986	日本建筑学会

3.5 PC 构件的品质认定制度

该制度是由日本预制装配式建筑协会发起的与装配式建筑相关的最早的一项制度，至今为止已经有 30 年的历史，期间经过不断完善，已经能够达到全面指导装配式建筑施工建造的目的。

①概要

为了保证建筑用预制装配式混凝土构件具备合理的品质，在相关政府职能部门的指导下，（社）预制装配式建筑协会从 1989 年起，制定了 PC 构件的品质认定制度。

②目的

对预制装配式构件进行品质认定后，可以确保预制装配式构件具有合理的品质。

③认定对象

属于协会中高层部会的PC构件制造工厂，或者与其具备相同或以上品质的经确认的PC构件制造工厂，原则上需要有1年以上生产业绩的固定工厂作为PC构件品质认定对象，但是，当申请人特殊申请的情况下，对于得到认证的固定工厂管理下的移动工厂也可以成为认定对象。

④认定申请

受认定的人员需要向协会会长提出记载了必要事项的申请书及必要的文件。当为移动工厂的情况下，需要向PC构件品质认定事业委员会的委员长提出申请。

⑤认定

会长在接到认证申请后，根据另外制作的PC构件品质认证基准，对其品质进行认证。

PC构件的品质调查由第三方的审查机构-（财）美好生活来执行。（财）美好生活将调查结果汇报给会长。

协会会长在认定过程中，在公共住宅建设事业者等联络协议会上进行汇报的同时也进行公示。并且，对于移动工厂的情况下，根据另外一个实施纲要，PC构件品质认证事业委员会对其结果进行审查，其结果以带有事业委员长签名的报告的形式进行汇报。

⑥预制装配式构件品质认定基准

综合评价得分率在80%以上的情况下，被认为是合格的。但是，4大项中任何一项（品质管理、制造设备、资产管理、制造管理）中任何一项如果未达到60%的情况下，或者重要项目为不可的情况下，都为不合格。

认定流程如图34所示。

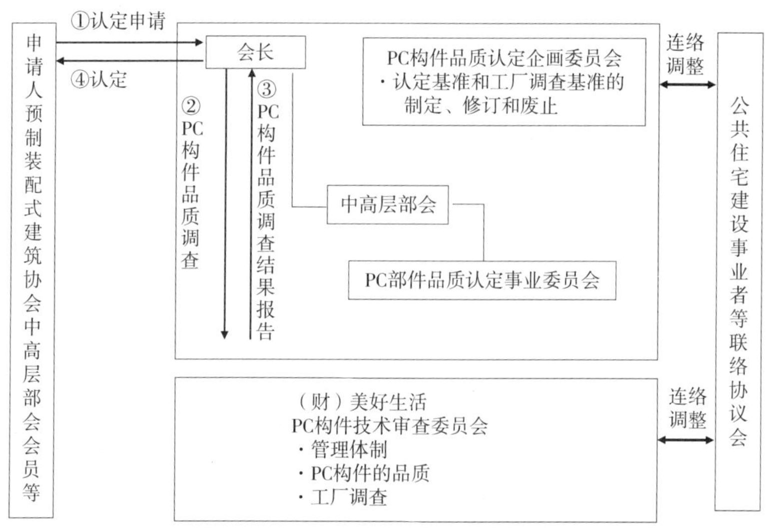

图34 预制装配式构件品质认定流程

3.6 小结

日本装配式建筑标准体系和管理体系完备，层级分明，其中，社会团体发挥了重要作用，制定了如PC构件品质检查制度等一系列的PC构件质量检查保障制度，这些制度有下列共同特点：

（1）由社会团体来制定和执行，由第三方审查机构审查（（财）美好生活），由政府职能部门指挥和监督；

（2）非强制执行；

（3）影响范围广，接受申请审查的企业和个人众多；

（4）目标明确：提升运用PC工法施工的建筑物从设计到制造、再到现场施工等全部事项相关的整体品质；

（5）检查指标、合格标准明确：品质管理、制造设备、资材管理、制造管理；综合评价点率在80%以上，且检验指标中任何一项均达到60%，重要项目必须合格；

（6）申报、审批流程明确。

4

日本装配式建筑行业现状

4.1 日本装配式建筑发展概况

4.1.1 预制装配式混凝土建筑的概念

预制装配式混凝土建筑在日语中理解为采用“PC工法”的建筑，其中PC分别为英文字母“Precast”和“Concrete”的首字母，含义是“工厂浇筑”的工业化混凝土产品，即将PC构件作为工业产品，按照工业产品的性能要求对PC构件的性能进行规定。装配式住宅即为工业化住宅，要求在可能范围内，使构件规格化，在工厂内进行生产、加工、组装；从商品开发到销售、设计、生产、施工、后期服务，确立一贯的生产供给体制。工业化住宅的关键词包括计算机管理、机器人技术、现场工程的简单化、缩短工期、造价管理、维修历史记录管理、具有附加价值的技术等。

“工法”即施工方式、方法，PC工法可以理解为对工厂生产完成的混凝土构件采用的现场施工方法，或者理解为，由于受到某些条件的限制，无法保证混凝土现场浇注方式的施工质量，通过合理的设计，实现构件的工厂化生产及现场的拼装的一种方法。

4.1.2 日本发展工业化住宅的根本原因

（1）用工难：由于工程建设的特点是工作内容危险、工作环境艰苦、工作强度大，因此日本出现了用工贵、用工荒等社会问题；

（2）品质均一：混凝土工厂化生产可以保证产品品质的均一性，而日本全社会大工业基础和配套条件完备，设计、生产与建设环节较容易打通并实现配合，这给工业化住宅发展提供了条件；

（3）施工条件所限：由于施工场地狭小、施工环境噪声要求高等原因，引起现场施工条件不具备或多数现场施工不被允许等情况；

（4）受到土地资源的限制，日本住宅逐渐向高层、超高层（日本关于高层超高层定义如4.1.3节所示）方向发展，为了增加建筑使用空间、缩小截面面积、提高耐久性，高强度、高性能混凝土成为混凝土结构的主流，伴随而来的是一系列施工技术难题，如现场作业质量控制困难等，PC工法可以很好的解决这类问题

4.1.3 低层、中层、高层、超高层定义

日本《都市规划法施行令》规定如下：

低层住宅："一层及二层"

中层住宅："三层、四层、五层"

高层住宅："六层及以上（须设置电梯的住宅）"

日本《建筑基准法》规定如下：

超高层建筑物为高度超过60m的建筑物（需要接受国土交通大臣的认定），但是，一般情况下，民间的生活感觉与法令不同，人们的印象里对超高层建筑的认知是高度在100m以上或150m以上的建筑。

2018年初日本有关统计数据表明，日本高度在100m以上的RC高层住宅数量为460栋以上，而这仅仅是民间资本建设的公寓中公开发表的统计结果，而实际的栋数要多于这个数量。这与现阶段我国住宅发展情况略有不同。

4.2 日本建筑工程常用结构体系特点

1）木结构

（1）日本住宅建筑主要采用的结构体系；

（2）独栋住宅中大量采用；

（3）传统的木结构建筑为2层；

（4）工厂将作为构件的木材截断，施工现场进行拼装的预制装配式工法是目前的主流工法；

（5）最近逐渐增加了3层建筑物（2016年建设的木结构建筑物中，2.5%为3层）；

（6）正在进行CLT（Cross Laminated Timber）建筑技术向高层建筑方向发展的研发工作。

2）钢结构

（1）日本主要采用的建筑结构体系；

（2）从低层到高层，适用于多种多样的建筑物；

（3）单体住宅、租赁的集合住宅；

（4）店铺、办公楼、高层酒店；

（5）非常适用于大跨度建筑物；

（6）刚度相对较小，受振动影响较大；

（7）在超高层建筑中，截面设计通常受风荷载影响而不受地震作用；
（8）有必要进行止水等特殊处理；
（9）有必要进行隔音等特殊处理。

3）钢筋混凝土结构（RC 造）
（1）日本主要采用的建筑结构体系；
（2）从低层到高层适用于各种各样的建筑物
（3）售卖型集合住宅；
（4）公共建筑、学校、医院；
（5）适用于长期使用的设施；
（6）刚度相对较大，受振动影响较小；
（7）根据抗震设计来确定截面尺寸；
（8）当自重增加时，柱间距有减小趋势；
（9）与钢结构相比，建设工期呈增加趋势。

4）钢骨钢筋混凝土结构（SRC 造）
（1）日本主要采用的建筑结构体系；
（2）从低层向超高层，适用于各类建筑物；
（3）售卖型集合住宅；
（4）公共建筑、学校、医院；
（5）适用于长期使用的设施；
（6）适用于下层需要无柱大空间等情况；
（7）刚性相对较大，振动影响较小；
（8）由抗震设计来确定截面的情况较多；
（9）可以较 RC 造增大柱子的间距；
（10）与 S 造、RC 造相比，建设工期有增加趋势。

4.3 日本各结构体系占比统计

4.3.1 占比情况分析

2017 年度开工建筑物中各结构体系占比　　表 23

2017 年开工栋数（栋）					结构体系合计	结构体系比率[2]
		居住用建筑物[1]	居住和产业并用建筑物	产业用建筑物		
结构体系	木结构	418，706	3，608	23，456	445，770	73.7%
	钢结构	69，698	1，545	53，995	125，238	20.7%

续表

2017 年开工栋数（栋）		居住用建筑物[1]	居住和产业并用建筑物	产业用建筑物	结构体系合计	结构体系比率[2]
结构体系	RC 结构	10，681	1，052	4，843	16，576	2.7%
	SRC 结构	280	30	329	639	0.1%
	CB 结构	620	8	424	1，052	0.2%
	其他	11，804	31	3，393	15，228	2.5%
不同用途合计		511，789	6，274	86，440	604，503 ↑整体工程数	
不同用途比率[3]		84.7%	1.0%	14.3%		
木结构比率[4]		81.8%	57.5%	27.1%		
钢结构比率[5]		13.6%	24.6%	62.5%		
RC 结构比率[6]		2.1%	16.8%	5.6%		

注：1 居住用住宅 = 居住专用住宅 + 居住专用准住宅；
2 结构形式比率 = 结构形式合计 / 整体工程数；
3 不同用途比率 = 不同用途合计 / 整体工程数；
4 木结构比率 = 不同用途木结构工程数 / 不同用途合计；
5 钢结构比率 = 不同用途钢结构工程数 / 不同用途合计；
6 RC 造比率 = 不同用途的 RC 造工程数 / 不同用途合计。

从表 23 中可知

（1）2017 年新开工的建筑物栋数占比，木结构占 73%，RC 结构占 2.7%；

（2）如果限定为居住类住宅，那么超过 81% 的建筑物为木结构，2.1% 为 RC 结构；

（3）钢结构（S 结构）在产业（办公、商业等公用建筑）建筑物中占比超过 62.5%；

（4）无论从任何的使用用途的角度，RC 结构 2017 年新开工数（栋）均较钢结构少。

2017 年度开工面积中各结构体系占比 表 24

2017 年开工面积（楼面面积合计：× 1000m²）		居住用建筑物[1]	居住和产业并用建筑物	产业用建筑物	结构体系合计	结构体系比率[2]
结构体系	木结构	51，011	593	4，553	56，157	41.7%
	钢结构	11，971	1，214	37，512	50，697	37.7%
	RC 结构	14，158	1，901	8，205	24，264	18.0%
	SRC 结构	268	176	2，040	2，484	1.8%
	CB 结构	59	1	27	87	0.1%
	其他	356	4	540	899	0.7%
不同用途合计		77，823	3，888	52，878	134，589 ↑整体工程面积	
不同用途比率[3]		57.8%	2.9%	39.3%		

续表

2017年开工面积（楼面面积合计：×1000m²）				结构体系合计	结构体系比率[2]
	居住用建筑物[1]	居住和产业并用建筑物	产业用建筑物		
木结构比率[4]	65.5%	15.2%	8.6%	134，589 ↑整体工程面积	
钢结构比率[5]	15.4%	31.2%	70.9%		
RC结构比率[6]	18.2%	48.9%	15.5%		

注：*1 居住用住宅 = 居住专用住宅 + 居住专用准住宅；
*2 结构形式比率 = 结构形式合计面积 / 整体工程面积；
*3 不同用途比率 = 不同用途合计面积 / 整体工程面积；
*4 木结构比率 = 不同用途木结构工程面积 / 不同用途合计面积；
*5 钢结构比率 = 根据用途钢结构工程面积 / 不同用途合计面积；
*6 RC 造比率 = 根据不同用途的 RC 造工程面积 / 不同用途合计面积。

从表24中可知：

（1）2017年整体开工面积41%以上为木结构，18%为RC结构；

（2）任何一种用途的RC结构占比都在大幅度增加，如纯住宅类建筑，虽然新开工栋数占比仅为2.1%，但是新开工的面积占比却为18.2%，商住两用建筑的新开工栋数占比虽然仅为16.8%，但是，对应的面积占比却为48.9%，商业建筑的新开工栋数占比为5.6%，对应的面积占比却为15.5%；

（3）RC结构建筑物与S结构建筑物相比，每一栋的楼面面积均呈增大趋势，也就是RC结构的单体建筑面积更大；

（4）RC结构在集合住宅中面积占比呈增加趋势。

4.3.2 集合住宅中采用RC结构数量增加原因分析

日本的集合住宅分为租赁型集合住宅（建筑物所有人另外存在，各住户以租赁人身份居住）与售卖型集合住宅（依据专用部分的比率对建筑物的所有权进行区分）两种形式；售卖型集合住宅原则上为业主自己居住，与租赁型集合住宅相比，住宅的性能要求有所提高。根据结构材料进行评价时，住宅性能大概趋势如表25所示。

住宅性能变化趋势 表25

性能	意义	S造	RC造	SRC造
（1）居住安定性	在周围的振动和强风等的作用下不发生摇晃，要求材料具备足够的刚度	×	○	○
（2）隔音性	具备墙板和楼板不传声的性能，因此会特别要求材料的密实度且保证一定的重量	×	○	○
（3）耐火性	具备火灾条件下不倒塌的性能要求，要求在高温的情况下也需要保证一定竖向荷载的承载能力	△	○	○

续表

性能	意义	S 造	RC 造	SRC 造
（4）抗震性能	地震条件下不倒塌的性能要求，要求具备大地震时韧性大，延性好等特点	○	○	○
（5）经济性能	需要的建设费用一定不能超过某个造价以上的性能要求，除了以建设事业整体为基础外，有时也需要考虑建设后维护管理性能	○	△	×
（6）工期	与建设相关工期不要超过某个特定的较长的工期，有时也需要考虑建设事业整体的情况	○	△	×

注：○性能优良；△性能普通；× 性能较差。

可见 RC 结构综合性能好，因此，在出售型集合住宅中多采用 RC 结构，而在租赁型集合住宅中多采用 S 结构。但是，对于租赁型集合住宅，当强调高性能要求时，也采用 RC 结构；另外，对于特殊的形状、多种用途等柱距大开间等情况下，采用 SRC 结构、CFT（CFT 柱＋ S 梁及 RCS（RC 柱＋ S 梁）。

可见，由于 RC 结构具备优良的综合性能，因此在集合住宅中的使用量逐年增加。

4.3.3 采用 RC 结构的集合住宅近年发展趋势

近年来，由于日本住宅用地不断减少，城市住宅向高层、超高层发展，从而带来一系列问题。

1）建筑物自重增大

（1）要求下层各楼层的柱子具备足够的竖向承载能力，因此需要采用高强度材料；

（2）上部框架构成材料在地震时承受较大的地震作用，而且还必须具备足够的承载能力，因此要求构件具备高强度、高韧性性能。

2）大量使用、长期使用

（1）因为不能更换结构材料，要求材料耐久性能优良；

（2）室外要求设置大规模修缮用外脚手架预埋螺栓，住户进行内部装饰装修时，期待能够进行内部设备管线的位置变更等（SI 体系）。

3）充分保证住宅的使用功能

（1）尽可能减小柱的截面尺寸；

（2）通过使用高强度材料，可以提高柱子的耐久性且能够在可能范围内缩小柱截面尺寸。

4）保证高层建筑远眺的价值

要想保证高层建筑物的远眺功能，外周围梁从室内看应尽量不明显；可以通过采用扁平反梁等做法实现。

可见，为了顺应集合住宅高层化的发展趋势，需要采用高强度、高性能混凝土。

4.4 RC 结构中采用 PC 工法的原因分析

1）高强度混凝土的应用范围逐渐扩大

因为使用高强度混凝土可以在一定范围内非常有效的缩小柱子截面尺寸，而高强度混凝土存在一系列问题，给现场浇注混凝土施工工法带来不便，这些问题包括：

（1）高强度混凝土现场浇注的情况下需要非常精细的品质管理

①高强度混凝土组成成分相当的致密；

②火灾时由于混凝土内部水变为水蒸气而体积膨胀，柱子可能会爆裂；

③柱子如果发生爆裂，一部分截面损失，不能够继续承受荷载作用，可能会发生整体倒塌；

④为了防止出现这种现象，有必要使用含有聚丙烯有机纤维的混凝土，在火灾时，有机纤维首先融化，为水蒸气提供空间，从而防止了混凝土的爆裂；

⑤纤维混凝土不利于现场施工，特别是对于高层、超高层建筑，高强度混凝土自身的泵送问题就比较难于解决，再加之纤维的影响，需要解决的技术问题更多；

⑥这些问题引起高强度混凝土无法实现现场浇注或无法保证高强度混凝土的现场浇筑质量。

（2）高强度混凝土使用范围受限

当柱子采用高性能混凝土时，梁构件等，不需要具备与柱构件相当的混凝土抗压强度，因为增加梁构件混凝土抗压强度后，为了保持受力平衡，需要相应的增加梁纵筋的截面面积及抗拉强度，因此，实际结构中，采用高强度混凝土后，根据构件的不同需要采用不同的混凝土抗压强度。例如：柱构件的强度 $F_c \geqslant 60$（N/mm^2）时，梁和楼板具备以下的强度就足以满足要求：楼板为 $F_c = 30 \sim 36$（N/mm^2）左右、梁为 $F_c = 40 \sim 48$（N/mm^2）左右即可满足要求。

此外，上层框架柱一般不需要与下层框架柱具备同等的抗压强度。

2）复杂的艺术造型

图 35　具有复杂艺术造型的建筑物

如图 35 所示，当现场浇筑混凝土时模板的造型过于复杂，如果仍采取现场浇筑方式，施工会非常困难。对于这类技术难题，可以通过采用 PC 工法得到解决。

3）因现场浇筑困难而导致的施工人员不足

虽然可以通过增加人员投入及进行工程变更等方法来解决，但是最终整体费用增加，此时建议与 PC 工法造价相比较，择优选择。

4）现场浇筑很难缩短工期

虽然可以通过增加人员投入及进行工程变更的方法来解决，但是最终的整体费用增加，此时建议与 PC 工法的造价相比较，选择最优方案。

5）其他原因

（1）施工现场场地狭小，湿作业条件保证困难；

（2）受到外界环境条件影响，无法提供混凝土连续施工作业环境等。

应当注意，采用 PC 工法后，问题是否得到了解决，无法通过简单的评价获得，但 PC 工法确实可以获得较高品质。采用 PC 工法后，可以明显提高建筑物的耐久性能。

6）另外，虽然建设过程中需要额外增加费用，但是高品质的 PC 工法有利于

（1）增加建筑物的运营（使用）期限；

（2）建筑物在运营（使用）过程中的维护管理费用低廉化；

（3）具有包括后期检查和计划性修缮等在内的全生命周期费用优势。

4.5 装配式建筑发展历史及对比分析

4.5.1 日本装配式建筑发展历史

装配式建筑在日本得到了普遍应用，主要的背景是日本战后需要在短时间内建造大量的建筑物，在大量建设过程中，积累了大量的经验，因此，对日本预制装配式建筑发展历史的总结，对于我国装配式建筑的发展有一定的启示作用。表 26 为日本装配式建筑发展历史简表[11]。

发展历史简表（摘自预制装配式建筑技术集成） 表 26

年代	预制技术研究和开发	政府机关设立的法规、政策和制度	日本建筑学会 / 日本建筑中心 / 预制装配式建筑协会	代表性建筑物 / 工法 / 材料
1918	提出预制装配结构设想（伊藤为吉）	制定了市街地建筑法	—	—
1919	在上野世界和平博物馆中展出了最初的预制装配式构件产品			
1941	提案组装式钢筋混凝土概念 / 田边平学，后藤一雄	—	—	—

续表

年代	预制技术研究和开发	政府机关设立的法规、政策和制度	日本建筑学会 / 日本建筑中心 / 预制装配式建筑协会	代表性建筑物 / 工法 / 材料
1944	—	—	抗震构造要领	
1945	—	住宅紧急措施令	—	—
1946	提出不燃组装住宅概念 / 岸田日出刀	—	—	—
1947	—	成立国土审议会 制定日本建筑规格 3001	制定钢筋混凝土结构计算规准	—
1948	—	成立建设省	—	—
1949	组装钢筋混凝土建筑 - 预制混凝土的实际应用 / 田边平学	—	—	预拌混凝土制造
1950	1 栋 2 层 4 户低层住宅试做 / 民间企业	公布建筑基准法 公布建筑士法 设立住宅金融公库	—	—
1951	—	公布公营住宅法	—	预应力钢筋混凝土工法的普遍应用
1952	—	—	建筑基础构造设计规范及说明 预应力混凝土构造设计施工规范初稿	RC 墙式住宅的发展
1953	—	—	制定建筑工程标准仕样书及说明（JASS5）	滑动工法
1955	—	成立日本住宅公团 住宅建设 10 年规划	制定墙式钢筋混凝土造设计规范	钢筋混凝土框架的初使用
1957	开发由中型预制板建造的住宅 使用预制墙板工法建造 2 层带阳台的公寓房 / 公团、建研、大成建设	住宅建设 5 年规划	—	—
1958	—	—	制定钢骨钢筋混凝土结构设计规范	东京塔
1960	—	—	建筑基准结构设计规范改版	—
1961	使用中型 PC 板批量生产公营住宅技术的开发	—	预应力混凝土设计施工规范及说明	高强度异形钢筋的使用
1962	框架式预制构造 / 大谷场东小学	—	—	—
1963	金属框架工法的应用 / 住宅公团 发布预计年度内建设 1 万户预制装配式公共住宅的建设方针 / 建设省 建设省的模数 JIS 化	成立（社）预制装配式协会 建筑基准法修订 颁布地区容积制度 废止高度为 31M 的限制 将高度在 41m 以上的建筑物也作为评价对象	—	使用人工轻量骨料 金属框架工法的应用
1964	开始着手开发中高层预制装配式工法的住宅	工厂生产住宅承认制度 / 住宅金融公库	颁布高层建筑指南	新大国酒店竣工

续表

年代	预制技术研究和开发	政府机关设立的法规、政策和制度	日本建筑学会 / 日本建筑中心 / 预制装配式建筑协会	代表性建筑物 / 工法 / 材料
1965	实现日产量 2 户的移动式预制装配式工厂（使用该工法建造了千叶县作草部团地 W-PC 造 4 层建筑）/ 住宅公团 第一次预制装配式住宅建筑、建材、相关连接接头综合展（东京晴海） 建设省积极采纳预制装配式住宅	成立日本建筑中心 创设地方住宅供给公社制度	颁布建筑工程标准式样书及说明（JASS10） 颁布墙式预制钢筋混凝土设计规范	混凝土泵车的普及
1966	公营住宅采用了预制装配式混凝土工法 各个公司开始设立大型的预制板工厂 第 2 回预制装配式住宅建筑、建材机械综合展 H-PC 工法制造开发和试作	颁布住宅设计计划法 第 1 期住宅建设 5 年计划	—	—
时代背景（1963 ~ 1964 年） 1955 年设立日本住宅公团以来，经过 10 年的预制装配式混凝土工法的研究开发，对于工法的研究开始正式确立，与工法确立相对应的，住宅高层化时代的来临，并且，同时伴随着与预制装配式混凝土工法的中层化相对应的住宅，独自研发了日本独立塔型履带式吊装设备				
1967	KS 工法 / 川崎制铁 PS 工法中层量产公营住宅 / 建设省 墙式预制钢筋混凝土 5 层高实际抗震性能试验 / 建研 公团 第 3 回预制装配式住宅建筑建材机械综合展（二子玉川）	—	H-PC 工法的工程应用（八幡制铁所君津）	—
1968	底预制装配式工法（东急建设） 预制板植入模板工法试行 第 4 回预制装配式住宅建筑、建材机械综合展（日本桥）	颁布了新都市计划法	—	霞关大楼竣工
1969	第 5 回预制装配式住宅建筑、建材机械综合展（日本桥）	颁布了都市再开发法 发布了住宅工业化生产长期构想 / 建设省	—	—
1970	部分预制楼板工法 贴瓷砖的预制外墙板试行 实施试点房技术考察、竞赛 / 建设省 第 6 回预制装配式住宅建筑、建材机械综合展（日本桥） H-PC 工法设计标准化 / 住宅公团	第 2 期住宅建设 5 年规划 成立环境厅 成立超高层公寓开发研究委员会 / 建设省 大型预制装配式墙板工法施工建造中层预制装配式住宅规格统一纲要 -SPH/ 建设省	SPH（公共住宅用中层量产住宅标准设计）的开发和制定	机械连接接头的开发 西台团地（SPC）采用了 SPC 工法施工

续表

年代	预制技术研究和开发	政府机关设立的法规、政策和制度	日本建筑学会 / 日本建筑中心 / 预制装配式建筑协会	代表性建筑物 / 工法 / 材料
1971	第 7 回预制装配式住宅建筑、建材机械综合展（日本桥）	建筑基准法的修订	出版墙式预制装配式钢筋混凝土 5 层共同住宅设计指南及说明 钢筋混凝土结构计算规范修订	—
1972	H-PC 工法建造的 14 层住宅（丰岛 5 丁目团地）/ 住宅公团 芦屋浜高层住宅项目提案竞技发表 / 建设省 第 8 回预制装配式住宅建筑、建材机械综合展（池袋）	开始着手新抗震设计法的制定 / 建设省综合宣传	JASS10（修订 1）	椎名町公寓 （RC 结构，Fc30） 大直径钢筋接头工法的开发
1973	发布了工业化住宅性能认定规定 开发了 NPS（代替 SPH）	设立住宅部品开发中心 公布了新国土利用计划法	—	—
1974	开始 KEP 研究 / 住宅公团 开发 R-PC 工法	制定了优良住宅部品认定制度 / 建设省 设立国土厅	PC 量产住宅焊接工程品质管理规范 / 预制装配式建筑协会 建筑基础构筑设计规范修订	—
1975	公共住宅中层量产住宅标准设计新系列（NPC）设计 / 建设省 中层住宅设计骨架体系的开发和试做竞赛 / 建设省	提出 PC 工法焊接技术资格认证制度 / 预制装配式建筑协会 成立宅地开发公团	修订了 RC 构造设计规范 修订了 SRC 构造计算规范	—
时代背景（1975 ~ 1979 年） 住宅的销售量骤减，迎来了房地产的冬季，“第 3 期住宅建设 5 年规划”的构想从原来的量向质方向发展				
1976	低层集合住宅框架体系开发试做竞赛 / 建设省 新住宅供给体系开发项目（住宅 55）提案竞技	第 3 期住宅建设 5 年计划	—	芦屋浜高层住宅（S 造）的施工
1977	采用了性能设计方法 / 住宅公团	新抗震设计法的开发中止 发表 [新抗震设计法]	JASS 修订 2 既存建筑物的抗震诊断基准	—
1978	—	—	—	サンシティ G 栋 （RC 造、Fc36）
1979	—	颁布省能量法	钢筋混凝土造配筋指南及说明	—
1981	—	修订了建筑基准法施行令 实施新抗震设计法 以高度为 60m 以上的建筑物为评价对象 第 4 期住宅建设 5 年规划 成立住宅都市整备公团	构造计算指南及说明 / 日本建筑中心 [PS] 工法设计施工指南及说明 / 预制协会	流动剂的使用

续表

年代	预制技术研究和开发	政府机关设立的法规、政策和制度	日本建筑学会 / 日本建筑中心 / 预制装配式建筑协会	代表性建筑物 / 工法 / 材料
1982	直接连接方式实验研究（1）/ 预制协会 依照 NPS，全面采用大型 PC 板工法 发布世纪住房制度（CHS）的基本计划 / 建设省	地域住宅计划（Hope 计划）发表 / 建设省	修订 RC 构造计算规范 修订墙式预制钢筋混凝土构造设计规范（5 层以下） 钢筋接头性能判定基准	—
时代背景（1980 ~ 1984 年） 住宅政策向居住性、安全性、居住环境等居住性能等的品质方向转换的时期，在第一次石油冲击下，低迷的经济开始逐渐复苏。但是，中高层预制装配式集合住宅中采用的 SPH 较 NPS（公共住宅设计计划标准）逐渐减少，因为采用 H-PC 工法可以使高层装配式集合住宅的数量逐渐减少				
1983	—	发布墙式构造告示（1319 号）/ 建设省	出版《墙式钢筋混凝土构造设计施工指针》	—
1984	直接连接方式实验研究（2）	—	墙式预制钢筋混凝土结构设计手册 3 部 / 预制装配式建筑协会	GH 光が丘 A 组
1985	在流通大附属高校试行复合化工法 设置高层墙式框架钢筋混凝土研究推进委员会 / 建筑中心	颁布住宅外观义务（港区、中央区、新宿区）	—	免震工法 填充式接头、螺栓式接头 新川崎（RC 造 Fc42）
随着 PS 工法等的实际应用，建筑户数进入到急剧增加的时代。预制装配式建筑协会中高层部会也成为需要开发的一环在 1987 年度作成了 PC 工法的说明资料、为了促进中高层预制装配式建筑物的普及设立了“调查研究基金会”等进入到了新规开发的时代				
1986	浦和短期大学的建设中全面引入了预制装配式构件	设置高层 RC 技术检讨委员会 / 建筑中心 第 5 期住宅建设 5 年规划	预制装配式钢筋混凝土结构的设计和施工 预制钢筋混凝土（Ⅲ种 PC）构造设计、施工指南及说明	抗震阻尼器的应用
1987	—	提出临海附中心构想 发布壁式框架构造告示（1598 号）	中高层墙式框架钢筋混凝土构造设计施工指南及说明	墙构造配筋指针
1988	着手开发新 RC / 建设省总宣	—	修订建筑基础构造设计指南 修订 RC 构造计算规范	大川端バーシティー 21B 栋（SRC 造、Fc42） 小松川グリーンタウン（RC 造、Fc48） MKO マンション（RC 造、Fc42）
1989	日美联合研究（预制构造）开始	预制装配式住宅配套资格认证制度 / 预制装配式建筑协会 PC 构件品质认定制度 / 预制装配式建筑协会	墙式预制构造的垂直接缝的力学性能和设计方法	高强度混凝土（Fc60） 横滨ランドマークタワー（超流动混凝土）
1990	合作开发 WR-PC 工法	WR-PC 工法的中高层住宅项目应用	—	新东京都厅舍

续表

年代	预制技术研究和开发	政府机关设立的法规、政策和制度	日本建筑学会 / 日本建筑中心 / 预制装配式建筑协会	代表性建筑物 / 工法 / 材料
时代背景 1989 ~ 1993 年 由于时代的变迁，在工法方面，随着墙式框架构造（WR-PC）高层住宅工业化工法的研究开发，进入到在新领域进行创新的时代，并且，预制装配式建筑协会为了提高建筑物的品质而制定的 PC 构件制作工厂的自主认证制度等，也是向这个方面努力的一大体现				
1991	楼房全自动化体系开发	—	JASS10 第 3 次修订 RC 结构计算规则修订	离心成型预制混凝土柱模板试行
1993	大阪煤气 next21 采用了 PC 工法	—	出版墙式预制钢筋混凝土施工技术指南 / 预制装配式建筑协会	—
时代背景：1993 年以来，由于经济鼎盛时期破坏，PC 行业也迎来了冬季。但是，由于熟练劳动人员的不足和环境保护问题等，在 PC 工法的重要性和必要性凸显的条件下，PC 工法优良性相关的研究和开发已经成为时代的紧急任务				
1994	—	住宅建设成本降低会议计划	JASS5 第 11 次改版 预应力混凝土（PC）合成楼板设计施工指南及说明	—
1995	设置震害对策特别委员会 / 预制协会 发表结构构件的市场流通化手法研究委员会报告书 / 日本混凝土工学协会 为了制定 PC 构造设计指针作成而发表的共同研究报告书 / 建设省	长寿命社会对应的住宅设计指针 制定耐震改修促进法	—	—
1996	加速竞技场、立体停车场、流通仓库等 PC 工法的应用 PC 工法的免震适用性的相关研究报告 / 住都公团、预制协会	公营住宅法修订（高龄人员入住的基准等）	—	超高强度混凝土 Fc100（山形上山公寓）
1997	超高层 RC 集合住宅中 PC 构件的应用的盛况 WR-PC 工法取得一般认定（1，2 次）/ 住都公团 + 九段建研 + 预制装配式建筑协会会员单位 12 个	—	第 12 次 JASS5 修订 墙式构造相关设计规范及说明 PC 工法焊接工程品质管理规范 / 预制装配式建筑协会	超高层免震建筑物的工程应用（仙台 MT 楼）
1998	WR-PC 工法取得一般认定（3，4 次）/ 预制装配式建筑协会会员单位 10 个	修订建筑基准法 中间检查制度 性能规定	—	千叶 NT 公寓アバンドーネ原（PC 工法リレーデザイン）
1999	住都公团 KSI 开发 WR-PC 工法取得一般认定（5 次）/ 预制装配式建筑协会会员单位 3 家	成立都市基盘整备公团 公布住宅品质确保促进法 公布省能量法（下世代省能量基准）	修订 RC 构造计算规范（容许应力度设计法） 修订 PC 构件品质认定规定	—

续表

年代	预制技术研究和开发	政府机关设立的法规、政策和制度	日本建筑学会 / 日本建筑中心 / 预制装配式建筑协会	代表性建筑物 / 工法 / 材料
2000	WR-PC 工法的取得一般认定（一次性）/ 预制装配式建筑协会 27 家着手制定预制装配建筑技术集成 / 预制装配式建筑协会性能分科会构造特别委员会	PC 构造的自主审查制度制定，审查事业的开始 / 预制装配式建筑协会 1998 修订的建筑基准法全面实施 制定颁布住宅品质确保促进法	预制钢筋混凝土构造设计指南（草案） 着手 JASS10 的 4 次修定工作	—
2001	—	修订墙式构造的告示（1026 号） 修订墙式框架构造的告示（1025 号）	建筑物的构造相关技术基准说明书 修订 SRC 构造计算规范 修订建筑基础构造设计指南 NewRC 开发报告书 / 国土交通省	幕張ベイタウン M 4 街区（PC 工法再设计）
2002	逆梁外框架构造的预制装配式工法的应用 / 都市公团 + 预制装配式建筑协会	—	与等同现浇预制钢筋混凝土构造设计指南（草案）及说明	—
2003	—	—	修订墙式钢筋混凝土造设计指南 修订墙式框架钢筋混凝土构造设计指南 预制装配时建筑技术集成第 1 ~ 4 篇 / 预制装配式建筑协会	—

4.5.2 中日装配式建筑发展史对比分析

日本装配式建筑真正的起始节点在 1955 年左右，标志是民间企业开发了墙体斜向吊装施工工法；20 世纪 50 年代后期，日本住宅公团 [现都市再生机构]、建设省建筑研究所、民间企业对 W-PC 工法进行了深入研究，随着 W-PC 工法在中层、高层建筑物中应用需求的增加，1966 年，民间企业首次设计和施工了采用 W-PC 工法的 5 层的集合住宅，日本住宅公团提出的 5 层住宅标准设计获得了日本建筑中心的认证；1967 年，日本住宅公团对采用 W-PC 工法层数为 5 层住宅进行了抗震性能试验，修订了原有的 W-PC 工法只能建造 4 层及以下建筑物的构造设计规准 [5]。

建设省为了进一步将 W-PC 工法应用到中层集合住宅中，也为了使地方公共团体、地方住宅提供单位和日本住宅公团等供给的中层预制装配式住宅的设计更加系统化、规格更加统一化，1970 年，组织编制了“中层装配住宅规格统一纲要”，这标志着住宅开始向系列化和规格统一化方向发展，之后的“中层公共住宅批量化生产设计标准”，也被称作 SPH（Stand Public Housing），推进中层住宅的标准化和规格的统一化，

1971 年后的 10 年，采用 SPH 方法建造了大约 12 万户集合住宅（也包括一部分民间住宅）。

1969 年，在神奈川县，采用预应力预制钢筋混凝土工法，建造了 5 层 50 户中层集合市营住宅，该施工方法也被称为 PS 工法。之后，对该住宅进行了实际调查，并且在 1970 年进行了 8 层（其中下面 4 层为实际建筑物）结构抗震性能试验，在 8 层公营住宅的标准化设计基础上还进行了 10 层建筑结构性能试验研究。采用 PS 工法施工的建筑物在 1979 年宫城县冲地震中没有遭到地震破坏。但是，之后，采用 PS 工法的施工案例却大幅度减少。

为了减小大都市住房压力，之后的公共住宅开始向高层发展，1971 年，开始对层数为 15 层的钢骨钢筋混凝土高层建筑物工业化工法展开研究，开发了 H 型钢与预制构件相结合的 H-PC 工法，该工法与之后的与其类似的工法统称为 SR-PC 工法；除了日本住宅公团和东京都外，在民间商品住宅中也大量使用，从 60 年后期到 70 年大概建造了 15 万户。而后，由于供需关系和土地供应量的变化，标准化设计的建筑物逐渐减少。

1990 ~ 1993 年，日本建筑研究所、预制装配式建筑协会、建筑业协会 [现日本建设业联合会] 等参与了日美大型抗震试验联合研究，即“预制抗震结构体系”的研究，发表了“采用预制钢筋混凝土构件的建筑物的设计方法和设计案例”和“采用预制钢筋混凝土构件的建筑物的施工品质管理指南”报告，这些研究成果系统地梳理了预制框架钢筋混凝土工法（R-PC 工法）的技术资料。

1990 年，住宅・都市管理公团（现都市再生机构）等开始共同研发墙式框架预制钢筋混凝土工法（WR-PC 工法），在各种结构试验研究成果的基础上，发布了“高层墙式框架预制钢筋混凝土结构设计和施工指南”，获得日本建筑中心的认证，得到了普遍应用。

在这些研究成果的基础上，目前，W-PC 工法、R-PC 工法、WR-PC 工法和 SR-PC 工法已经成为日本预制装配式工法的主流。除此之外，日本也开展了其他工法的研究，如，现浇工法和预制混凝土工法相结合的复合工法、框架预应力预制钢筋混凝土工法。特别是最近在高度超过 60m 的超高层钢筋混凝土结构中出现了采用混凝土强度等级超过 60N/mm^2 的预制构件的施工案例。预制装配式建筑协会在 2005 年发表了《高强度 PC 构件的制造基准》，首先提出了混凝土设计基准强度等级超过 60N/mm^2 ~ 120N/mm^2 的预制装配式构件的制作方法。最近，在《高强度 PC 构件的制作基准》的适用范围内，开展了高强度混凝土预制构件的研究，《建筑工程标准仕样书 - 预制装配式混凝土工程 -2013》在最新一次改版过程中，将混凝土设计基准强度的适用范围扩大到上限的 120N/mm^2。

可见，日本装配式建筑经历了很长的发展时期，与此相对应的我国的预制装配式建筑的发展历程较为坎坷[6]，1956年，我国国务院发布的《关于加强和发展建筑工业的决定》，首次提出了“三化”即设计标准化、构件生产工业化、施工机械化。之后，20世纪70年代后期，在引用苏联工业化建造方式的基础上，发展了大型砌块、楼板、墙板结构构件施工技术，初步创立了装配式建筑技术体系，如大板住宅体系、大模板（“内浇外挂”式）住宅体系和框架轻质住宅体系等，1973年，北京前门大街高层住宅，作为国内最早的装配式混凝土高层住宅，采用大模板现浇，内浇外板结构等工业化施工模式。北京第一、第二构件厂、东北工业建筑设计院设计了挤压成型机、上海硅酸盐密实中型砌块和哈尔滨泡沫混凝土轻质墙板等，这些都可以认为是预制构件生产技术快速发展的标志，1976年的唐山大地震中，预制混凝土空心楼板大量倒塌，导致人们对预制装配式构件的安全性产生了质疑，虽然经专家检查，证实装配式大板结构体系能满足7度抗震设防烈度的要求，允许继续建造2～4层装配式大板住宅，但是，其使用和发展却受到了阻碍，20世纪80年代初期，我国装配式建筑加速发展，标准化体系快速建立，北方地区形成了通用的全装配住宅体系，北京、上海、天津、沈阳等多地采用装配式工法建设了较大规模的居住小区，而后，在20世纪80年代后期，由于经济体制改革，计划经济向市场经济的转变，使得装配式混凝土建筑失去了性价比优势，同时多样化需求使得装配式大板住宅竣工面积逐年下降。之后的很长一段时间，装配式混凝土施工方法被现浇混凝土施工方法代替，除了在桥梁、隧道工程中还少量采用预制装配式技术外，在房屋建筑中，混凝土建筑开始全面采用现浇施工方法。1994年，“九五”科技计划“国家2000年城乡小康型住宅科技产业示范工程”中系统化制定了中国住宅产业化科技工作框架。这标志着预制装配式施工工法再次进入人们的视野，1996年建设部发布《住宅产业现代化试点工作大纲》提出住宅产业化的实施规划，1998年组建了建设部住宅产业化促进中心。国务院办公厅转发了《关于推进住宅产业现代化提高住宅质量若干意见》，建设部颁布了《商品住宅性能认定管理办法》，2006年3月1日开始施行的建设部和国家质量监督总局发布《住宅性能评定技术标准》，2006年建设部颁布了《国家住宅产业化基地实施大纲》和《国家住宅产业化基地试行办法》，2007年各省市先后出台了类似于“加快推进住宅产业化工作的指导意见”，并指出3～5年内初步形成住宅建筑工业化的建造体系和技术保障体系，研究并陆续出台鼓励政策，推进住宅产业化发展需要，截至2016年12月，批准了11个国家住宅产业现代化综合试点（示范）城市和68家国家住宅产业化基地企业，2016年9月，国务院印发了《关于大力发展装配式建筑的指导意见》，是今后一段时间我国发展装配式建筑的纲领性文件，这标志着推进装配式建筑发展的顶层制度框架已初步形成，2017年1月，住建部发布的《装配式混凝土建筑技术标准》、《装配式钢结构建筑技术标准》、《装配式木结构建筑技术标准》等相关标准标志着我国已基本建立了装配式建筑标准体系，为装配式建筑发展提供了坚实的技术保障，2017年3月，住建部发布的《“十三五”

装配式建筑行动方案》细化了工作目标、重点任务、保障措施等，自 1998 年 7 月以来，国家的一系列的举措推动了预制装配式建筑的技术的成熟和预制装配式建筑的建设和普及，但是，从目前的发展状况看，PC 建筑仍然存在一些问题，发展速度放缓。

4.6 小结

日本装配式建筑的发展经历了很长的一段历史时期，其政策导向也随着社会的需求和时代的变迁而进行相应的调整，20 世纪 70 年代前期，为了满足社会需求，需要大量建设住宅，此时政府主导制定了一系列的住宅标准化设计，如建设省：SPH（中层集合住宅量产标准化设计）、住宅公团：H-PC 工法的标准化设计、建设省：中层集合住宅量产新标准设计（NPS）等，标准化设计确实有利于提高建造速度、降低造价，但是 20 世纪 80 年代初期，随着住宅供应量的饱和，住宅标准化设计被应用的频次越来愈低。政府也不再主导标准化设计。可见，标准化设计仅适用于大量重复的建造工作，当需要个性化设计和受到地域和建设用地的影响时，政府将不再适合主导标准化设计，但是标准化设计确实是很好的降低装配式建筑造价的办法，因此，政府部门可以引导企业进行标准化设计，一方面，企业进行标准化设计后，可以提高设计效率，另一方面可以增强企业的竞争力。

深化设计不同于标准化设计，这表现在深化设计从系统化装配角度包括了建筑、结构、机电、装饰装修一体化，从工厂化生产角度包括了设计、加工、装配的一体化，从产业化发展角度包括技术、管理、市场一体化。做好深化设计是保证预制装配建造质量和节省造价的保障方法。

5 中日两国装配式混凝土建筑技术指标对比

5.1 我国发展 PC 工法过程遇到的主要问题

课题组在课题执行期间对设计单位、预制构件生产单位和施工单位等行业链条相关方进行了走访，汇集了我国发展 PC 过程中遇到的问题，并且针对这些问题，查找日本相关资料和进行实际调研，精炼解决方案。

5.1.1 成本、质量、人才

①成本高是客观因素：装配式建筑平均造价会高出传统方式 10% ~ 15%，成本是目前影响装配式建筑发展的客观因素。

②“预制”和“现浇”匹配度不高，缺乏全流程的质量管理体系：工厂生产的构件质量很高，但现场装配质量却不能匹配。“等同现浇”的设计理念造成大部分工程必须采用“预制”和“现浇”两种作业模式交叉或平行开展，现场作业质量达不到预期水平，甚至低于现浇结构。生产、设计、施工、验收各环节脱节严重，缺乏覆盖全流程的工程质量管理体系。

③缺少产业工人：工程项目主要采用劳务分包模式，施工单位资质再强，农民工依然是施工一线的主体，PC 的一些关键步骤，例如灌浆套筒，必须由专业的，经过培训的，甚至有资质的产业工人完成，这是大多数施工单位不具备的。

④缺少高水平的生产管理人员、现场监理人员：各构件生产企业的管理人员水平参差不齐，容易导致出厂构件的品质均一度不高，直接影响工程质量。

5.1.2 住宅供应方式

住宅供给方式缺乏“成品交付”的理念，开发和供应模式、行业资质管理有待转变：

①缺乏“成品住房”的设计理念和交付机制：全装修交付的房屋也会出现较多的

二次装修和部分拆改现象。全装修住宅后期管理和维护体系非常不完善，而且一般属于短期的保修服务；

②开发单位短期效应思维影响全装修工业化发展。我国的住宅供应方式和建设管理体系会引导开发单位尽量降低成本、减少装修质量纠纷，推行全装修成品交付没有市场动力；

③资质管理还未跟上装配式建筑发展：现有的企业资质管理、工程招投标管理、工程质量监管和验收管理机制一般是针对传统现浇结构和毛坯房供应的管理制度，制约了装配式住宅的发展。

5.1.3 规模效应

装配式住宅建筑推进过程遇到的技术问题主要在于缺乏通用的技术体系，缺乏政府引导下的市场管理，工业化的规模效应难以释放：

①结构体系单一，标准化程度不高：剪力墙结构体系导致产品标准化程度不高，生产效率低下，构件生产难以连续化，无法充分发挥产能；构件的拆分和深化设计也增加成本和周期；

②缺乏统一的质量管理平台：本地构件企业产能难以支撑大城市PC住宅建设的刚性需求，外地构件企业的产品进入本地又对本地市场构成不小的冲击，质检、验收等工作没有连续性，难以保障建筑成品质量，构件和施工质量缺乏一个统一的管理平台；

③企业间存在技术壁垒，工业化规模效应不明显：不同企业之间的技术体系还没有完全开放，限制了应用规模，工业化规模效应不明显，反而使很多大企业的发展思路变得模糊。

5.2 采用PC工法的建筑造价关键技术指标

预制构件应具有良好的耐久性，且具备较高的品质，特别是对形状复杂的结构构件，可以获得较高的精度，另外在缩短工期、提高安全性等方面，也表现出优良的性能。日本的相关资料表明，采用PC工法后，建筑物的建安成本确实有所增加，但是，由于PC工法具备的优良性能可以降低后期的维护修缮费用。《建筑基准法》制定了与房屋修缮相关的各项详细规定，后期房屋的修缮费用非常高昂，因此日本的各大企业都在积极地采用PC工法。与此对应，我国各大企业都在政策允许范围内尽量规避使用装配式建筑设计方案，而影响装配式建筑未得到广泛应用的原因之一是即便考虑全寿命周期成本，我国的PC工法的造价仍然太高。下面通过分析与造价相关要素，并通过控制影响造价的关键要素，解决造价问题。

5.2.1 PC工法造价主要构成要素

PC工法的造价构成要素中，除了RC现浇工法的造价构成要素外，还包括新增造价和预制化后减少造价。新增造价包括：

1）生产设计费

生产设计费是指设计过程中产生的构件制作详图附加费用。

构件的分割及构件的形状等对整体造价等有较大影响，因此，详图制作产生的附加费用是必要费用，一般这部分费用是造价的必要组成部分。

2）制造费用

制造费用由以下几方面构成：

（1）构件的材料费、采购费（混凝土用的原材料、钢筋、连接用金属件、预埋件、燃料、剥离剂、外部采购费等）；

（2）制造时的劳务费（钢筋加工・绑扎、模板・钢筋・连接用金属连接件、电器配管、混凝土的浇注・养护・装饰、脱模、储存、场地内移动等）；

（3）制造费（模板的损失、模板部分的改造费、模板的管理费）；

（4）搬运费（从工厂到施工现场的搬运）；

（5）工厂的固定费（动力用水・光热费、工厂设备磨损费、土地租金等）；

（6）工厂经费（工厂的管理・运营等相关人员工资费用、企业经营费用）；

与构件的材料费和制造费相关的除去劳务费的各项费用，根据工厂的运作率、工厂设施的投资状况及选址条件及所制造的构件的难易程度而变化。也就是，为了减少造价，要对这部分费用进行综合考虑，选择最优的方案。

3）施工费用

施工费用中新增的费用包括：

（1）构件的搭建费用（重型机械设备行走费用、预制装配式构件重型机械使用费、搭建时间、焊接等的连接费用、焊接用发电机费、燃料、混凝土一体化材料及模板费用、吊装卡具、预制构件临时固定卡具及消耗品等）；

（2）构件防水工程费（预制装配式构件之间及与现场浇注混凝土间的连接部位的防水）。

4）变化的费用包括

（1）临时设施费（脚手架费用、动力用水・光热费、办公室、临时围挡等临时施工工期引起的费用变化）；

（2）施工场所的经费（人工、备品・办公用品费用、保险等）；

（3）瓦工工程费（与主体维修相关费用）。

预制装配工法中，临时设施费中脚手架的费用是降低造价的因素、动力用水・光热费、构件的搭建工程费、防水工程费等是造价增加的因素。也就是说，与现浇工法相比，由于缩短了工期，施工作业场所费用降低。混凝土、钢筋、连接用金属件等的材料费用如果和生产造价合计计算，变动不大。而混凝土工程费、模板工程费能够降低造价。变动费用受工程规模、施工难易程度（如位置、场地的大小、附属道路等）左右，与传统的现浇工法相比，PC 工法在造价方面的优劣不能一概而论。PC 工法中制作费用所占比例较大，制作过程合理化是提高预制装配式工法在造价方面竞争力的主要因素。

5.2.2 采用 PC 工法后造价的变化趋势

影响结构体系的选择和产品标准化的一个重要考量指标是采用 PC 工法后的造价问题，表 27 列出了采用预制装配化后造价变化内容和趋势，设计人员应当在充分理解这些因素的基础上，经过综合考虑后，选择合理装配方案。

PC 工法较现浇工法在造价方面的主要的变化情况　　表 27

临时设施工程费（临时建筑物、围挡）	因为 PC 工法可以缩短工期，因此相应的费用减少
直接工程费（外部脚手架工程）（清理费）	可采用无脚手架的施工方法，另外由于施工工期的缩短，相应的脚手架的费用也减少； 主体工程的粉尘处理费和室内清扫费减少
主体工程 钢筋工程 模板工程 混凝土工程 PC 构件制作 组装工程费 防水工程费	PC 工法可以使得该项费用或增或减； 钢制模板制作、模板替代费用增加，施工现场的模板费用减少； 因为预制装配化，施工现场的费用减少； 预制构件制作与现场搬运费用增加； 与预制构件组装相关的重型机械设备的工程费增加； PC 工法使得防水方式发生变化，该项费用或增或减
装饰装修工程费用 涂刷工程 瓷砖工程 喷涂工程	因为结构主体精度的提升而使得基地的处理费用减少； 采用 PC 工法，瓷砖粘贴相关的制造费用增加； 当为无脚手架作业的情况下，由于作业效率的下降而使费用增加
经费 设计经费 企业经费 现场管理经费	与预制构件制作相关的生产设计相关费用增加； PC 工法使得工期缩短，从而费用减少； PC 工法的带来后现场经费或增或减

为了降低造价，设计人员应当对表 27 中采用 PC 工法后相关因素进行综合判断，确定 PC 工法使用范围。

表 28 为对于各种预制构件推荐使用的预制装配化方法、连接方法、钢筋接头形式、接合面的处理方案等，表 28 中装配方法的选取是在总结了大量的经验的基础上获得的，具有很好的参考价值。

不同部位的 PC 工法实施状况和连接方法　　表 28

PC 化部位	PC 化			连接方法			钢筋接头		接合面
	全 PC	部分 PC	PC 模板	预埋钢筋	焊接	螺栓	焊接	机械连接	栓
悬挑板	◎	△		◎	○				◎
楼、屋面板		◎		◎					
柱	◎		△				○	◎	◎
梁 单独	◎	◎	△	◎			◎	◎	◎
连续	△	◎	△	◎			◎	◎	◎
T 形柱、梁	△							◎	◎
受力墙	◎	△		○	◎			◎	◎
非受力墙	◎				◎				
楼梯板	◎				◎				
休息平台	◎				◎				
楼梯墙壁	◎			◎				◎	
扶手	◎							◎	
屋面挑檐	◎			△		◎			

注：◎：标准；○：经常被替代；△：偶尔别替代

5.2.3　各种构件的预制装配化推荐方案

下面所列举的推荐方案是日本综合考虑了造价、施工质量等情况下的最优方案，也可能会因为结构体系的变化而略有改变。

（1）柱、梁、墙构件

一般情况下，柱、梁、墙使用单独的预制钢筋混凝土构件，柱的标高为下层楼板顶面到上层梁的下翼缘距离。梁和墙在除去楼板部分的相邻柱间采用预制装配化（剪力墙可能会依据跨度的不同分割为 2 个部分）、柱 - 梁结合部与楼板及柱与墙、墙墙的垂直结合部的混凝土采用现场浇注混凝土。柱 - 梁结合部在狭小空间中钢筋大量重叠，钢筋详图及结合部的固定方法、构件的安装等各个方面进行详细的讨论。

墙与梁一体化是预制钢筋混凝土构件的一般做法、为了使柱 - 梁结合部的复杂的钢筋配筋进行简化，减少钢筋连接的根数和提高可操作性，一般情况下连续梁及梁和柱一体化浇注较好。应该在综合考虑预制装配式混凝土的制造方法及运输、现场起吊及组装方法等的基础上、对装配式构件的装配部位进行恰当的组合。

另外，对于同时具备模板功能的预制装配式构件，如楼板采用部分预制工法即叠合板方法较好，同时，柱、梁和墙处也可以使用部分预制钢筋混凝土构件。

部分预制装配式构件有仅作为模板使用和同时作为结构构件的一部分两种情况，前一种情况下，设计时相对比较容易，可以达到模板及支护等的省力化，可以缩短工期等目的，能够发挥预制装配式工法的特长，仅增加了主体结构的重量。后一种情况下需要通过实验手段确认构件的一体化性能。并且在使用封闭型部分预制构件时，要求在施工过程中充分保证现场浇注混凝土的密实性能。但是，任何情况下，都有必要对配筋详图、构件的施工顺序及安装方法等可施工性能进行充分的讨论。

（2）楼板工法

楼板的预制钢筋混凝土工法在以集合住宅为中心的结构体系中应用非常广泛，并且现在已经得到了普遍应用。全预制楼板因为连接部位的水平力的传递能力有限，主要在中低层的 W-PC 结构中使用、高层建筑物中主要使用部分预制叠合楼板工法。

一般情况下，部分预制叠合楼板，预埋突出板面的桁架钢筋，在具备模板功能的预制构件的上端配筋后，浇注现场混凝土，现场浇注混凝土部分，因为无板缝，因此，保证了楼板的一体化。也就是说，水平刚度和隔声性能可以很容易地得到保证，利用楼板部分的现场浇注混凝土，可以实现叠合梁的应用，也可以使悬臂板上部钢筋固定等优点。并且，除了在钢筋混凝土结构及钢骨钢筋混凝土结构中应用外，在钢结构中也可以使用。

集合住宅中，预埋桁架钢筋的部分预制板上安装 EPS 空心模板后，形成带中空的部分预制中空叠合楼板，这种楼板是目前主要的楼板形式。该楼板工法，可以通过增大楼板的厚度来提高楼板抗弯刚度，通过设置中空部分，可以达到轻量化的目的，而且该种楼板工法可以使得楼板的支撑跨度增加，且不需要设置次梁，可以实现室内大开间并满足室内的无障碍化的需求。卫生间、厨房等用水空间处的楼板不宜使用中空楼板，在楼板的下表面设置高差，保证设备管线敷设空间，然后通过装饰装修的方法形成平面，楼板的下表面无高差比较容易处理。部分预制空心叠合板，桁架钢筋方向设计为单向板，为了对具有高差的空心楼板进行合理设计，与桁架钢筋相垂直的方向也作为有效的双向楼板，通过计算确定。但是，在现场浇注混凝土桁架钢筋的位置配置无粘结 PC 钢绞线，通过施加预拉力，可以实现更大跨度。

对于办公楼、仓库等需要更大跨度的结构，在活荷载较大的建筑物中，采用施加了预应力的部分预制构件（预制预应力混凝土构件）的叠合楼板工法。该预应力混凝土构件，是可以进行大量生产的经济工厂制品，一般通过施加预拉力的方式来进行生产。部分预制板的板面形状分为平板状、带肋平板、折板或者开孔平板。这些部分预制合成楼板通常按照单向板进行设计。

部分预制板在制造上是不能够预埋电盒的，下面的肋状突出物和粗糙表面不能够直接粘贴装饰材料，需要二次制作顶棚。肋板及 PC 钢绞线的截断对结构不利，因此在楼板上设置套筒来实现排水立管通过楼板。

对于外走廊和阳台等悬挑楼板，采用预制钢筋混凝土工法是特别有效的方法。扶手及前端的垂直墙体、悬臂梁等一体化施工，排水及垂直避难口、预先施工的外装瓷砖及涂装可以使现场的施工工作更加省力，而且可以在无脚手架的情况下施工。但是，当形状特别复杂、品种较多、生产量较少的情况下，需要考虑模板费、运输费，因此有必要对预制装配化进行预先讨论。

（3）楼梯

楼梯的预制装配化在W-PC工法中得到了普遍应用。平台板两侧由设置在剪力墙板侧面的托架支撑，梯段板挂在平台板上。构件的连接方法采用钢板焊接干式施工方法，即由环状钢筋和用暗销接合的宽缝连接方式。

梯段是最费事的工程之一，通过预制化可以实现省力和很容易的保证生产作业流水线的目的，并且，标准化也较为容易。但是，有必要在宽度和层高方面对模板进行系统化处理。

屋外梯段之前一直以钢骨楼梯为主，但从耐久性和设计性角度，可以采用各种精细化的手段使用预制装配化楼梯。一般情况下，由中央的壁柱来承担竖向荷载，水平力由与建筑物主体连接的楼板来承担。梯段板和平台板作用在中央的壁柱上突出的悬臂梁上或者与壁柱进行一体化浇注，或者使用螺栓连接在壁柱的缝隙处等多种连接方式。

随着建筑主体的预制装配化率的不断推进，为了缩短工期，有必要对楼梯采用预制装配法施工。但是，屋外楼梯多采用立体化的构件，如果可以一定程度上实现标准化，那么在造价方面就非常有利，因此，需要在设计阶段开始考虑楼梯的设计。

5.3 PC设计方法及主要的结构体系

目前我国装配式混凝土结构体系以剪力墙结构体系为主，产品标准化程度不高，预制构件厂很难实现模板的多次使用，有时，即便是同一个工程，可能会因为使用部位和楼层的不同，出现多种类型的预制构件，有时构件的种类会达到上千种，因此，模板的周转利用率极低，无论是时间成本还是经济成本，都会大幅度增加。引起这个问题的主要原因包括以下3个方面：

①标准化和模数化等深化设计不到位；

②装配剪力墙结构体系自身需要设置大量的后浇筑混凝土区域，产生大量的钢筋交叉搭接工作，这些造成了工厂化生产的障碍；

③深化设计还应该包括水、电等配套工程。

装配式建筑的设计是生产和施工的源头，从某种意义上，装配式建筑的设计决定了后期的工业化生产和建造，决定了最终的产品质量。装配式建筑深化设计人员应该全面掌握这条生产链上的各个环节，如，要了解厂区生产工艺、模台尺寸、脱模方式、运输过程中道路的限高、限宽，施工阶段斜撑杆的支设、后浇区域的模板支设等因素才可以确定构件外形尺寸、吊点的位置及个数，斜撑杆预埋内丝及用于拉模内丝的位置等。

5.3.1 预制构件的设计流程

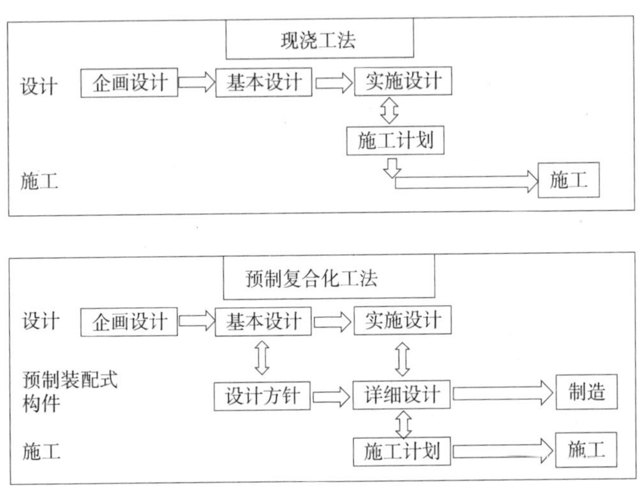

图 36 装配式建筑设计流程对比图

图 36 为预制装配式建筑设计流程与现浇建筑设计流程的对比，与现浇工法相比，增加了预制装配式构件的生产环节，工序变为 3 道工序。而设计阶段考虑预制装配化的时期尤为重要，下面就预制装配化介入时期对预制装配式工法的影响情况进行综合论述。

一般情况下，确定采用预制装配式工法的时期越早越好，特别是在方案设计阶段确定采用预制装配式工法是最为理想的一种状态。

1）在企画设计阶段就确定采用预制装配式工法

优点：

（1）相关人员熟知项目存在的问题，对于采用的预制装配式工法，业主方、设计方和其他相关的人员均能够取得一致意见；

（2）给予建设方、设计、预算、施工等充分的部署时间，设计图纸中预制装配式内容丰富，图纸对于施工的一系列手续及任务分配也比较明确；

（3）有较多的富余时间，设计及施工方可以对采用有效的预制装配法进行充分的讨论；

（4）可以汇集更多的预制装配化专门技术人才。

缺点：

采用预制装配化法后，当后期发生设计变更时，形态和结构上的变化可能会有损最初的预制装配化效果。特别是在方案设计阶段，设计的细节还没有确定，需要将预制装配化的基本条件进行整理，使得设计人员都熟知该事项。

2）施工图设计阶段采用预制装配方案

施工图设计阶段进行预制装配规划时，不能改变结构形式，只能以构件为单位进行预制方案的修改，所以存在以下几方面问题：

（1）在建筑设计方面无法进行大范围的修改；

（2）预制方案讨论时间减少，因为一些需要认定的工法对于设计周期的影响较大，在这个阶段确定采用预制装配式工法时，一些工法认定工作无法开展。

（3）建筑设计及结构的详细设计中预制装配化法的优势被削弱，往往会局限于特殊的结构体系，因此有必要同时确定当不采用装配式工法时的代替方案。

3）施工阶段的预制装配化

施工阶段的预制装配化是施工方提出方案，需要设计方出"设计变更"，因此有必要从建筑设计方案的形态和性能，结构设计从框架到连接部位，使用材料等各个方面进行全面讨论。一般情况下，结构设计人员讨论内容较多，并且有必要向行政厅进行汇报。

因此，这个阶段开始制定预制装配方案将产生以下问题：

（1）预制方案可讨论时间非常短；

（2）即便是仅对构件进行预制装配化，也有必要考虑建筑设计、结构设计、设备设计等各个方面的内容。

5.3.2 PC 工法的制约因素

采用预制装配式工法过程中应该特别留意以下事项：

（1）确认工程的制约条件

位置条件、场地条件、道路条件（确认是否可以搬入构件）、工期确认。

（2）构件的连接方法

确定预制构件与现场浇注混凝土间的接缝、预制构件间的接缝及钢筋接头连接方法等。

（3）构件的组装顺序

与现场浇注施工方法相同的 R-PC 工法等的连续主梁在进行预制装配化过程中，由 XY 方向的组装来确定组装顺序。柱 - 梁连接部位的配置相当复杂，例如，不能够两层配筋。图 37 为预制主梁的架设顺序和制约条件。

（4）构件分割及截面尺寸

预制构件单体重量和长度受到构件制造厂、构件运送方式、吊装卷扬机等的限制。

（5）构件截面统一化

构件截面的统一化可以降低模板的制作费用。

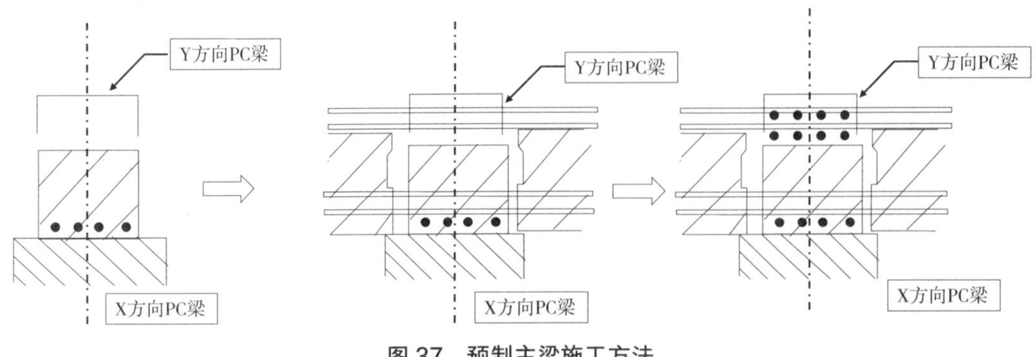

图 37　预制主梁施工方法

注：Y 方向的 PC 梁下端架设钢筋为 1 层的情况下，X 方向 PC 梁的钢筋才可能存在上下两层，Y 方向的 PC 梁上端筋的配筋可分 2 层配筋。

5.3.3　日本常用的装配式混凝土结构体系

装配式混凝土结构体系除了将钢筋混凝土结构进行预制后进行装配外，还包括将钢骨钢筋混凝土结构和预应力钢筋混凝土结构进行预制装配等其他情况。根据结构形式划分，有墙式结构、框架结构，以及二者相结合的墙式框架结构。墙式框架结构是由受力墙板、楼屋面板和基础梁构成的立体箱型构造，室内梁和柱不可见是其主要特征。框架和墙式框架由柱（壁柱）、梁、受力墙、楼屋面板、基础梁等构成，可以实现大开间，是一种适用于高层建筑的构造形式。

装配式混凝土结构，可以根据建筑物的规模确定其种类和结构形式。主要的 PC 工法如表 29 所示。

预制装配式混凝土工法　　　　表 29

结构形式	工法名称	规模	简称
墙式结构	中型预制装配式钢筋混凝土构件组装工法	低层（3 层止）	独栋、批量生产公营住宅等
	大型预制装配式钢筋混凝土构件组装工法	中低层（5 层止）	W-PC 工法
		高层（6 ~ 11 层）	高层 W-PC 工法
	预应力预制钢筋混凝土构件组装工法	高层（10 层止）	PS 工法
框架结构	预制钢筋混凝土构件组装工法	从低层到超高层	R-PC 工法
	预制钢骨钢筋混凝土构件组装工法	高层・超高层	SR-PC 工法
	预应力预制钢筋混凝土构件组装工法	中高层	PS-PC 工法
墙式框架结构	预制钢筋混凝土构件组装工法	高层（15 层为止）	WR-PC 工法

表 29 中主流的工法为 W-PC 工法（中低层、高层）、WR-PC 工法、R-PC 工法、SR-PC 工法。

1）墙式预制钢筋混凝土工法（W-PC）

（1）简介

1965 年，日本住宅公团（现都市基盘整备公团）在千叶县草部团地首次建造了 4 层的租赁住宅，同年，日本建筑学会颁布了《墙式预制装配式钢筋混凝土设计规范及说明》和《JASS10 预制装配式混凝土工程》，以此为契机，开启了预制装配式工法向普通住宅发展的篇章。进而，1970 年开发的 SPH（中层公共量产住宅标准设计），1971 年日本建筑中心颁布了《壁式预制钢筋混凝土 5 层共同住宅设计指南及说明》，装配式住宅担负了高速成长期大量的住宅建设任务。目前它是 5 层以下集合住宅的代表性工法。

W-PC 工法中剪力墙板、楼面板、屋面板、楼梯板等全部或一部分由预制构件组成，预制构件的连接方式如下所示。

①剪力墙垂直连接：相邻的剪力墙板间或者正交剪力墙间的连接。连接面上设置键槽，键槽部分突出的钢筋与连接钢筋焊接连接，后浇注混凝土后使二者一体化的连接方式（宽缝连接方式）。垂直连接接缝内配置纵向钢筋，纵向钢筋在楼层中间附近焊接连接。

②剪力墙水平连接：对夹在楼板间的上下层剪力墙板的水平接缝以前采用在预制构件内部预埋钢板的干式连接方式，但是，考虑水平荷载传力机制的合理性、施工性及焊接施工技术人员不足等问题，现在，采用在楼屋面板上铺设垫层砂浆后，预制剪力墙板钢筋套筒连接方式逐渐成为主流的连接形式，但是，预制构件分割过程中产生的墙梁与受力墙，或者墙梁之间的接缝，采用钢板干式连接方式。

③剪力墙板与楼板之间，或者为了方便运输而切割的楼板之间的连接方式采用宽缝连接方式，即在连接部位设置键槽，连接钢筋焊接连接后，浇注混凝土，楼板间的接缝处与墙板垂直连接方式相同。楼板与剪力墙板之间的接缝，剪力墙突出钢筋与楼板钢筋采用焊接连接方式，剪力墙板的垂直连接钢筋可以形成类似栓钉的效果来传递水平剪力。

④楼梯板接缝：楼层中间的休息平台搁置在受力墙板的侧面托架上，之后采用钢板焊接连接方式，将梯段挂在休息平台板上。

一般情况下，W-PC 工法的概念如图 38 所示，现场的施工实例如图 39 所示，楼板为部分预制钢筋混凝土叠合楼板，当采用中空楼板时，可以获得较大的空间。并且这种结构的 1 层可以采用框架结构，用于店铺和停车场。

（2）W—PC 工法的优点

①外墙和隔墙都为受力墙体，因此更加经济合理。

②室内不露梁、柱，可以使居住空间得到更有效的利用。

③预制装配率较高，因此，可以达到大幅度缩短工期的目的。并且，可以降低噪音、

振动、粉尘等建设生产公害及废弃物的产生，减少木模板等模具的使用量，对保护地球环境非常有利。

④钢制金属件、外装瓷砖、设备配管等可以预先铺贴和排布，可以使施工作业更加高效，缓解技术人员不足及老龄化等问题。

一般情况下，墙式装配式结构在构造上对受力墙体的配置要求比较严格，因此，住户的后期变更受到限制。如，前期仅配置楼梯间的住宅，随着老龄化的到来，当要求设置电梯时就比较棘手，因此，目前该类住宅以设置室外楼梯为主。

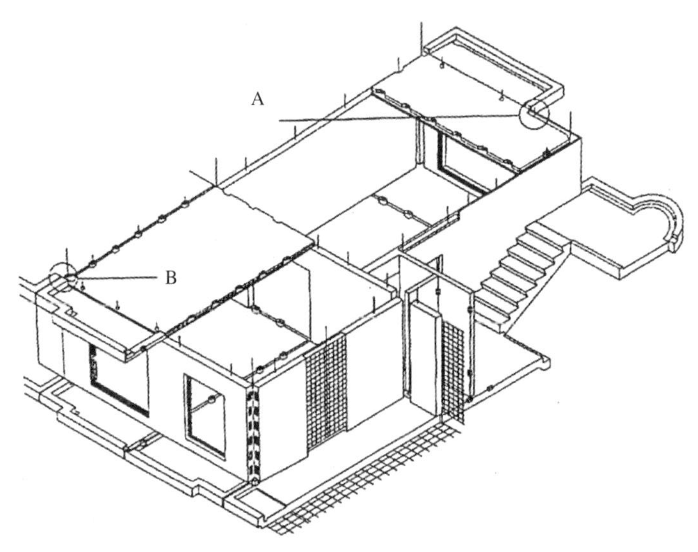

节点详细尺寸

A：水平接缝

外墙板
套筒连接用金属件
高强度无收缩填充砂浆
胶带状密封材料
连接用砂浆
聚氨酯密封材料
楼板
连接用混凝土
外墙板

B：垂直接缝

内墙板
连接用混凝土
外墙板
外墙板
聚氨酯密封材料
封底材料

图 38　W-PC 工法概念图（一）

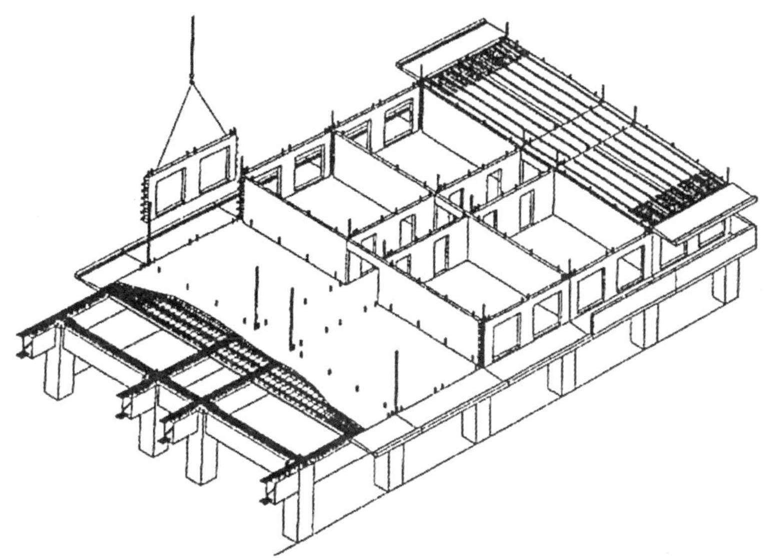

图 38 W-PC 工法概念图（二）

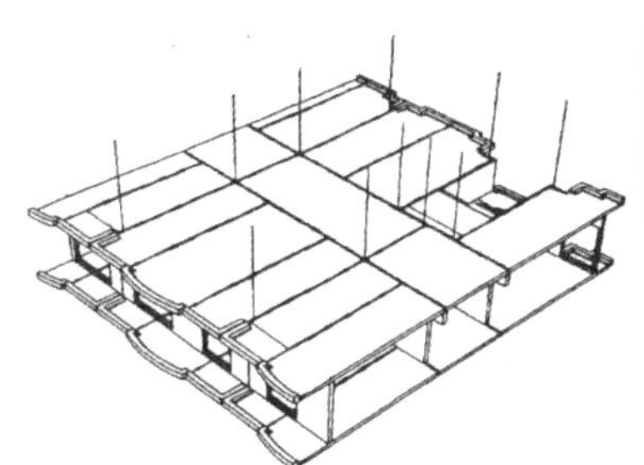

· 标高、定位轴线
· PC 剪力墙板下部垫层砂浆施工
· PC 剪力墙板垂直接缝垂直钢筋焊接

（Ⅰ）标高、定位轴线、垫层砂浆施工

（Ⅱ）垂直接缝的垂直钢筋焊接

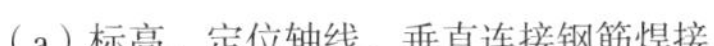

（a）标高、定位轴线、垂直连接钢筋焊接

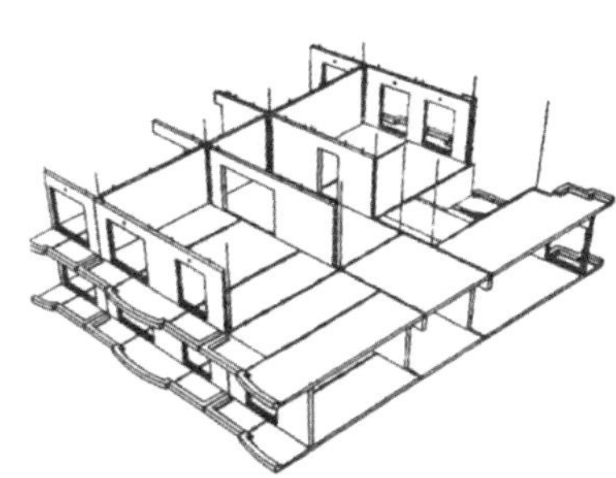

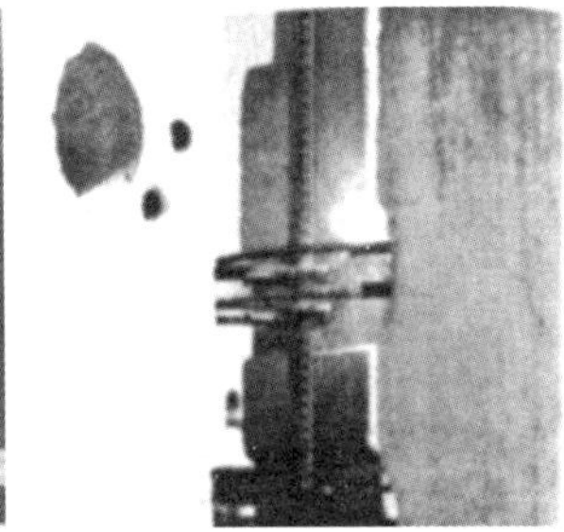

· PC 剪力墙板吊装
· PC 剪力墙板垂直接缝水平钢筋焊接

（Ⅲ）PC 剪力墙板吊装

（Ⅳ）PC 剪力墙板水平连接钢筋焊接

（b）PC 剪力墙施工方法

图 39 W-PC 工法的一般工程施工案例（一）

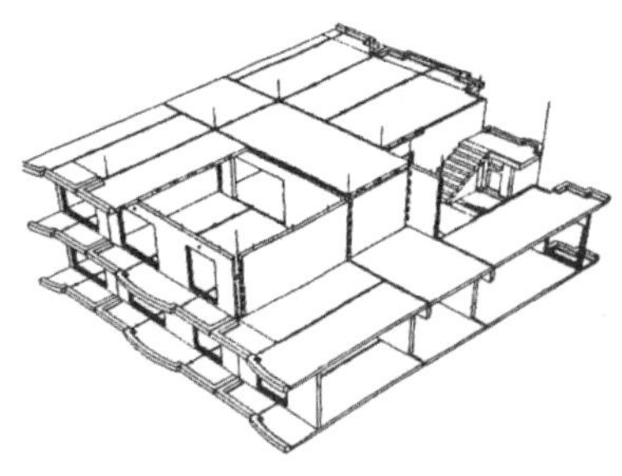

·PC 楼板的吊装
·PC 楼板间及剪力墙板间的连接钢筋焊接　（Ⅴ）PC 板吊装　（Ⅵ）PC 板连接钢筋焊接
·PC 板预埋管的连接

（c）PC 板的施工方法

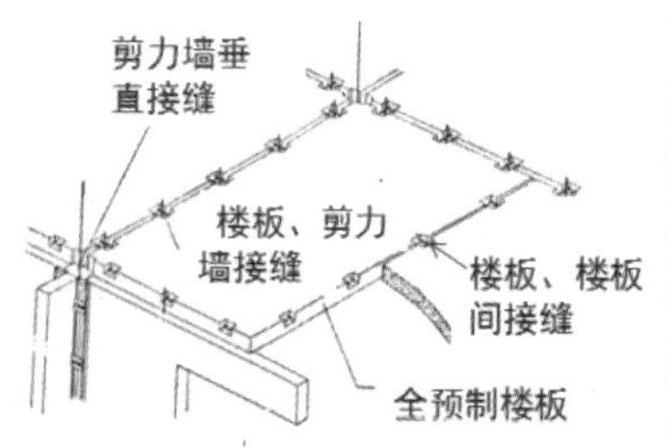

·PC 板连接部位模板吊装
·PC 板连接部位现浇混凝土　（Ⅶ）垂直连接部位混凝土浇筑　（Ⅷ）楼板连接部位混凝土浇筑
·PC 剪力墙套筒连接灌浆料灌注

（d）连接部位混凝土浇筑方法

图 39　W-PC 工法的一般工程施工案例（二）

2）框架预制钢筋混凝土工法（R-PC）

（1）简介

R-PC 工法是将钢筋混凝土框架结构进行预制装配化的一种工法，70 年代初，以住宅公团（现都市基盘整备公团）为首，民间建筑企业开发了各式各样的预制装配式施工工法。1986 年，日本建筑学会颁布了《预制钢筋混凝土构造设计和施工》，介绍了各种预制装配式钢筋混凝土工法。1990 年住宅公团（现都市基盘整备公团）采纳了民间开发的工业化住宅中高层 R-PC 工法，并且，在 1990 年到 1993 年实施的《日美共同大型抗震实验研究 - 预制抗震构造体系（press）》研究中，对具有预制装配式钢筋混凝土构件的钢筋混凝土造建筑物的设计外力及构造计画、构造解析及构件和结合部的设计相关资料进行了整理，制成了相关指针和说明书，确立了目前的预制装配式钢筋混凝土工法。

与现场浇筑工法具备同等性能的 R-PC 工法，要求接缝的构造性能也与现场浇筑混凝土等同，因此该工法与现场浇筑施工方法相同，不仅适用于中高层建筑还适用于从低层向超高层的各类建筑，而且，适用范围也从集合住宅到办公楼、商铺、学校、医院、工厂仓库等较广泛的领域。

结构形式方面，也可以像集合住宅一样，在开间方向上由柱和梁构成刚性框架，而在进深方向设计为连层的独立抗震墙体，如果是办公室及商铺，也可以在两个方向均为由梁和柱构成的刚性框架，或者采用在刚性框架内部布置剪力墙等各种各样的结构形式。

近年来，高层集合住宅中，大量的采用了R-PC工法，集合住宅中采用的R-PC工法与WR-PC工法相同，主要由下列预制构件组成：

柱：从楼板上端到梁下端采用矩形预制装配式钢筋混凝土构件；

梁：设置在相邻的柱间，梁为箍筋突出至楼板的下端部分的部分预制装配式钢筋混凝土构件；

受力墙板：在上下楼板之间设置的无梁大型预制钢筋混凝土构件；

楼板：无次梁大型部分预制钢筋混凝土楼板（叠合板）；

其他如外走廊、阳台等悬挑板、楼梯、次要墙体等预制装配化工法也与WR-PC工法相同。

（2）接缝

剪力墙与柱子的竖向接缝：在接缝处设置键槽，从连接面处伸出的钢筋在连接部位为重叠接头，接缝内浇注混凝土，接缝采用宽缝连接方式；

剪力墙与柱子的水平连接部位：采用无收缩的混凝土灌浆套筒连接方式；

柱与梁相交的连接部位：采用现场绑扎配筋和浇注混凝土的现浇方式；

楼板与梁、剪力墙等的连接部位：配置上部钢筋和与预制钢筋混凝土构件钢筋相互连接，通过现场浇注混凝土实现一体化。

高层集合住宅采用的R-PC工法的概念如图40所示，现场施工顺序如图41所示。

（3）优缺点

R-PC工法是一种将现场浇注的框架结构预制装配的工法。与WR-PC工法相比，在建筑方案和结构方案方面没有明显的区别，但是，因为在施工过程中大部分钢筋套筒预埋在预制装配式构件中，因此，接缝部位插入套筒内的钢筋必须在套筒范围内，截面尺寸等也应该事先进行充分的讨论。并且，预制构件的连接方法，在结构性能，施工性能上有严格的要求，因此，在选择R-PC工法前需要进行充分考虑。

但是，R-PC工法优点包括以下几点：

①缩短工期；

②保护环境；

③省力；

④主体结构具备高品质、高耐久性。

选取工法时应该根据场地条件、设计条件、工程及造价等进行综合判断后确定。

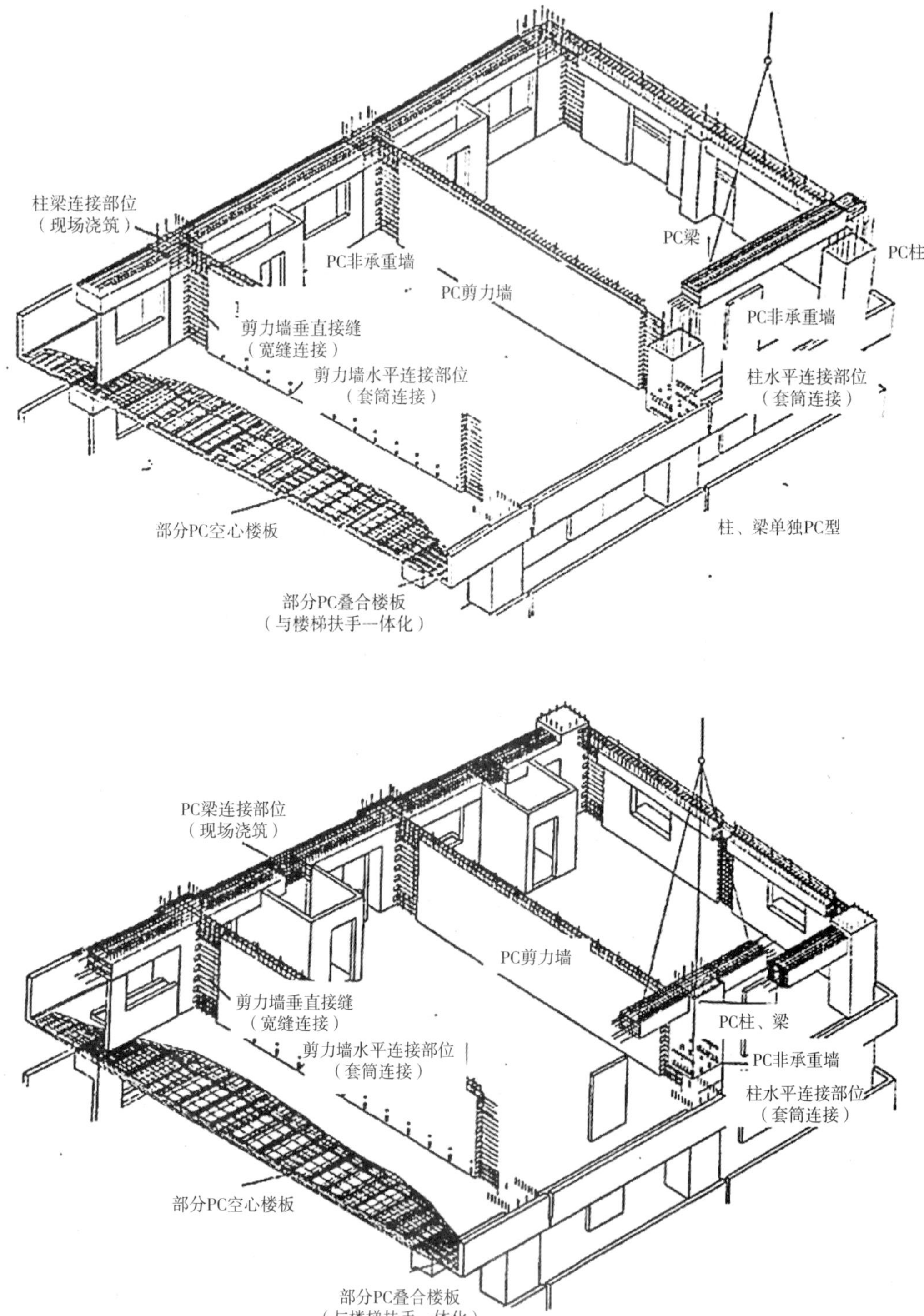

图 40　R-PC 工法概念图（一）

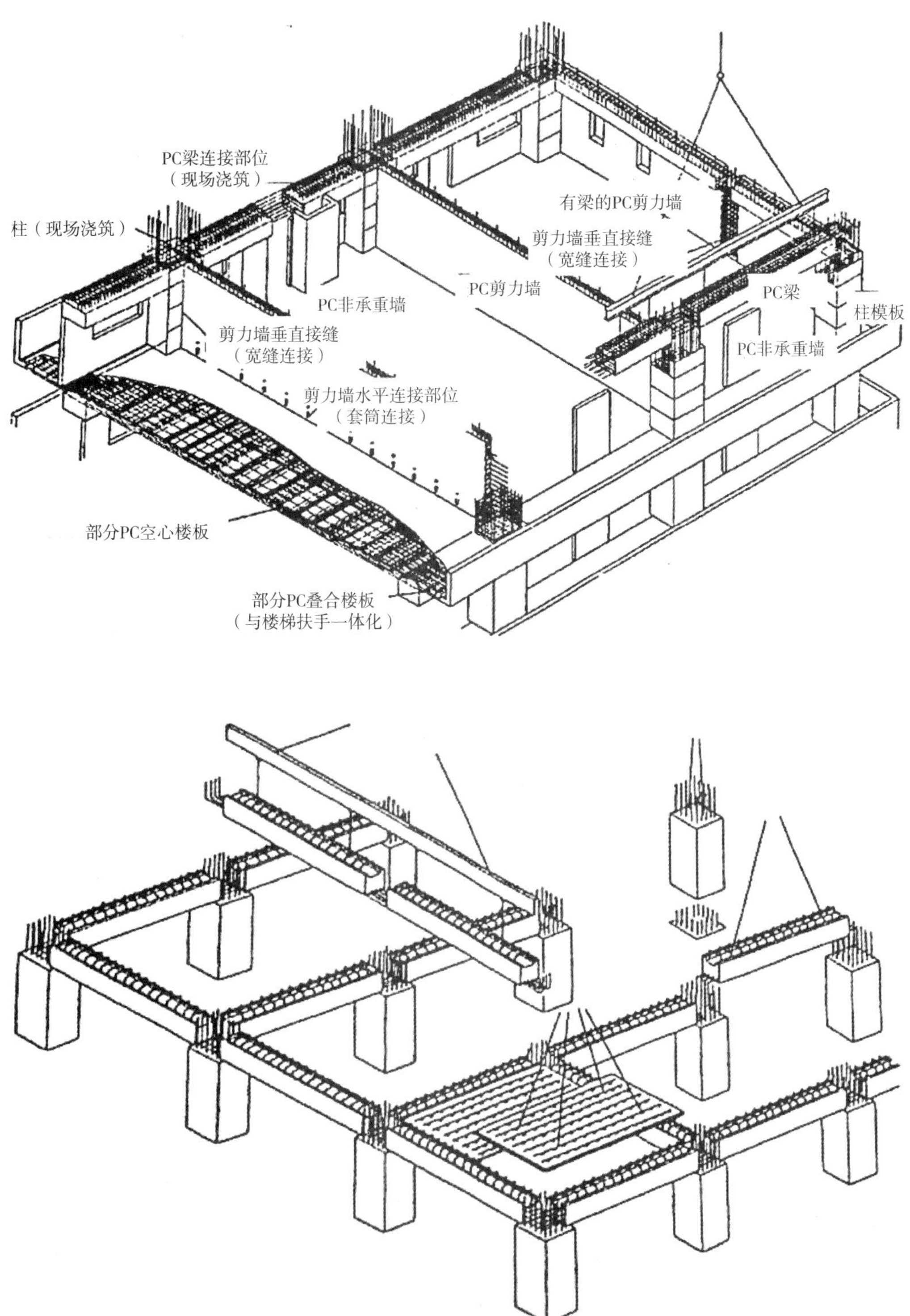

图 40 R-PC 工法概念图（二）

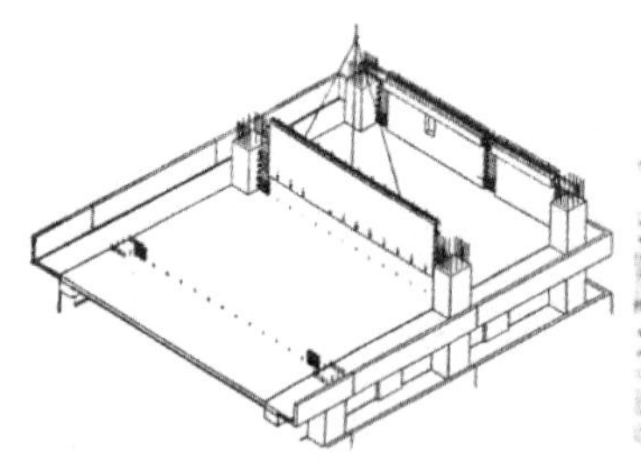

· 标高 墨线
· PC 柱、剪力墙下部垫层砂浆施工
· PC 柱、剪力墙的施工吊装
· 套筒接头的灌浆料的填充

（a）PC 柱的施工、安装　（b）PC 剪力墙的施工、安装

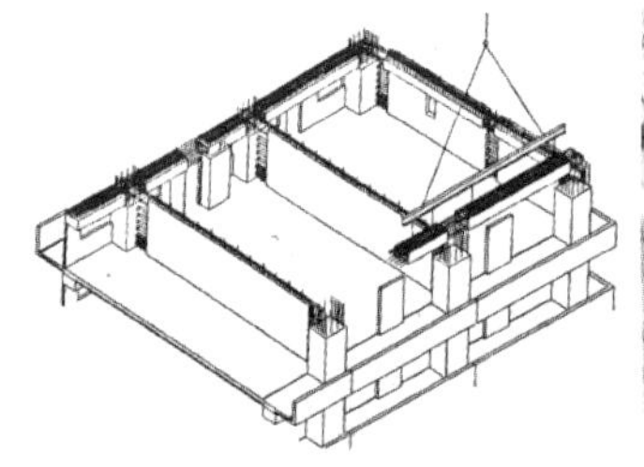

· PC 非承重墙体的施工、吊装
· PC 梁支撑安装
· PC 梁的施工、吊装

（c）PC 非承重墙体的施工、吊装（d）PC 梁的施工、吊装

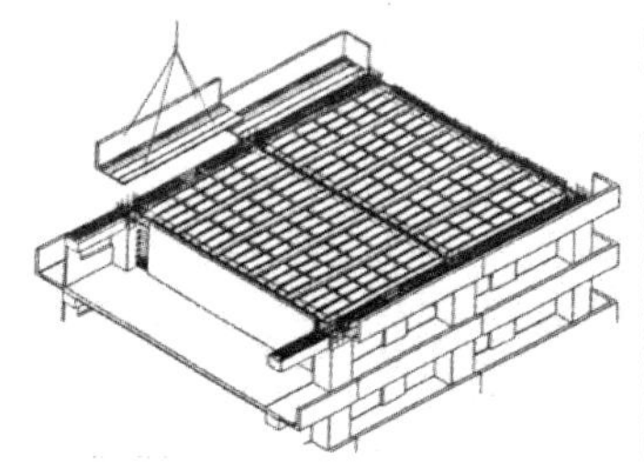
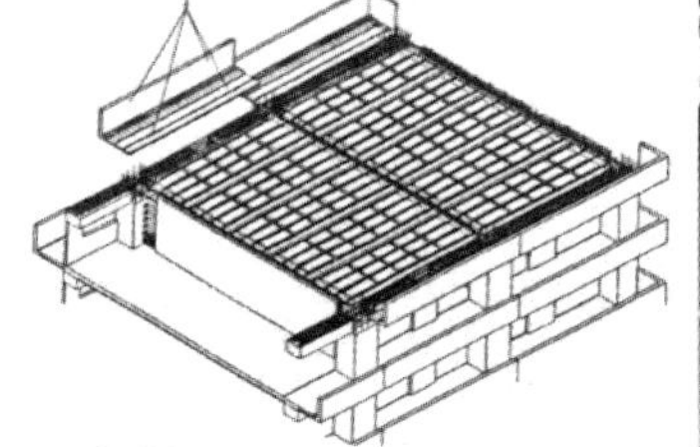

· 部分 PC 楼板支撑的安装
· 部分 PC 楼板的施工、吊装

（e）部分 PC 楼板施工、吊装（室内空心楼板）　（f）部分 PC 楼板施工、吊装（走廊、阳台楼板）

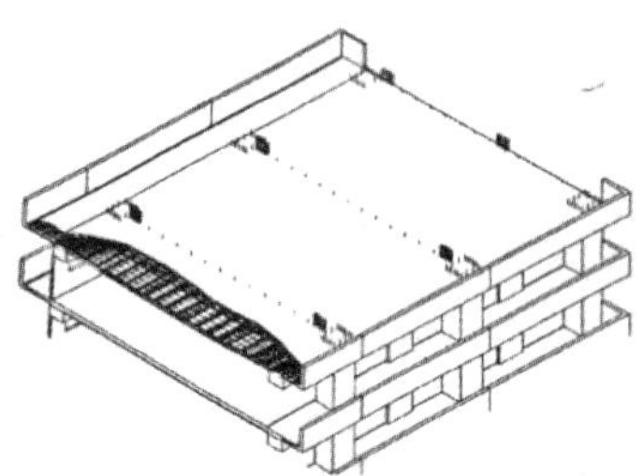

· 设备、梁、楼板、连接部位的配筋
· 柱、梁、剪力墙连接部位的模板安装
· 浇注混凝土

（g）安装确定柱钢筋位置金属件（h）浇注混凝土

图 41　R-PC 工法施工图

3）墙式框架预制钢筋混凝土工法（WR-PC）

（1）简介

WR-PC工法是高层集合住宅中使用的墙式框架钢筋混凝土结构预制工法。1998年，住宅都市整备公团（现都市基盘整备公团）在多摩新城地区建造了2栋11层出租住宅。

之后，住宅都市整备公团、九段建筑研究所和日本预制装配式建筑协会三家，及大量的具备学识经验人员共同研究开发，在各种设计及施工业绩的基础上，制作了《高层墙式框架预制钢筋混凝土结构设计、施工指南》，三者在2000年取得了建设省大臣（现国土大臣）的一般认证。目前该工法仍是15层以下的高层住宅的主流工法之一。

结构形式，开间方向采用扁平的壁状柱与梁构成的刚性框架，进深方向为连层的独立墙构造。

（2）组成

本工法是可以与W-PC工法相媲美的装配率非常高的工法之一，由下列的预制装配式构件组成：

①壁柱：一种预制装配式施工方法，楼板上端到梁下端为扁平的矩形预制装配式钢筋混凝土构件；

②梁：设置在相邻柱间，梁箍筋突出至楼板下端的部分预制装配式钢筋混凝土构件；

③剪力墙板：无梁剪力墙，在上下楼板之间的大型预制钢筋混凝土构件；

④楼板：无次梁的大型合成楼板，一般为部分预制钢筋混凝土楼板（叠合板）。

其他如外走廊、阳台等悬挑板、楼梯、次要墙体等预制装配化工法也与WR-PC工法相同。

①受力墙与壁柱的竖向接缝：在接合面处设置键槽，从接合面处伸出的钢筋在连接部位内部重叠搭接，在进行墙配筋过程中，连接部位内混凝土浇筑采用宽缝节点连接方式；

②受力墙与壁柱的水平接缝：采用无收缩的灌浆套筒连接方式；

③柱与梁连接部位部位采用现场配筋和后浇混凝土的现浇连接方式；

④楼板与梁、受力墙等的连接部位：配置上部钢筋与预制钢筋混凝土构件连接，通过现场浇筑混凝土实现预制混凝土构件的一体化。

层高特别大的预制装配式混凝土构件运输困难时，或者从经济性方面考虑，壁柱、梁或剪力墙的一部分也可采用现场浇筑混凝土，但是，对于部分预制装配式壁柱、梁或者受力墙体的预制装配式工法需要进行特别的讨论。

一般情况下，WR-PC工法的概念如图42所示，一般工程实例如图43所示。

（3）优点

WR-PC工法具备壁式框架的优点

①与壁式框架相同，因为分户墙无梁，因此，住户的空间可以被很好地利用；

②因为使用了扁平的柱，因此，更加容易设置设备贯通孔，规划更加自由；
③缩短工期；
④保护环境；
⑤省力；
⑥主体结构具有高品质、高耐久性。

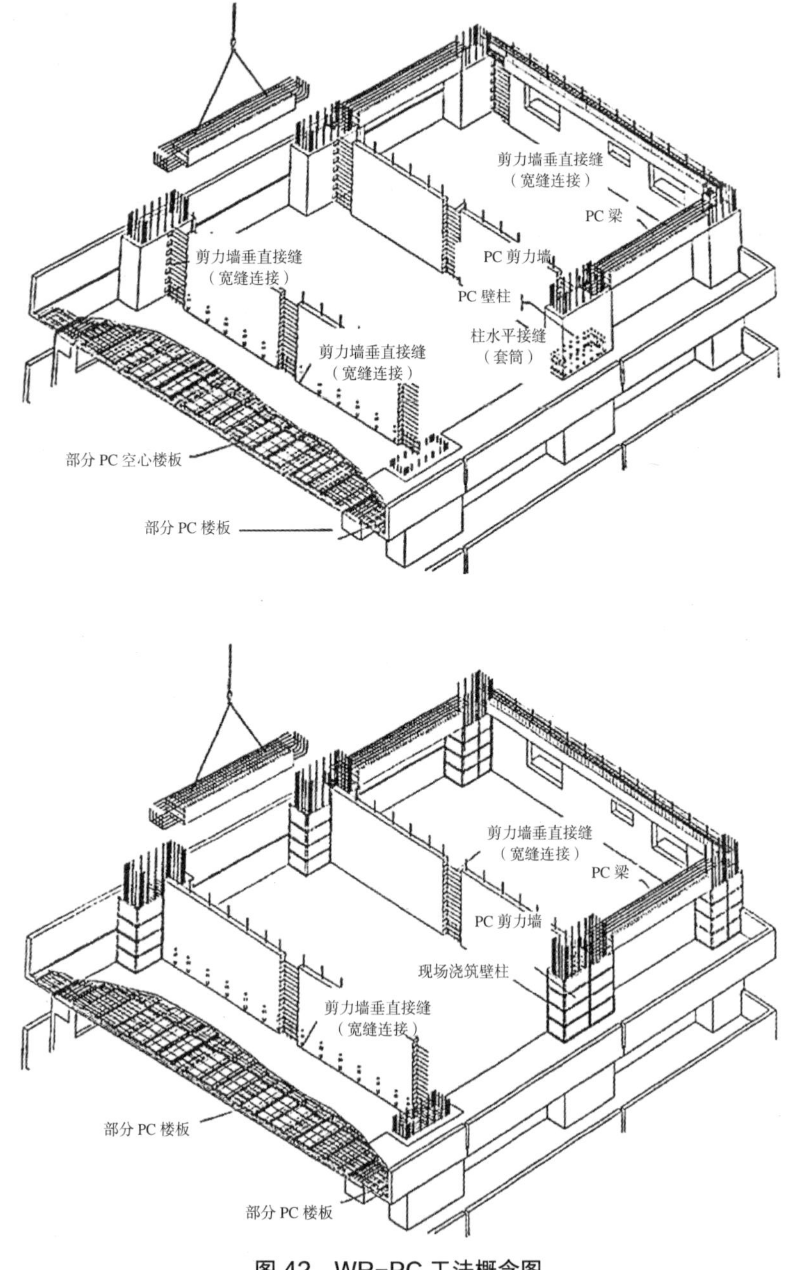

图 42　WR-PC 工法概念图

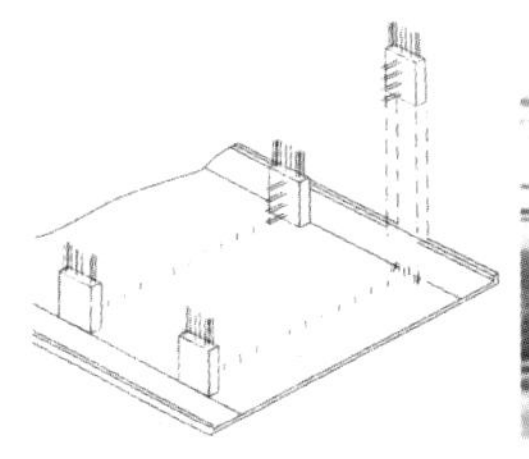

· 标高、墨线
· PC 壁柱下部的垫层砂浆施工
· PC 壁柱的施工吊装
· 套筒接头内填充灌浆料

（a）PC 壁柱的施工吊装　　（b）垫层砂浆的施工

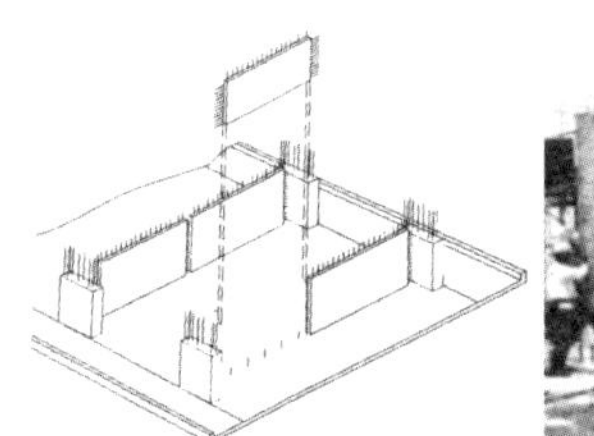

· PC 剪力墙下部的垫层砂浆施工
· PC 剪力墙的施工和吊装
· 套筒接头的灌浆料灌注

（c）PC 剪力墙的施工吊装　（d）剪力墙垂直接缝配筋

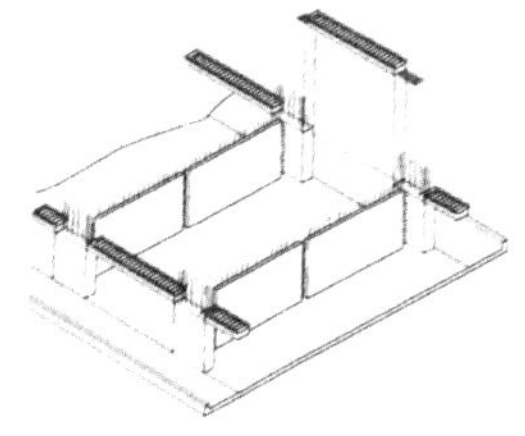

· 安装 PC 梁的支撑
· PC 梁的施工和吊装
·（搭接在 PC 壁柱间）
· 梁上端钢筋绑扎

（e）PC 梁的施工、吊装　　（f）节点域的配筋、设备用套筒的安装

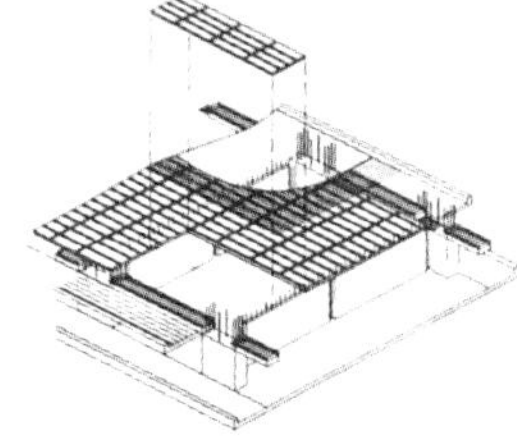

· 安装部分预制 PC 楼板的支撑
· 部分预制 PC 楼板的吊装和安装
· 设备配管、梁和楼板绑扎钢筋
· 壁柱、梁剪力墙接缝的模板安装
· 浇筑混凝土

（g）部分 PC 楼板的施工、吊装（h）浇筑混凝土

图 43　WR-PC 工法的施工案例

4）其他工法

（1）高层 W-PC 工法（高层墙式预制钢筋混凝土构件的组装工法）

自 1970 年以来，将中层 W-PC 预制装配化工法的相关技术应用到现场浇筑 6-8 层高层墙式钢筋混凝土结构中，开发了高层 W-PC 工法。

高层建筑物与中层建筑物相比，因为水平力的增加，在原建筑物的强度上附加的粘结强度需求增加。即在高层 W-PC 工法中，受力墙的各结构面都应具备基本均等的长度和设置在相同的连接部位，结构形式上与框架结构相近。

预制装配式钢筋混凝土构件的构成及连接方法，基本与中层 W-PC 工法相同，楼板采用部分预制钢筋混凝土叠合板施工工法，墙、梁的现场浇筑楼板部分与 WR-PC 工法和 RPC 工法相同，但是，受力墙的水平连接部位一般采用与中层 W-PC 工法相同的灌浆套筒连接方式，垂直结合部需要考虑各式各样的详细构造。

一般情况下，高层 W-PC 工法的概念如图 44 所示。

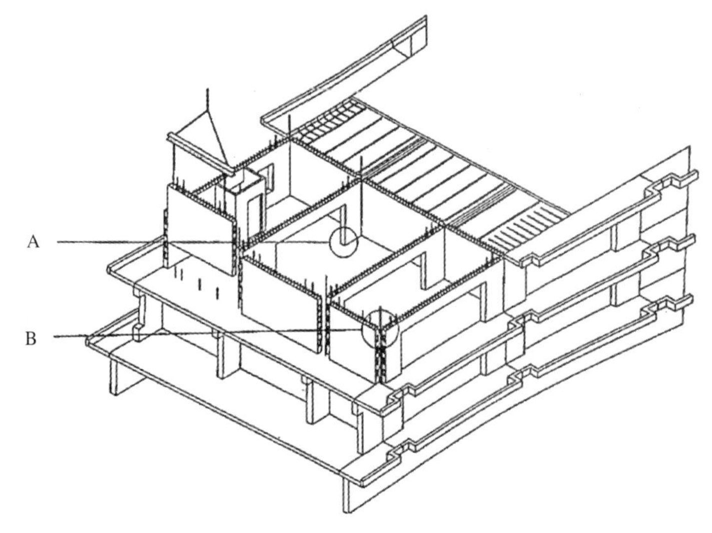

接缝详细构造

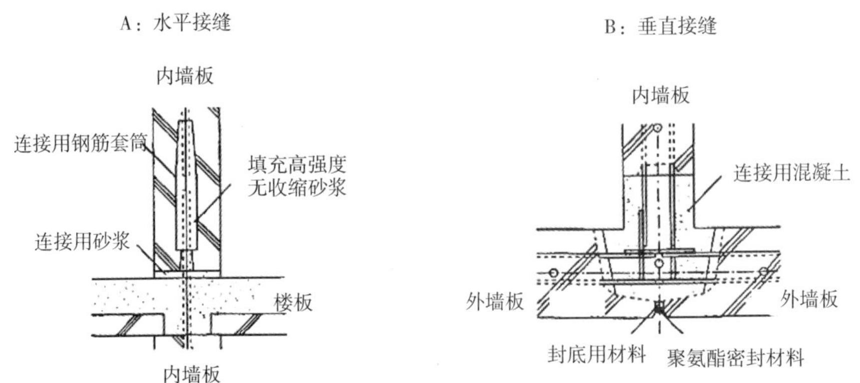

图 44　W-PC 工法概念图

（2）PS 工法（墙式预应力预制钢筋混凝上构件组装工法）

1965 年，建设省建筑研究所（现建筑研究所）与预制装配式建筑协会共同研究开发的工法，并在此基础上建造了试点住宅。1969 年，在进行了 8 层足尺建筑物抗震性能试验后，于 1978 年出版了《PS 工法施工管理要领书》，1981 年发表了《PS 工法设计施工指南及说明》（以下简称《PS 指南》），确立了 PS 工法在高层住宅中的运用。

本工法与高层 W-PC 工法相同，预制构件的截面为十字形、T 形和 L 形的剪力墙构件及 I 型的板状剪力墙构件，梁构件和楼板构件现场组装，对梁与剪力墙垂直方向上放置的 PC 筋施加预拉力，通过压紧连接构成主体结构是本工法的特色。楼板部分支撑在梁的侧面有缺口位置，通过水平方向贯通的 PC 钢筋、键槽及连接用钢板焊接连接来保证结构的水平刚度。如图 45 所示。

《PS 指南》中，以 10 层以下的集合住宅为对象，不适用于大开间的学校、楼面荷载较大办公室、工厂、仓库等，截止到 20 世纪 80 年代的中期，该工法大量的应用到以公营住宅为主的高层集合住宅中，之后，被高层 W-PC 工法和 WR-PC 工法取代。

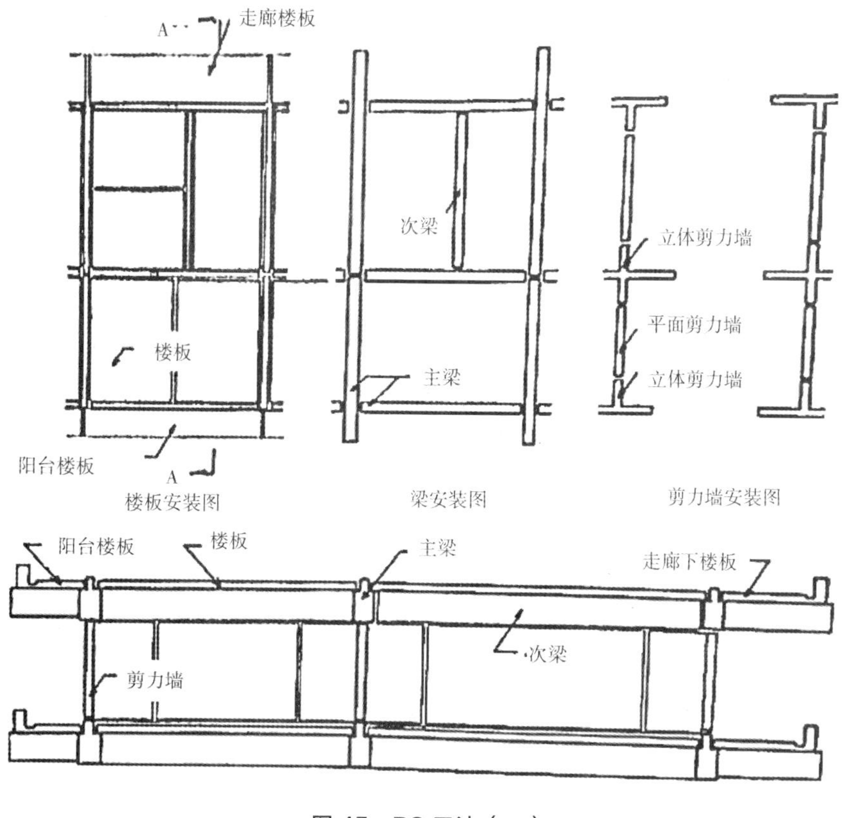

图 45 PS 工法（一）

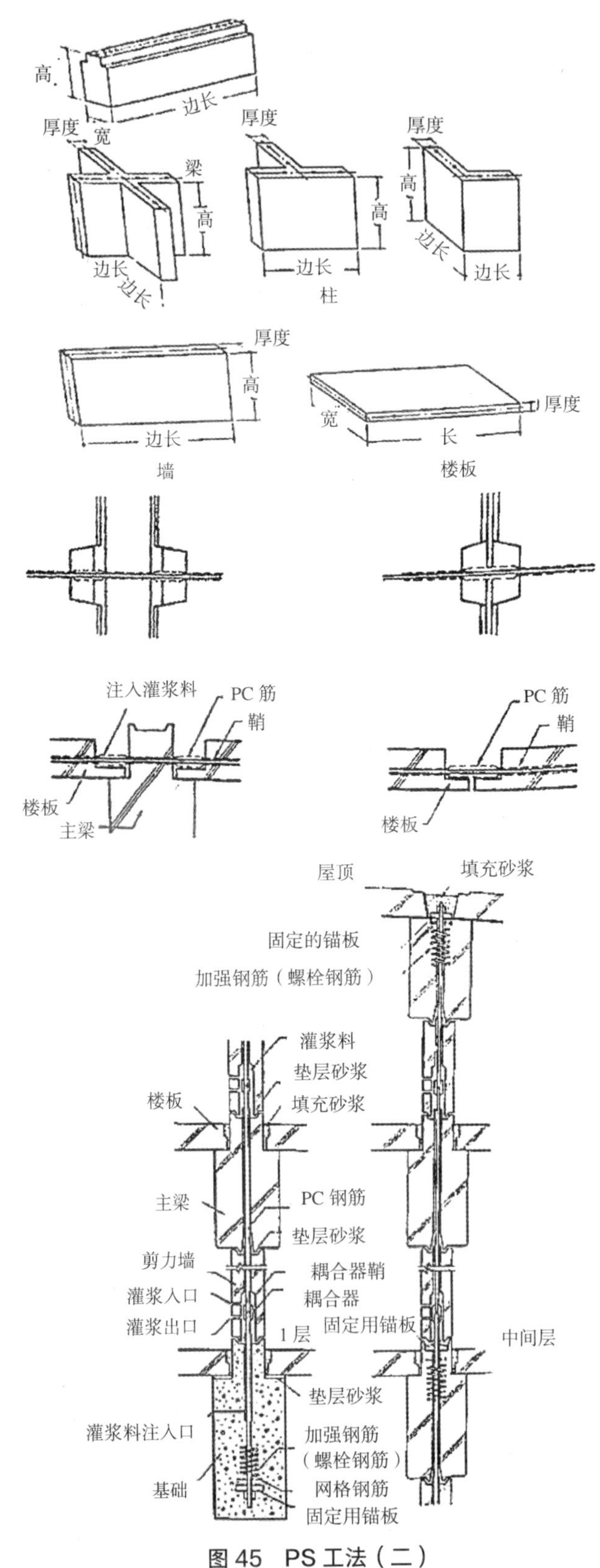

高
边长
厚度
宽
梁
高
边长
边长
厚度
高
边长
柱
厚度
高
边长
边长
厚度
高
边长
墙
宽
长
厚度
楼板
注入灌浆料
PC 筋
鞘
楼板
主梁
PC 筋
鞘
楼板
屋顶
填充砂浆
固定的锚板
加强钢筋（螺栓钢筋）
灌浆料
垫层砂浆
楼板
填充砂浆
主梁
PC 钢筋
垫层砂浆
剪力墙
耦合器鞘
灌浆入口
耦合器
灌浆出口
1 层
固定用锚板
中间层
垫层砂浆
灌浆料注入口
加强钢筋
（螺栓钢筋）
基础
网格钢筋
固定用锚板

图 45　PS 工法（二）

（3）SR-PC 工法（预制钢骨钢筋混凝土构件组装工法）

SR-PC 工法中，钢骨钢筋混凝土柱、梁、剪力墙等采用预制装配工法。自 20 世纪 60 年代后期开始，住宅实际建设用地的情况开始发生恶化，为了可以更好的利用土地，集合住宅向高层方向发展的需求增加。高层化的研究在民间开始流行，进而，在进入 20 世纪 70 年代后，日本住宅公团（现都市基盘整备公团）将钢骨钢筋混凝土结构进行预制装配，H-PC 工法在大量的建设工程中出现，使得预制装配化得到了普遍的应用。

当时的 H-PC 工法是指，柱和梁均采用 H 型钢的预制装配式施工工法，预制部位各式各样，根据构造或者施工条件选用最好的组合方式。并且，受到钢筋连接方法的限制，H-PC 工法中的钢骨主要采用焊接连接方式，因此结构的承载力仅与钢骨相关，之后，随着钢筋接头工法的研究开发和钢材费用的高涨，连接方法与钢骨钢筋混凝土构造相同，钢筋混凝土部分也负担一部分荷载，现在，为了与 H-PC 工法相区别，将该工法称为 SR-PC 工法。

SR-PC 工法是针对 11 ~ 15 层高层住宅开发的工法，近年来，伴随着钢筋混凝土结构高层化趋势的变化，一些钢筋混凝土结构不再适用于大跨度及不规则的建筑物，SR-PC 工法在超高层建筑物中的使用情况较多。

预制钢筋混凝土构件由内藏 H 形钢梁与部分预制钢筋混凝土叠合楼板构成，钢骨之间相互焊接或使用高强螺栓连接，钢筋一般采用机械式连接接头，梁与柱采用钢骨，或者柱梁一体化的“十”字形、“卄”字形，或者为“キ”字形的一体化预制钢筋混凝土构件，梁和柱跨度中央位置采用螺栓连接，为了提高其施工性能等而采用逐个施工工法。

一般情况下的 SR-PC 工法的概念如图 46 所示。

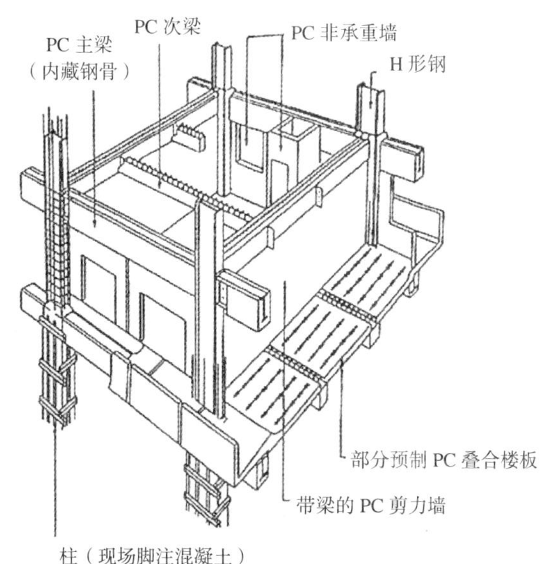

图 46　SR-PC 工法

（4）PS-PC 工法（预应力—预制钢筋混凝土构件的安装工法）

对于受拉性能较弱的预制混凝土构件给予一定的预应力，使得 SP-PC 工法可以建造更大的跨度，该工法称为 PS-PC 工法。

该工法根据预制构件接合方式的不同，分为以下几种：

①挤压连接（干式连接方式）：预制钢筋混凝土构件间的接缝采用高强度无收缩砂浆和胶粘剂，通过 PC 钢板施加压力。

②压接连接（宽缝连接方式）：预制钢筋混凝土构件与现场浇注混凝土之间，通过 PC 筋将二者连接在一起的连接方式，现场浇注混凝土采用高强混凝土，在达到一定的强度之前需要进行充分的养护。

③无压着连接（宽缝连接方式）：预制装配式钢筋混凝土构件与现场浇注构件间的连接方式为无压着的连接方式。因此，现场浇注部分的混凝土，没有必要一定与预制钢筋混凝土具备相同的强度，因为连接部位部分的钢筋较为密集，有必要讨论钢筋的摆放问题。使用该工法时，与施工性相比，是一种经济性较好的工法。

近年来，因为预制钢筋混凝土构件的柱与柱及柱与梁间采用 PC 钢筋相连，构件间采用压接连接工法，因此，它是预制化率最高的工法（干式连接方法），被大量使用，如图 47 所示。

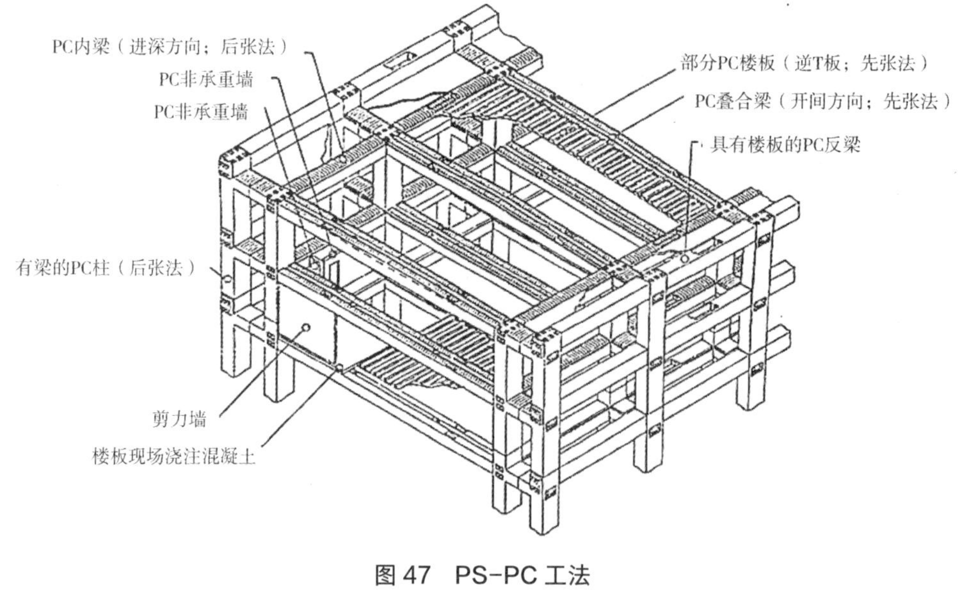

图 47　PS–PC 工法

一般情况下，PS-PC 工法除了预制钢筋混凝土工法的优点，还具备以下优点，

①不仅可实现大跨度，而且也可以应用于荷载较大的建筑物；

②构件的截面变小，可以达到建筑物轻量化和高层化的需求。

③预制装配可以很容易的保证高强度混凝土的品质。

但是,虽然本工法适用于大型化的预制装配式构件,仍然有必要对构件的制造场所、运输、起重、工期、造价等进行综合策划。

5.4 预制构件拼接关键技术

预制构件的接缝是预制装配式结构区别于普通现浇混凝土框架结构的关键技术,预制装配式构件间的接缝如下所示:

（1）预制柱构件的水平接缝

柱脚部水平连接的情况下，预制柱与楼板上表面通过砂浆和垂直方向上板缝贯通钢筋连接。

柱顶部水平连接的情况下，预制柱与梁交叉部分使用混凝土浇筑成为一个整体。

（2）预制剪力墙体的水平接缝

剪力墙墙体脚部的水平接缝，通过楼板上的垫层砂浆和垂直方向上板缝贯通钢筋连接；剪力墙顶部通常与梁和楼板现浇成整体；

但是通常情况下的剪力墙构件与梁做成一个整体预制构件，这样的预制剪力墙构件无接缝问题。

（3）预制梁的水平接缝

预制梁（叠合梁）的接缝通常位于楼板下翼缘附近，通常情况下，梁的下表面到楼板下表面为预制段，梁的接合面做成木铲子挤压程度的粗糙表面。

（4）预制柱与预制剪力墙的垂直接缝

柱与预制剪力墙垂直接缝、墙板间的垂直接缝通常设有键槽，并且需要配合水平方向的钢筋进行连接。

（5）预制梁的垂直接缝

预制梁的垂直接缝一般位于柱表面附近。为了能够传递长期荷载，通常在垂直接缝处设置键槽。

（6）叠合楼板的水平接缝

因为后浇筑混凝土与预制楼板间会产生剪力，因此，一般将叠合楼板表面进行粗糙处理。

采用叠合楼板的预制楼板端部一般需要留缝，然后采用现场浇筑混凝土方式进行连接。

悬挑的全预制楼板与部分预制梁或者与全预制梁端的垂直连接部位处，与预制梁连接部位的连接方式相同，为了防止板上部钢筋脱落，浇筑混凝土时应该特别注意。

5.5 日本与预制装配式相关的人员管理体系

5.5.1 我国人才培养体系存在的主要问题

目前，构件厂和施工工地都是劳务队在施工，人员整体素质差，流动性大，不易管理，几乎没有固定的产业工人，这给生产质量和安装质量造成很大隐患。

另外，对装配式构件生产管理人员和现场的建造师设有装配式建筑有关的职称评定制度和学历考核制度，施工和生产管理人员技术水平参差不齐，数量和质量均有待加强。

5.5.2 产业工人专业化的必要性

装配式建筑的建造过程不同于传统的现浇建筑，其施工现场的施工建造过程如同搭积木一般，当其中的任何一个构件出现误差，都可能造成建筑物的安装质量问题，甚至无法安装等问题，因此，装配式建筑的施工工人和技术人员，就像是工业产品生产线上的技术工人和管理者一样，需要经过高水平的技术和技能培训，经过考核后上岗。因此，从促进装配式建筑健康、长远的发展的角度出发，有必要建立完善的人员管理和考核制度，培养大量专业化的产业工人。

5.5.3 日本装配式建筑相关认证制度简介

1989 年之前，日本预制钢筋混凝土结构建筑物使用的柱、梁、墙、楼板和屋面板等预制装配式构件的品质认定工作，由都市再生机构、东京都等各事业主体分别执行，1989 年，为了稳定供应具备优良品质的预制装配式构件有必要制定一定的评价标准对产品的质量进行恰当的评价，预制装配式建筑协会发起了自主认证制度“PC 构件品质认证制度”等一系列的认证制度，同时制定了“PC 构件品质认证规程”，由 PC 构件品质认定事业委员会进行审查，而且随着技术的进步，不断推陈出新，如 2005 年制定了《高强度 PC 构件制造标准》，该标准将混凝土的设计强度从之前的 60N/mm^2，提高到适用于 60 ~ 120N/mm^2 的高强度预制装配式构件，为了进一步规范预制装配式构件制造工厂的预制装配式构件的生产管理水平，同时提升技术人员资质和确定技术人员的社会地位，2012 年发起了“PC 构件制造管理技术人员资格认证制度”，之后，经过一定的执行期，实施了“PC 构件品质认证制度”的工厂应当常驻具备“PC 构件制造管理技术者资格认证制度”取得人员的义务。在不断完善的认证制度下，逐渐取得了获得优良品质的建筑物的目的。

1975 年 1 月开始，为了提高焊接施工人员的焊接品质和相应的技术水平，成立了“PC 工法焊接资格认证委员会”，主要进行“焊接管理技术人员”和“焊接技术人员”

的资格认证，即“PC工法焊接技术资格认证制度”。截止到2002年12月为止，该资格认定人数为2828名。“PC工法焊接资格认证委员会”是由日本焊接协会、相关经验人员、行政相关人员等构成，在实施认证的同时，定期举办讲习会、考察等技术活动。

1990年开始设立了“预制装配式住宅顾问资格认证制度”。这是为了提升预制装配式住宅营业担当人员的知识水平，向顾客提供更好的服务而开始的一项制度。截至2002年12月，取得该项资格认证人员累计达到20631人。

对各类中高层混凝土体系的工业化建筑的“PC构件的品质认证制度”等，之前仅由都市基盘整备公团，东京都等各事业主体中个别的企业进行相应的认证。1989年，为了提供具有优良品质的PC构件，需要将评价标准统一化，成立了自主认证的“PC构件品质认证制度”，维护PC构件的性能、品质的同时，也向公共住宅普及。认定对象为，中高层建筑用PC构件制造工厂中，“PC构件品质认证计划委员会”中进行审议、为了使工厂的技术审查更加公正，而委托第三方检测机构进行审查，截至2002年12月，全国共47家工厂取得了这项认证。

1999年修订的《建筑基准法》及《建筑品质保证促进法》相关法律在实施的同时，建筑物的构造安全性及生产、施工相关的品质保证、与之前相比有了大幅度的增加。就现状而言，自2000年，开始了使用PC构件的各种建筑物等的自主审查制度，即“PC结构审查制度”。“PC构造审查委员会”是由具备相关经验人员、行政和设计任务相关的一线工作人员构成，其下部设置“PC构造审查专门委员会”，在审查分委会进行技术讨论业务。到2002年12月，审查完成的项目数量达到了53件。

5.6 可持续发展的行业自律市场规则

5.6.1 我国生产、施工保障制度存在的问题

行业自律市场规则的建立需要相应的制度的建立健全，当相应的制度得到保障时，相关技术人员等有章可循，自律性会有所提升。

当制定了严格的人员和企业管理制度后，相应的人员和企业的社会地位将会被确立，在这种条件下，违法或违规成本增加，利益相关人员在考虑长期利益时，会重视对产品质量的把控，自律来源于体制，拥有建立健全的体制，会逐步形成自律机制。

建议在考察相关国家的成功经验的基础上，结合我国国情和行业特点，逐步完善相关体制的建立，为预制装配式构件施工企业和生产管理人员确立社会地位，是保证可持续发展的行业自律市场规则体系的必要条件。

5.6.2 PC 构件的品质认证制度

该制度是最早发起的一项与装配式建筑相关的制度，至今为止已经有 30 年的历史，期间经过不断完善，已经能够达到全面指导装配式建筑施工建造的目的。

（1）概要

为了保证建筑用预制构件具备合理的品质，在相关政府职能部门的指导下，预制装配式建筑协会从 1989 年起，制定了“PC 构件的品质认证制度”。

（2）目的

对预制构件进行品质认证后，可以确保其具有合理的品质。

（3）认证对象

属于协会中高层部会的 PC 构件制造工厂，或者与其具备相同或以上品质的经确认的 PC 构件制造工厂，原则上需要有 1 年以上生产业绩的固定工厂作为 PC 构件品质认证对象，但是，当申请人提出特殊申请时，对于得到认证的固定工厂管理下的移动工厂也可以作为认证对象。

（4）认证申请

受认证的人员需要向装配式协会会长提出记载了必要事项的申请书及必要的文件。当为移动工厂时，需要向“PC 构件品质认证事业委员会”的委员长提出申请。

（5）认证

会长在接到认证申请后，根据另外制作的 PC 构件品质认证基准，对其品质进行认证。

PC 构件的品质调查由第三方的审查机构 -（财）美好生活来执行。（财）美好生活将调查结果汇报给会长。

会长在认定过程中，在公共住宅建设事业者等联络协议会上进行汇报的同时也进行公示。并且，对于移动工厂，根据另外一个实施纲要，PC 构件品质认证事业委员会对其结果进行审查，其结果以带有事业委员长署名的报告的形式进行汇报。

（6）预制装配式构件品质认证基准

综合评价得分率在 80% 以上的情况下，被认为是合格的。但是，4 大项中任何一项（品质管理、制造设备、资材管理、制造管理）未达到 60%，或者重要项目为 [不可] 的情况下，都为不合格。

认证流程如图 48 所示。

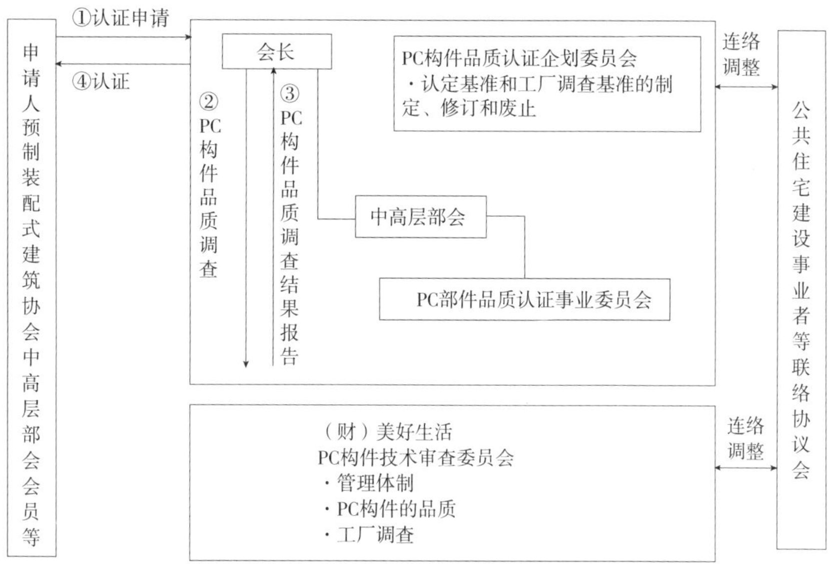

图 48　预制装配式构件品质认定流程

5.7　生产与施工环节的质量控制关键指标

5.7.1　质量问题

在生产、施工环节可能出现的质量问题如下：

（1）预制构件存在裂缝、麻面、缺棱掉角等外观缺陷；

（2）预制构件高宽等尺寸存在偏差，内外表面平整度较差等影响结构性能或使用功能；

（3）预制构件中钢筋套筒灌浆连接等因预留钢筋和孔洞不准确，导致安装困难；

（4）预制构件的预埋件等位置不准确，导致安装时直接在预制墙板上打孔，影响结构性能。

我国预制装配式构件的质量控制不到位，或者质量要求高于目前的施工技术条件下的最高标准，解决这个问题需要给出科学、合理的质量标准，借鉴日本的 PC 建筑物的质量控制关键指标，指导工程施工，提升工程质量是本节的主要内容。

5.7.2　日本预制装配式建筑基本性能指标

1）结构安全等级要求

《建筑基准法》规定了与建筑物的安全性能相关的指标和要求（必须遵守的下限）。在《建筑基准法》中，设定了以下与结构安全相关的性能。

（1）在建筑物存在期间，遭受 1 次以上的可能性较高的积雪、暴风、地震等作用，建筑物不损伤；

（2）对于罕遇的大规模积雪和暴风，建筑物不发生倒塌和崩溃；

（3）对于罕遇地震，建筑物的地上部分不发生倒塌和崩溃。

上述的性能要求为基本要求。以这些性能要求为基础，根据业主（建设单位）的需求，设定建筑物的性能要求。

2）抗风等级要求

抗风等级（防止建筑物主体结构的倒塌和损伤）

等级 1：非常罕遇暴风产生的荷载作用下不发生倒塌和崩裂，罕遇暴风荷载作用下不发生损伤。

等级 2：非常罕遇暴风产生的水平荷载的 1.2 倍荷载作用条件下不发生倒塌和崩裂，罕遇发生的暴风的 1.2 倍荷载作用下不发生损伤。

注：

（1）非常罕见发生的暴风荷载

非常罕见发生的暴风荷载，与《建筑基准法》实施令第 87 条规定的暴风荷载的 1.6 倍荷载相当，是 500 年一遇的大的暴风产生的荷载。如东京郊外住宅用地，高度 10m 位置处的平均风速约为 35m/s，最大瞬时风速相当于 50m/s 的暴风。

（2）罕遇发生的暴风荷载

罕遇发生的暴风产生的荷载是指，与《建筑基准法》实施令第 87 条规定的暴风产生的荷载相当，意味着 50 年一遇的暴风。例如。东京郊外的住宅用地的情况下，高度为 10m 的位置平均风速约为 30m/s，最大瞬时风速相当于约为 45m/s 的暴风。

3）雪荷载等级要求

耐雪等级（防止建筑主体的倒塌等及防止损伤）

等级 1 非常罕遇发生的积雪产生的荷载作用下不发生倒塌、崩裂，罕遇发生的积雪产生的荷载作用下不发生损伤。

等级 2 非常罕遇发生的积雪产生的荷载的 1.2 倍的荷载作用的情况下不发生倒塌、崩裂，罕遇发生的积雪产生的荷载的 1.2 倍的荷载作用下不发生损伤。

注：

（1）非常罕遇的积雪荷载

非常罕见发生的积雪产生的外荷载，与《建筑基准法》实施令的第 86 条规定的荷载的 1.4 倍荷载相当，意味着 500 年一遇的大雪，例如，新泻县丝鱼川市，相当于积雪深度为 2.0m 的雪荷载。

（2）罕遇发生的积雪荷载

罕遇发生的积雪产生的外荷载，与《建筑基准法》实施令第 86 条规定的积雪荷载相当，意味着 50 年一遇的大雪。例如，新泻县丝鱼川市的情况下，相当于积雪深度为 1.4m。

4）耐久性要求

建筑物根据使用年限，分为以下 3 个级别：

标准（设计使用年限为 65 年）

长期（设计使用年限为 100 年）

超长期（设计使用年限为 200 年）

标准的级别是指，建筑物不经过大规模的修缮及维修管理的条件下建筑物的主体结构性能可以维持 65 年，其他同理。表 30 住宅性能表示制度中与耐久性相关的等级基准。

住宅性能表示制度中与耐久性相关的等级基准　　表 30

性能项目	等级基准
劣化对策等级（构造主体等）	等级 3：通常假定的自然条件及采用必要的维持管理条件下可一直使用 3 代（约为 75 ~ 90 年） 等级 2：通常假定的自然条件及采用必要的维持管理条件下可一直使用 2 代（约为 50 ~ 60 年） 等级 1：采用《建筑基准法》规定的对策。 注： 1）通常假定的自然条件和维持管理条件下 通常假定的自然条件是指，不发生异常的天气状况，假定维持一般年份的自然条件的情况。 通常假定的维持管理条件是指，假定作为评价对象的材料没有产生明显的劣化，没有产生预想的不良条件，假定进行了日常的清扫和检查，简单的维修，对于钢筋混凝土住宅，当外墙发生轻微的开裂的情况下，假定进行了维修。 2）必要的对策 劣化的主要原因是，混凝土的中性化和寒冷地区混凝土的冻融问题。 降低混凝土中性化的对策为，增大混凝土保护层厚度，使用水灰比小的混凝土（强度较大的），在混凝土外使用外装饰材料，保护混凝土，通过这些对策的组合，来确定对策的程度

5）耐火性要求

主体结构的耐火性能由《建筑基准法》实施令确定。

为了保证结构的耐火性能，构件的最小直径和最小混凝土保护层厚度由《建筑基准法》实施令确定。

表 31 为墙体、柱、楼板等在火灾发生时的应该保证非损伤维持时间。

《建筑基准法》施行令第 107 条摘要　　表 31

建筑物层数 建筑物的结构构件		最上层及最上层开始计算 2 ~ 4 层范围内的楼层	最上层开始计算第 5 层到 14 层范围内的楼层	最上层开始计算第 15 层以上的楼层
墙体	内隔墙（仅限承重墙）	1	2	2
	外墙（仅限承重墙）	1	2	2
柱	1	2	3	
楼板	1	2	2	
梁	1	2	3	
屋面	0.5			
楼梯	0.5			

一般情况下，预制装配钢筋混凝土建筑物为耐火建筑物，住宅性能表示制度中的耐火等级为 4 级（可能受火灾影响的部分（开口部分除外）），即防火隔热时间相当于 60min。

主体结构的耐火性能由《建筑基准法》及实施令确定。

为了保证结构的耐火性能，构件的最小直径和最小混凝土保护层厚度由《建筑基准法》施行令第 107 条确定，如表 32 所示。

墙体、柱、楼板等在火灾发生时应该保证的非损伤维持时间　　表 32

建筑构件	结构	覆盖材料	最小直径或厚度 B（cm）（小时）				保护层厚度 t（cm）（小时）				备注
			0.5	1	2	3	0.5	1	2	3	
墙体	钢筋混凝土结构	混凝土		7	10			3	3		t：非受力墙体的厚度在 2cm 以上
	钢骨钢筋混凝土结构										
	钢骨混凝土			7	10			N	3		
柱	钢筋混凝土结构	混凝土		N	25	25		3	3	3	
	钢骨钢筋混凝土结构										
	钢骨混凝土			N	40	40		3	5	6	
楼板	钢筋混凝土结构	混凝土		7	10			2	2		
	钢骨钢筋混凝土结构										
梁	钢筋混凝土结构	混凝土		N	N	N		3	3	3	
	钢骨钢筋混凝土结构										
	钢骨混凝土		N	N	N		3	5	6		
屋面	具备 30min 耐火性能的屋面应该具备以下条款中的任意一项 一、钢筋混凝土结构或钢骨钢筋混凝土结构； 二、钢筋加强混凝土砌块、砖，或者石材； 三、钢筋网混凝土，或者钢筋网砂浆进行封檐，或者直接采用钢筋网混凝土，或者钢筋网砂浆； 四、如果为钢筋混凝土板应该在 4cm 以上； 五、高温、高压蒸汽养生轻量气泡混凝土板										
楼梯	30min 耐火性能的楼梯应该具备以下的性能 一、钢筋混凝土结构或者钢骨钢筋混凝土结构； 二、无筋混凝土结构、黏土砖、石结构或者混凝土块结构； 三、钢筋加强黏土砖、石结构，或者混凝土块结构； 四、钢结构										
注	（1）在最小直径、厚度 B，被覆盖的厚度 t 一栏里的 0.5、1、2、3 分别表示耐火时间为 0.5 ~ 3h； （2）t 是指覆盖层厚度、涂层厚度、覆盖厚度，B 为墙板、楼板的厚度，柱、梁的最小直径； （3）柱、梁的最小直径已经包括了砂浆、石膏等装饰材料的厚度； （4）N 表示尺寸无限制										

一般情况下，预制装配钢筋混凝土建筑物为耐火建筑物，住宅性能表示制度中的耐火等级为 4 级 [可能受火灾影响的部分（开口部分除外）]，也就是说应该具备的防火隔热时间相当于 60min。

6）防水性能要求

混凝土预制构件间的连接部位处必须保证具有足够的防水性能，从设计阶段开始应该避免连接部位的详细构造设计引起混凝土及砂浆填充不良，在设计过程中应当考虑即便开裂集中也能保证构件的防水性能。

为了保证预制装配式构件连接部位的防水性能，连接部位的详细构造、形状和防水材料有相关规定。

7）安装精度

构件及预制构件的组装位置容许偏差，建筑物的精度要求与位置相关，一般情况下，无要求的情况下，容许偏差为 ±20mm。

5.7.3 日本预制构件关键性能指标

1）料单中明确指出了预制构件混凝土强度种类和等级

通过控制设计基准强度和耐久设计基准强度指标对预制装配式构件的关键性能进行控制。表 33 设计基准强度值，表 34 耐久设计基准强度（N/mm^2）。

设计基准强度　　表 33

<table>
<tr><th colspan="2">使用的混凝土的种类</th><th>设计基准强度（N/mm^2）</th></tr>
<tr><td colspan="2">普通硅酸盐混凝土</td><td>21 以上 120 以下</td></tr>
<tr><td rowspan="2">轻质混凝土</td><td>1 种</td><td>21 以上 36 以下</td></tr>
<tr><td>2 种</td><td>21 以上 27 以下</td></tr>
<tr><td>使用普通的环保水泥的混凝土</td><td></td><td>21 以上 36 以下</td></tr>
<tr><td rowspan="2">再生骨料混凝土</td><td>再生骨料 H</td><td>21 以上 36 以下</td></tr>
<tr><td>再生骨料 M</td><td>21 以上 30 以下</td></tr>
</table>

耐久设计基准强度（N/mm^2）　　表 34

<table>
<tr><th colspan="2" rowspan="2">使用的混凝土的种类</th><th colspan="3">设计使用年限的等级</th></tr>
<tr><th>标准</th><th>长期</th><th>超长期</th></tr>
<tr><td colspan="2">普通混凝土</td><td>24</td><td>30</td><td>36</td></tr>
<tr><td rowspan="2">轻量混凝土</td><td>1 种</td><td>24</td><td>30</td><td>—</td></tr>
<tr><td>2 种</td><td>24</td><td></td><td>—</td></tr>
<tr><td colspan="2">使用普通环保水泥的混凝土</td><td>24</td><td>—</td><td>—</td></tr>
<tr><td rowspan="2">再生骨料混凝土</td><td>再生骨料 H</td><td>24</td><td>30</td><td>—</td></tr>
<tr><td>再生骨料 M</td><td>27</td><td>—</td><td>—</td></tr>
</table>

2）预制构件的尺寸偏差和不同安装部位的安装误差

料单中规定应该控制的预制装配式构件项目内容和最低限度的安装误差要求，如表 35、表 36、图 49 所示。

预制构件的尺寸及各种预埋件的安装位置的允许偏差（mm） 表 35

项目	允许误差				
	柱、壁柱	梁	抗震墙体	屋面、楼面	其他
预制构件的长度	±5	±10	±10 （±5）[*1] （±2）[*2]	±5	
预制构件的宽度、高度	±5		—		±5
预制构件的厚度	—		±3		
面内的扭转 面内的曲率 面内的凸凹	5				
构件边缘的弯曲	3		5 （3）[*2]	5	
对角线长度差	5		10 （5）[*1*2]	5	
结合部用金属连接件位置	±3			±5	
结合部钢筋的位置	±5		±10		
结合部钢筋的倾斜度	1/40		—		
预埋件的位置	±3-10				

注：*1 其他构件是指楼梯、非承重墙体、扶手；
*2 预埋件是指其种类及用途的不同容许偏差不同，施工规划书中规定允许偏差值；
*3*1 是指 WPC 工法中的内墙、*2 指 WPC 工法的外墙构件。

SR-PC 工法的钢骨的安装位置的尺寸误差（mm） 表 36

项目		允许偏差
		梁、承载墙体
开孔间距	*a*	±3
梁顶到螺栓孔中心间距	*b*	0-4
预制构件端部到螺栓孔之间的距离	*c*；*f*；*g*	±5
连接用金属件的位置	*d*；*e*；*h*；*I*；*j*	±3
连接用金属件的扭转和曲率		3
弯曲		*a*/1000

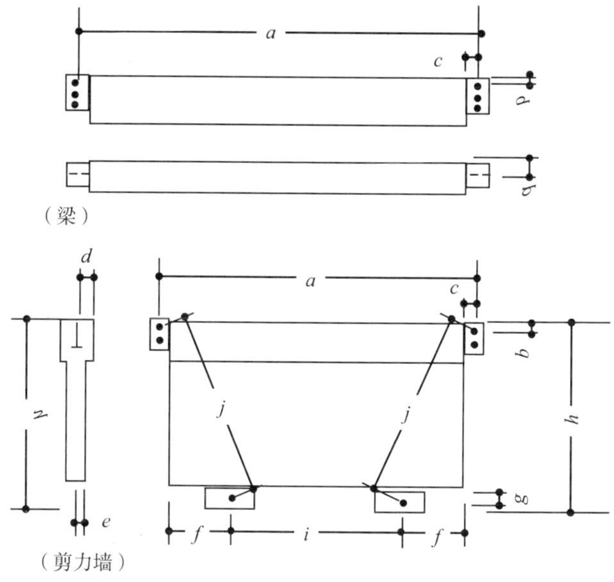

图 49 SR-PC 工法主要参数

3）预制构件保护层厚度

预制构件种类不同，最小的保护层厚度也不同。这里保护层厚度除了考虑了环境影响因素和结构设计使用年限外，还考虑了实际设计和施工过程中构件的制作精度和施工误差。

一般情况下，与现浇工法相比，预制工法生产的预制构件的品质具有以下特征：

（1）预制构件的混凝土的品质更高；

（2）预制构件的现场浇筑方式一般采用比较容易的水平浇筑方式，因为此时更方便振捣；

（3）模板以钢模板为主，此时浇筑混凝土时模板的变形量较小；

（4）对于需要有间隔的部位能够正确的设置间隔，混凝土浇筑时，因为振捣棒的震动而产生的钢筋单元的移动量减小，并且，混凝土浇筑前，很容易测量保护层的厚度。

因此在设计过程中应当考虑施工过程中可能产生的 5mm 的施工误差。

预制构件的最小保护层厚度如表 37、表 38、表 39、图 50 混凝土保护层厚度的实例所示。

预制装配式构件的混凝土最小保护层厚度（mm）　表 37

预制构件的种类		标准 长期		超长期	
		室内	室外 *1	室内	室外
构件	柱、梁、受力墙	30	40	30	40
	楼面板、屋面板	20	30	30	40

续表

预制构件的种类		标准长期		超长期	
		室内	室外 *1	室内	室外
非构件	与受力构件具有相同的耐久性要求的构件	20	30	30	40
	在设计使用年限内需要进行维护的构件	20	30	（20*3）	（30*3）
直接与土壤接触的部分		40（50*2）			

注：*1 设计使用年限的级别分为标准和长期，在耐久性方面施行了有效的装修的情况下，户外的最小保护层厚度可以减小 10mm；

*2 轻质混凝土的情况下为 50mm；

*3 设计使用年限的级别为超长期的情况下进行维护管理的构件，要根据维护管理的周期确定。

钢骨混凝土的最小保护层厚度为 50mm。

《建筑基准法》的最小保护层厚度如表 38 所示。

保护层厚度相关的建筑基准法施行令　　表 38

钢筋的混凝土保护层厚度	第 79 条混凝土的钢筋保护层厚度，承重墙以外的墙体或者楼板的情况下，最小保护层厚度为 2cm，承重墙、柱或者梁的混凝土的保护层厚度为 3cm，直接与土壤接触的墙、柱、楼板或者独立基础的向上竖起的部分为 4cm 以上，基础（基础梁向上竖起部分除外），除了混凝土垫层部分除外，混凝土保护层厚度必须大于 6cm。 前项的规定是避免受到水、空气、酸或者盐对钢筋进行腐蚀，并且，为了使钢筋和混凝土协同工作，与本项规定的保护层厚度相同的情况下，也能够获得同样的耐久性和强度，使用国土交通大臣确定的构造方法的构件和受到国土交通大臣认定的构件，不适用该规定的要求
钢骨的混凝土保护层厚度	第 79 条的 3 项，钢骨混凝土保护层厚度必须保证 50cm 以上。 前项的规定是为了防止水、空气、酸和盐堆钢骨造成腐蚀，并且，通过钢骨与混凝土有效地协同工作，该项规定的混凝土保护层厚度的情况下，可以获得同等级以上的耐久性和强度。使用了国土交通大臣确定的构造方法的构件和国土交通大臣认定的构件的情况下，不适用本规定的要求

国土交通省告示第 1372 号的最小保护层厚度的折减如表 39 所示。

国土交通省告示第 1372 号　　表 39

部位或构件		混凝土保护层厚度
隔墙（承重墙体除外）		1cm 以上
开裂荷载对应的构造计算的安全性的确认	承重墙、柱或者梁	2cm 以上
	直接与土接触的墙体、柱、楼板或者梁或者独立基础的向上伸出部分	3cm 以上
	基础（独立基础向上伸出的部分除外） 预制钢骨钢筋混凝土构件的钢骨部分	4cm 以上

三层以下建筑物使用的结构构件，混凝土的设计基准强度为 30N/mm^2 以上，

单位普通硅酸盐水泥用量为 300kg/m^3 以上，并且无对耐久性产生影响的开裂及损伤时，保护层厚度可以采用如表 39 所示降低值。

实际设计和施工过程中，有必要考虑构件的制作精度和施工误差来设定最小混凝土保护层厚度的设计值。各部位的混凝土保护层厚度如图 50 所示。

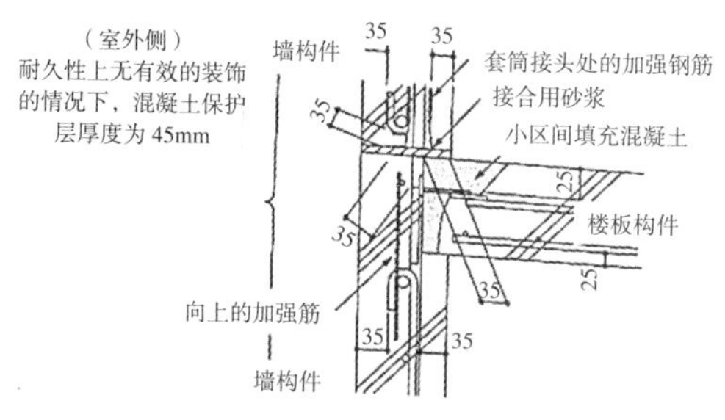

（a）外墙与楼板构件（剪力墙）

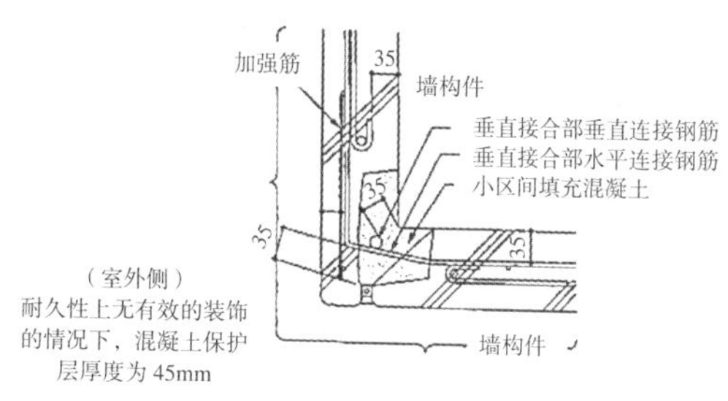

（b）转角墙构件（剪力墙）

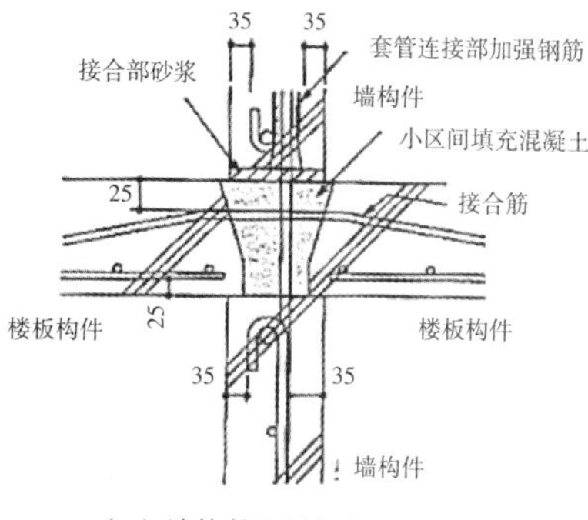

（c）墙构件和楼板构件

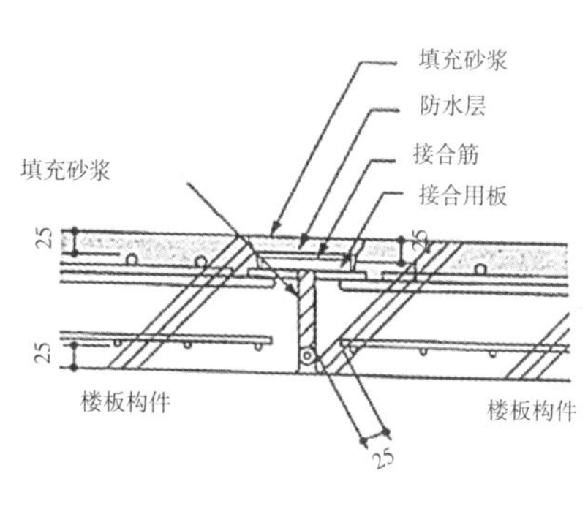

（d）楼板构件

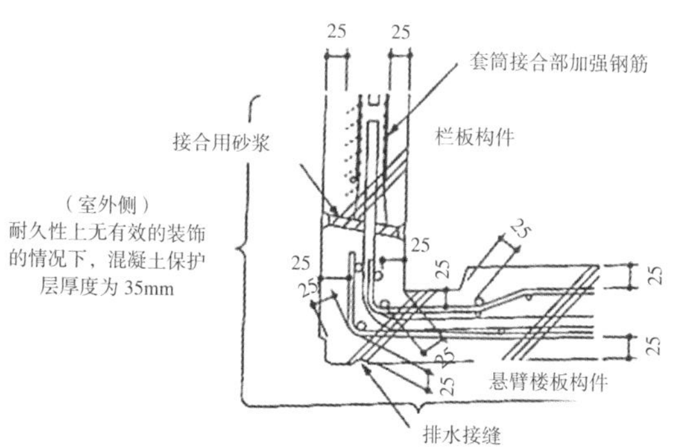

（e）扶手墙构件及悬臂楼板部件

图 50 混凝土保护层厚度的实例

5.7.4 预制装配式构件连接部位的性能和品质

1）连接部位处混凝土强度等级

当混凝土粗骨料的最大直径为 20mm 时，连接部位缝宽应当在 10cm 以上。

连接部位采用普通混凝土，水灰比为 55% 以下。

2）小空间混凝土强度

小空间填充混凝土的塌落度原则上应为 21cm 以下；

小空间填充混凝土的水灰比原则上为 55% 以下，单位水量为 185kg/m^3，单位水泥量为 330kg/m^3 以上，粗骨料最大直径为 15cm 以下，并且推荐采用 10cm 以下的圆砾。

预制墙构件间产生的剪应力等通过小空间填充混凝土相互传递，因此，小空间填充混凝土的强度应该与预制构件等强度或更高。

3）连接部位处砂浆

（1）垫层砂浆

预制构件的水平连接部位处垫层砂浆不仅支撑墙体构件的竖向荷载，在地震作用下，也传递压力和剪力，因此，在承载力方面起到重要作用。

为了获得垫层砂浆的保水性能、保形性能，在施工现场混入以甲基纤维素为主要成分的特殊混合物（也称为增稠剂）。

垫层砂浆的施工软度应该在 180 ~ 220mm，垫层砂浆施工图如图 51 所示。

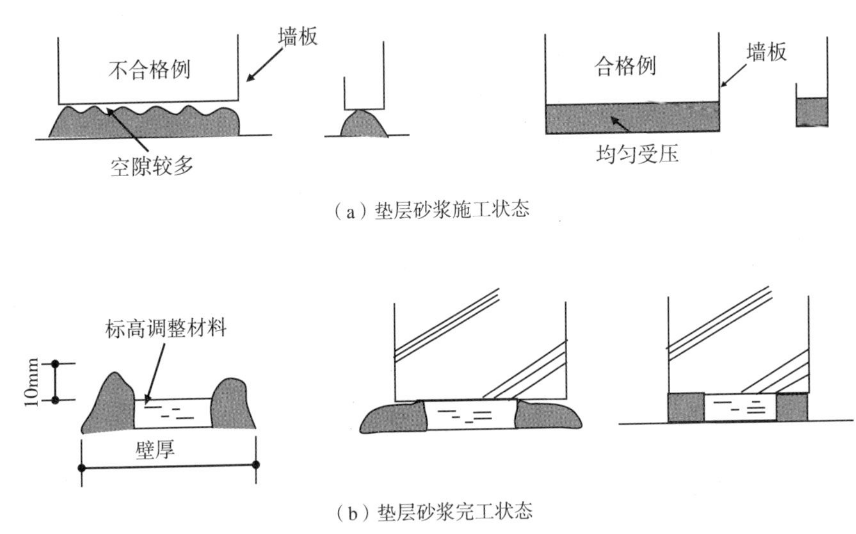

（a）垫层砂浆施工状态

（b）垫层砂浆完工状态

图 51　垫层砂浆施工示意图

（2）填充砂浆

填充砂浆的施工软度为 150mm ± 10mm 左右，砂灰比为 2.5 ~ 3，水灰比为 60% ~ 65%。

4）灌浆料

（1）板缝灌浆料

应该保证接缝处灌浆料的体积收缩率小，并且对钢筋的影响较小。在柱构件的接缝处灌注灌浆料时，通过在柱脚接缝处灌注灌浆料，使得上下预制构件一体化，可以使上部预制构件产生的竖向荷载向下部构件传递，并且对于连接部位处使用的钢筋，应该保证其不受外界空气、水或者其他腐蚀物质的侵蚀作用，并且在火灾发生时，起到保护层的作用，具备一定的抗火性能，另外，灌浆料不应当含有腐蚀性物质。

一般的预制柱构件，为了连接钢筋而在柱脚部位使用钢筋套筒，柱脚接缝处灌注灌浆料。本项中，在接缝等部位灌注灌浆料的同时，实际上是套筒和灌浆料同时注入，日本平成 12 年（2000 年）建设省告示第 1463 号文件（钢筋连接构造方法确定事项）中规定了相适应的灌浆套筒连接工法。在接缝处灌注灌浆料时，为了防止灌浆料留出或因为空气残留而出现未填充的部位，应控制施工软度。因此，在施工前一定注意保证合理的黏性和注入作业过程中的流动性。

（2）施工注意事项：

①可以采用电动泵灌注。

②在制定施工规划过程中，除了压入口之外，对于空气排出口也需要进行合理的规划，使用的灌浆料应该保证具备一定的施工软度。当同时注入灌浆套筒内的灌浆料和柱接缝的灌浆料时，在柱脚的水平接缝处使用砂浆等防止灌浆料流出，一般情况下在灌浆料注入前一天制作 2 ~ 3cm 的砂浆框，并且，最近可以采用柱梁连接部位作为整体预制构件的方法，之后在与下层柱的水平接缝处注入灌浆料，预制梁柱构件处设置灌浆料的注入口，从注入口使用压入法注入砂浆。无论哪一种情况，注入后的重新调整相当困难，因此需要充分注意。

③避免异物进入小空间中，在浇注混凝土前应当进行清扫，而且在浇筑前应进行洒水作业。

（3）钢筋接头用灌浆料

钢筋套筒连接方法是指在套筒内浇筑灌浆料的一种方法。

①体积收缩小，对接头部位无不良影响；

②灌浆料应该具备可信赖的性能资料，和钢筋接头一起得到监理工程师的认可；

③钢筋接头的施工软度应该保证填充密实；

④钢筋接头与接缝的灌浆材料同时施工时，应该提供可信任的密实填充试验资料，并得到监理工程师的认可。

5.7.5 现场浇筑混凝土保护层厚度指标

预制装配式工法构件间的连接部位采用现场浇筑混凝土的施工方式，对于后浇筑混凝土的保护层厚度如图 52 所示，对于梁、柱受力构件，混凝土的保护层厚度为 35mm，对于预制墙受力构件混凝土保护层厚度为 35mm，对于楼板混凝土保护层厚度为 25mm，对于预制墙构件混凝土保护层厚度为 35mm，对于室外柱和墙体，当未进行较好的耐久性处理时，混凝土的保护层厚度应为 45mm。

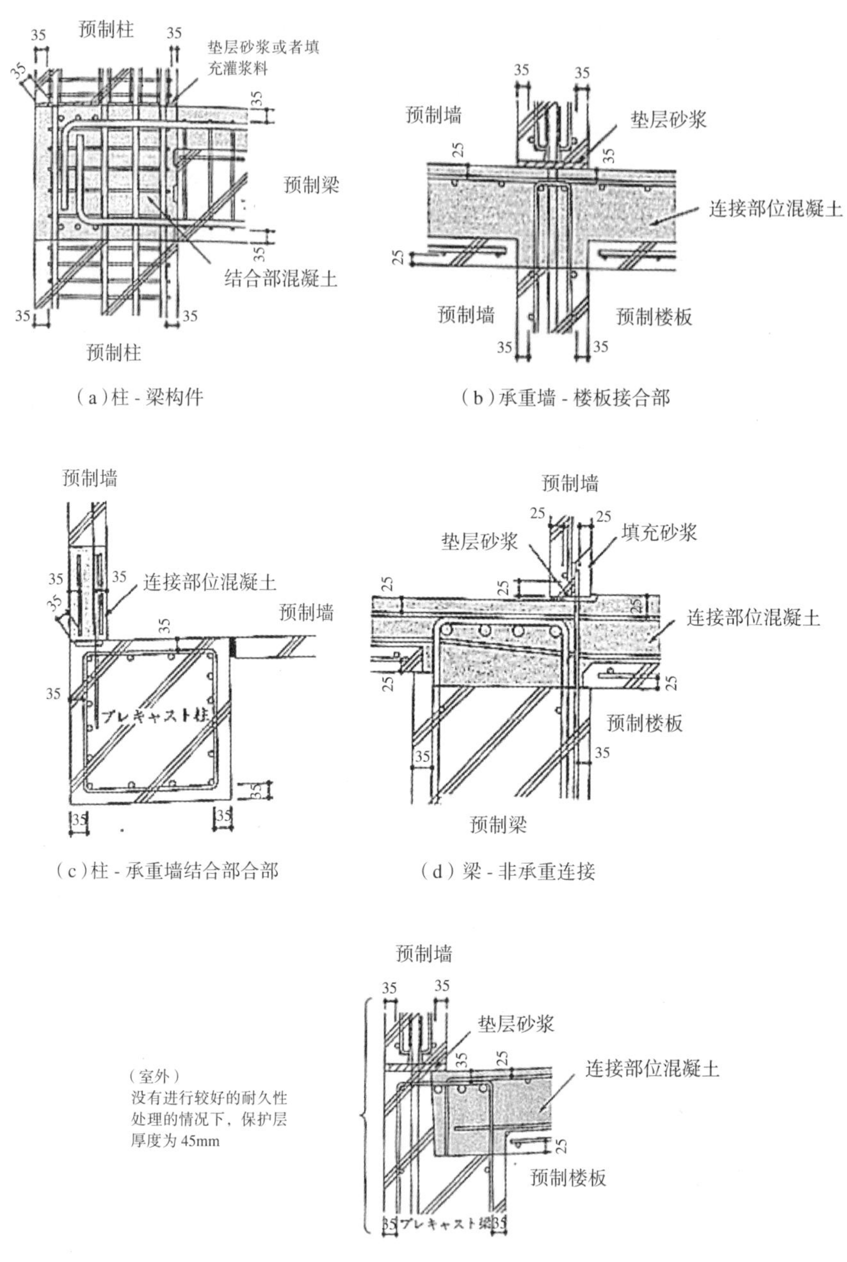

图 52　现场浇筑混凝土的保护层厚度

5.8　预制构件验收标准不明确

5.8.1　预制装配式构件属性不明确

目前，我国对预制构件的验收标准不够明确，引起了以下问题：

（1）对预制构件的生产过程控制与验收要求不够明确；

（2）预制构件结构性能检验规定不清晰，是否需要做检验及何时做检验的问题存在分歧；

（3）缺少针对新技术、新工艺的技术要求；

（4）装配式结构工程验收地位不明确，既可能是分项工程，也可能是子分部工程。

这些问题产生的主要原因是在建筑工程中，仍然把预制构件视为完全的中间产品，对建筑设计中所要求的各部位隔声量、传热系数、有害气体挥发量、放射性等各项物理、化学指标要求没有列入构件设计、生产及验收标准中，属于缺失状态。而事实上，除连接部位外，预制构件基本属于建筑成品，这些指标的缺失将直接影响建筑项目的验收和建成效果。

日本从多个方面对预制装配构件质量进行控制，体系完善，可为我国制定相关技术标准提供参考。

5.8.2　JIS 中与预制装配式建筑制品有关的技术标准

JIS 工业规格中将预制构件作为产品，并对其种类、要求性能、实验方法、制造方法、检查方法进行了规定，这点与我国不同，借助工业标准化，可以实现在任意布置的情况下，对于多样化、复杂化、无序化的“事物”或“事项”，从保证经济和社会活动的便利性（相容性）；提高生产的效率（通过削减产品数量达到大规模生产的目的等）；保证社会公正性（保证消费者的利益，交易简单化等）；促进技术进步（新知识创造及支持新技术的开发、普及等）；保证消费者的安全和健康及保护环境等目的，从而更能够更好地对预制装配式构件进行验收。但是值得注意的是，预制构件在日本《建筑基准法》中不被定义为指定材料，详见本书第 5.9.2 节。

5.9　施工和生产阶段品质保证检查制度

5.9.1　日本预制构件施工过程检查制度

预制装配式工法是积极地使构件工业化及主体结构系统化的工法，因此，与一般制造业的品质管理方法相适应。也就是，从构件的制造开始，对出厂、搬运、组装及连接各个阶段实施品质管理。

1）施工阶段制作施工品质管理表（QC 工程表、QC 工程图）。品质管理表在制作过程中应注意以下事项：

（1）施工作业流程：明确表示作业过程及流程；

（2）管理项目：对于目标的品质有直接影响的原因；

（3）管理水准：设定具体的管理值及判断基准；

（4）监理人和管理人：监理和管理的分担明确化；

（5）制作管理资料、记录：制作实施记录和管理单。

施工品质管理表是指用于品质管理的计划表，如果按照此计划表进行施工，对于检查不合格的项目进行修正和改善处理。实施品质管理时，包括直接施工人员在内的所有人都必须对设置的检查点和管理目标及最终目标彻底周知，因为与避免频繁出现返工和错误相比，向优良的水准方向下功夫及促进改善更加重要。

2）品质管理规划过程中，对以下事项进行立案：

（1）工厂的选择和订货方法；

（2）使用材料的选择和品质管理；

（3）构件的制造和搬运管理；

（4）构件的进场检查；

（5）构件的组装和连接部位的检查及管理；

（6）结构的完工检查；

（7）品质管理组织中，一般由以下的品质管理责任人构成；

（8）工程施工从业人员的品质管理责任人，构件制造人员的品质管理责任人。

图 53 为预制装配式混凝土工程的品质管理组织图，由施工人员，编制与工程相关人员的品质管理相关的组织，其责任人作为品质管理责任人；品质管理责任人进行品质管理计划的立案和实施工作，在建立品质管理计划档案前，要充分把握设计图纸和施工计划，之后将立案的品质管理计划做成“品质管理计划书”，之后向相关人员颁发“品质管理计划书”，使得每一个相关人员周知该项目。

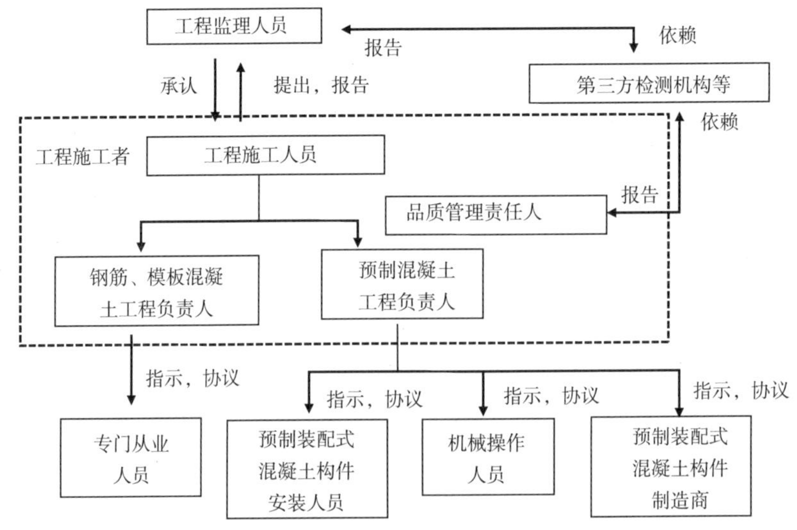

图 53　预制装配式混凝土工程的品质管理组织示意图

5.9.2　PC 构件品质认证制度

施工单位在选择预制构件生产企业时，优先选用通过了预制装配式协会“PC 构件品质认证制度”要求的企业，预制装配式协会在进行“PC 构件品质认证制度”审查过程中的审查标准如表 40 ~表 43 所示。

品质管理审查标准　　表 40

项目	要点	备注
1-1 经营者的责任		
品质方针和品质目标	制定品质方针和品质目标	—
告知品质方针和品质目标	使用看板或会议等形式告知从业人员或者相关人员	—
与总公司机构间的关系（总公司和管辖工厂之间的关系）	明确工厂在社内的角色（明确的移动式工厂的角色）	组织图（系统图）
工厂组织	为了使业务顺利开展而制定的组织规划	组织图（系统图）
职务分管	由企业标准等（品质计划书等）明确职务分管情况	品质管理责任人
责任和权限	由企业标准等（品质计划书等）明确责任和权限情况	品质管理责任人
品质管理责任人	质量部门的责任人选定为品质管理责任人	
业务机能(移动工厂及工程场所的划分)	明确各业务机能	
会议	明确会议目的和地位	
有资格人员	要求具有资格的人员要常驻（一级建筑士、1 级施工管理技士、混凝土技士中的任意一个）	
1-2 品质体系		
品质规划书、施工要领书等	每一项工程均制作品质规划书，对 PC 构件的制作进行管理。品质规划书中应该包含顾客需求的所有事项	
企业标准等的完善（品质计划书等的完善）	企业标准等的采纳、图书管理、材料、部品、制品、设备、制造、模板、制品检查、储存、出库、投诉处理的社内规定（图书管理、材料、部品、制品、维修、制造、模板、制品检查、储存、出库、投诉意见的处理的规格、确定规准及设备一览表）	
与制造相关的标准等内容（与混凝土相关的标准等的内容）	混凝土配合比、试验、加热养护、维修的标准及确定施工作业标准。明确管理区分，确定应该进行管理的标准等（试验检查基准、判断基准、养生标准等）	
企业标准等的制定、修改、废止	按照制定、改革、废弃的相关规定进行，并明确其结果，明确品质计划书等的制定、改定过程，并进行记录	
1-3 文书及数据的管理		
文书及数据的管理基准	明确应当进行管理的文书及数据	
PC 板图及相关仕样书	根据最新版进行管理	
文书和数据的管理	对文书及数据进行恰当的管理	
1-4 购买		
外协人员表格	制作外协人员表格	
外协人员资格	外协人员具备资格表	

续表

项目	要点	备注
1-5 交付商品管理		
交付商品的入场检查	进行交付商品的进场检查	
交付商品的管理场所	指定交付商品的管理场所	
1-6 制品的识别及可追溯性		
混凝土的可追溯性	制造指示书及 PC 板名，确认和记录车间记录（混凝土的交货表）	
1-7 工程管理		
生产计划	制作年度、每月（期间）的日报	
工程调整	根据上诉的管理表进行恰当的工程调整	
1-8 试验、检验		
浇筑前的检查	浇筑前进行检查，判断其是否合格	
制品检查	对制品进行检查，判断其是否合格	
不合格品（制品）管理		
不合格品的报告流程	明确责任担当人和流程	
1-10 是否处理和预防处理		
不当发生时的措施	应急处置、对策、依据是否处置的规定的实施情况	
不当发生时的记录	记录过程和措施	
预防措施	实施预防措施的制造研讨会议	
1-11 品质记录的管理		
品质记录的管理	用一览表的形式进行品质记录的管理	
设备的检查记录	工厂的荷载试验、搅拌、压缩试验机、吊车	主要的法定定期点检
主要材料的检查记录	混凝土、骨料、碱骨料反应、钢筋、接合用金属物	
制造中的半成品（浇筑前检查记录）	模板、配筋检查，预埋件的状态、加热养护、空气量、温度上升状况（热混凝土的情况下），盐化物含量	
混凝土硬化品质	强度、尺寸检查、出场检查	
品质记录的保管期限	确定品质记录的保管期限	
品质记录的保管场所	在恰当的场所进行记录的保管	
内部品质检查		
内部品质检查记录	实施内部品质监察或品质巡检，记录	
1-13 教育、训练（固定工厂）		
教育、训练计划	教育、训练的年度计划	
教育、训练实施记录	以年度计划为基础的教育、训练的实施，记录	
1-14 统计的手法		
统计的手法	利用统计的方法对混凝土的品质进行管理	
1-15 混凝土的配比计划（移动工厂）		
配合比计划 脱模、出厂、建筑方法、保证日强度	通过试验等对混凝土的配合比进行设计，根据所要材龄日的判断基准强度进行恰当的配合比设计	

制造管理　　表 41

项目		要点	备注
2-1-1 原材料的储存设备			
骨料场	隔墙	在结构上应该确实可以防止骨料的混入	
	楼板	在构造上应当使用排水状态较好的材料	
	上屋盖	设置	
混凝土放置场地	制造用放置场地	使用混凝土仓库	
钢筋放置场地	上屋盖（放置场）	设置（分区）	
	楼板	在结构上防止锈蚀、污染	
钢筋加工组装场地	上屋盖（组装场地）	设置	
	楼板	为混凝土结构或可以防止污染的构造	
连接用金属件极设备部品的场地	仓库（放置区域）	在仓库进行保管（功能分区）	
窗框等	仓库、有屋盖（放置区域）	在仓库或者有屋盖的位置处进行保管	
2-1-2 混凝土的制造、搬运、成型设备			
混凝土制造设备	屋面、外墙	应具备耐久性构造	
	计量方法	为重量的计量方法	
	容量、能力	全自动、搅拌原则上应为 1m^3 以上	
搬运设备	搬运方法	从搅拌器排出的混凝土能够不发生离析的情况进行运输的设备	
成型设备	楼板、模板	可以承担混凝土填充、硬化和养生条件	
	上屋盖（场地）	设置（进行安全作业的区域）	可为移动式
	混凝土浇筑设备	配备可以完全承担混凝土浇筑和硬化的设备	
2-1-3 加热养护设备			
养生设备	构造	养生温度均一且蒸汽的泄露较少的结构	
温度控制	控制方法	自动控制。手动控制时应该充分管理数据	
2-1-4PC 构件的脱模设备			
脱模用的吊车	能力	应该设置起吊能力在 5t 以上的吊车至少 1 台	
2-1-5 试验、检查设备			
试验室	施设	应该为专用房间，设置养生水槽和温度调整装置	
PC 构件检查	台架构造	进行恰当的检查、且考虑了安全性的形状	
	面积	保证对检查作业无影响的大小	
PC 构件修理厂	面积	保证维修作业的大小	
	材料的保管场地	确保设备的保管场地	
混凝土的试验工具	试验工具	塌落度筒、风速表，模具、压缩试验机器、强度仪等	
骨料试验器具	试验器具	各种骨料试验器具	
其他的试验器具	试验器具	钢尺等设备	

续表

项目		要点	备注
2-1-6 装置的性能试验			
车间计量器	动荷载试验	进行试验时的记录。计量误差是指砂浆、水在 1% 以内，骨料、混合剂在 3% 范围内	一次 / 月以上
	静荷载试验	进行外部试验机关的检查、记录。调整范围在动力荷载计量误差的 1/2 以内	1 次 /6 个月以上
搅拌器	性能试验	进行搅拌试验（JIS A 1199）、记录。基准为砂浆单位重量差在 0.8% 以下，单位粗骨料材料差在 5% 以下	1 次 / 年以上
压缩试验机	性能试验	接受外部试验机构的检查，记录	1 次 / 年，以上

资财管理 表 42

项目		要点	备注
2-2-1 砂浆			
品质		依据（JIS R5210）确定制造商的试验报告、并进行保管	1 次 / 月
保管		筒仓附近的排水状态较好、保证防湿性能	
2-2-2 沙砾			
品质	粒度	企业标准等的规定（JASS10 的范围内），确认、记录	1 次 / 月
	干燥密度	企业标准等的规定（2.5 以上）、确认、记录	1 次 / 月
	吸水率	企业标准等的规定（3.0% 以下）、确认、记录	1 次 / 月
	微粒分量试验中损失的量	企业标准等的规定（1.0% 以下）、确认、记录	1 次 / 月
	黏土块量	企业标准等的规定（0.25% 以下）、确认、记录	1 次 / 月
	碱骨料反应	第三方试验机关等的无公害证明书的确认、记录	1 次 /6 个月
入库		与标准的样本相对照进行确认和记录	入库时
保管		根据种类的不同进行区分，在保管过程中避免雨水的混入	
2-2-3 砂			
品质	干燥密度	企业标准等的规定（2.5 以上）、确认、记录	1 次 / 月
	吸水率	企业标准等的规定（3.5% 以下）、确认、记录	1 次 / 月
	微粒分量试验中损失的量	企业标准等的规定（3.0% 以下）、确认、记录	1 次 / 月
	黏土块量	企业标准等的规定（1.0% 以下）、确认、记录	1 次 / 月
	盐化物	企业标准等的规定（0.04% 以下）、确认、记录	1 次 / 年（海沙等：1 次 / 周）
	碱骨料反应	第三方试验机构等的无公害证明书的确认、记录	1 次 /6 个月
	有机不纯物	确认实验溶液的颜色，并记录	1 次 / 年
入库		与标准的样本相对照进行确认和记录	入库时
保管		根据种类的不同进行区分，在保管过程中避免雨水的混入	
2-2-4 碎石			
品质	粒径	企业标准的规定（在 JISA5005 范围内），进行确认，并作记录	1 次 / 月

续表

项目		要点	备注
品质	干燥密度	企业标准等的规定（2.5 以上）、确认、记录	1 次 / 月
	吸水率	企业标准等的规定（3% 以下）、确认、记录	1 次 / 月
	级配率	企业标准等的规定（53% 以下）、确认、记录	1 次 / 月
	微粒分量试验损失量	企业标准等的规定（7% 以下）、确认、记录	1 次 / 月
	安定性	企业标准等的规定（10% 以下）、确认、记录	1 次 / 年
	碱骨料反应性能	第三方实验机构等的无害证明书确认和记录	1 次 /6 个月
入库		与标准的样本相对照进行确认和记录	入库时
保管		根据种类的不同进行区分，在保管过程中避免雨水的混入	
2-2-5 碎砂			
品质	粒度	企业标准等的规定（JIS A 5005 的范围）、确认、记录	1 次 / 月
	绝对干密度	企业标准等的规定（2.5 以上）、确认、记录	1 次 / 月
	吸水率	企业标准等的规定（3% 以下）、确认、记录	1 次 / 月
	级配率	企业标准等的规定（53% 以上）、确认、记录	1 次 / 月
	微粒分量试验损失量	企业标准等的规定（7% 以下）、确认、记录	1 次 / 月
	安定性	企业标准等的规定（10% 以下）、确认、记录	1 次 / 年
	碱骨料反应性能	第三方实验机构等的无害证明书确认和记录	1 次 /6 个月
收货		与样本进行比较确认，并记录	入库时
保管		根据不同的种类进行区分，在保管过程中注意不能混入雨水	
2-2-6 人工轻骨料			
品质		确认制造商的试验报告书，并进行记录	
收货		与样本进行比较确认，并记录	入库时
保管		根据不同的种类进行区分，在保管过程中注意不能混入雨水	应具备散水设施
2-2-7 搅拌用水			
品质		需要确认其满足 JASS10 的规定，并进行记录	
2-2-8 混合材料			
品质		确认制造商的试验成绩书，并进行记录	JIS 规格品
2-2-9 钢筋			
品质		确认制造商的试验成绩书，并进行记录	JIS 规格品
入库检查		材料种类及锈蚀、变形状态的确认、记录	入库时
保管		根据材料的种类的不同进行区分，在保管过程中不能发生锈蚀、污染及变形	
2-2-10 焊接金属网			
品质		制造商的试验检验报告的确认和记录	JIS 规格品
入库		材料种类及锈蚀变形状况确认及记录	入库时
保管		材料种类区分，在保管过程中不能发生锈蚀及污染	

续表

项目	要点	备注
2-2-11 钢结构		
形状和尺寸	制造商的试验检验报告的确认和记录	JIS 规格品
入场检查	锈蚀、污染、变形、破损状态的确认及记录	入库时
保管	材料种类区分，在保管过程中不能发生锈蚀及污染、变形	
2-2-12 连接用金属件（钢材）		
母材的品质	制造商的试验检验报告的确认和记录	JIS 规格品
形状、尺寸、焊接	根据企业标准进行规定，确认制造商的检查表，并记录	分别取用
入库	锈蚀、污染、变形、破损状态的确认及记录	入库时
保管	根据种类区分，在保管过程中不能发生锈蚀及污染、变形	
2-2-13 连接用金属件（机械式连接接头）		
品质	制造商的试验检验报告的确认和记录	
入库	锈蚀、变形、破损状态的确认、及记录	入库时
保管	根据种类进行区分，在保管过程中不能发生锈蚀及污染	
2-2-14 其他预埋件		
品质	根据企业标准的品质计划书等进行规定，制造商的检查表确认并记录	
入库	锈蚀、污染、变形、破损状态的确认及记录	入库时
保管	材料种类区分，在保管过程中不能发生锈蚀及污染、变形	

构件制造 表 43

项目	要点	备注
2-3-1 混凝土		
坍落度	企业标准或者品质规划书等的规定，进行确认和记录 盐化物总量：单位砂浆最多时进行配合比时，海沙的情况下为每次进行配合比时 硬化温度：60℃以下	1 次 / 日
空气量		
盐化物总量		
硬化温度（加热的情况下）		
脱模时的强度		
保证日强度	在判定的基准强度以上确认、记录	1 次 / 日
2-3-2 加热养护		
温度上升下降的斜率	企业标准或者品质规划书的规定，确认记录	
最高温度、持续时间		
2-3-3 楼板		
检查	在企业标准和品质计划书中规定了扭转、面的凸凹等容许偏差值的规定，依据账单进行确认、记录	抽查

续表

项目	要点	备注
2-3-4 模板		
尺寸检查	企业标准或者品质管理计划书中规定了边长、厚度、对角线长度差等容许偏差值	抽查
目测检查	社内规格或品质规划书等组装状态的检查项目的规定，在指定的表格上进行确认和记录	全书
2-3-5 剥离剂		
品质	确认制造商的试验报告单，并记录	入库时
2-3-6 配筋		
配筋状态	依据 PC 构件制作图，确认种类、钢筋、数量、加强状态及结束状态等在指定的账单上，并记录	全数
保护层厚度	企业标准或品质计划书等的规定，在指定的记录单上确认并记录	全数
2-3-7 连接用金属件		
目测检查	企业标准或品质计划书等的规定，在指定的记录单上确认并记录	全数
2-3-8 预埋件		
目测检查	企业标准或品质计划书等的规定，在指定的记录单上确认并记录	全数
2-3-9 制品		
目测检查	企业标准或品质管理计划书等规定的完工状态、开裂情况、破损、预埋件的安装状态，在指定的记录单上进行确认、记录	全数
尺寸检查	根据企业标准或者品质计划书等对边长、板厚、对角线长度差、接合用金属件的位置等的容许偏差的规定，在指定的记录单上进行确认和记录	抽查
2-3-10 储存		
储藏场所	考虑安全性和排水性能	
方法	应当考虑防止倾倒、破损、污染	
台架	在竖向放置的情况下，为混凝土造或钢造	
2-3-11 维修		
基准	企业标准或者品质规划书等的完工状态、开裂、破损的维修标准	
材料和方法	企业标准或品质规划书等对维修材料及维修方法的规定，及实施情况	
2-3-12 废弃板		
基准	企业标准或者品质规划书等的废弃板材的判断依据及加强方法的规定和实施情况	
放置场地	可以识别的放置场地（明确的识别标准）	
2-3-13 出库		
目测检查	企业标准或者品质规划书中规定的开裂、破损、合格印、板种、制造年月日等的检查事项的规定，在指定的记录单上进行记录	全数

5.10 设计、生产、施工一体化

5.10.1 我国现状

装配式建筑预制构件是产业化装配式建筑项目的组成部分，一个装配式建设项目，其策划、设计、生产、施工都应该是产业化的。处于生产阶段的构件产品，其受到产业链上游设计阶段的制约和影响是巨大的，甚至是决定性的。因此，预制构件的关键技术指标中，应结合产业化的生产方式，对设计阶段提出相应的要求，以保证生产质量和效率。

目前我国装配式建筑设计中出现的新名词为“构件拆分”，所谓的“构件拆分”是将原设计为现浇形式的结构，在满足规范要求条件下，拆分为各个装配式构件。从力学性能和建筑物使用功能方面，这样经构件拆分设计的建筑物完全可以满足要求，但是从产业化角度，由于现浇结构在设计过程中不但未考虑工厂化生产的可行性问题，而且对于施工的可能性方面也考虑不多，因此，拆分后的构件往往出现标准化程度不高，生产、安装不便等情况。

5.10.2 日本产业化设计阶段的保证措施

第二次世界大战结束后，由于住宅数量不足及满足防火要求，日本开始推进 RC 结构体系及开发 PC 工法。最初的 PC 工法是 1949 年由田边平学等通过对 3 层高的“组装钢筋混凝土结构”进行的试验的基础上开发的，该工法由基础、中空柱、桁架梁、墙体等构件组成，整体结构为框架结构，连接部位处采用螺栓连接方式连接，最重的构件仅需要 4 个人就可以搬运。

1）最初的标准设计

1948 年建设的都营高轮公寓是日本最早使用的墙式结构体系的集合住宅。此时，开始尝试开间统一的标准化设计使得设计更加高效化。之后公营住宅均以高轮公寓为样板进行大量的建设，这担负起了满足人口大量流入需要而建设大规模公营住宅需求的任务。

在 PC 工法推进过程中，采用了新技术。首先，推进了中型板住宅开发。1957 年试做了 2 层的房屋，1958 年开发的带肋中型板住宅被住宅公团采纳。1963 年，预制装配式建筑协会接受了建设省的委托任务进行一层和两层的量产公营住宅标准设计。1964 年出版了《带肋的薄壁混凝土中型板（量产公营住宅型）装配混凝土结构设计要领》。

进入高度经济成长期后，3 层以上的中层 RC 结构建筑物的需求逐渐增加，推动了采用大型板的墙式预制钢筋混凝土（W-PC）住宅的开发，预制装配式建筑协会在

1965年受日本住宅公团的委托,设置了W-PC结构开发委员会。1965年开发了4层W-PC结构体系住宅，1967年受建设省和东京都住宅局委托，除绘制了5层共计30户的设计图外，还开发了带有楼梯的户型和一面为走廊（均为4层、5层建筑物）的标准设计图。

目前，对于这种无柱、无梁可提供开阔空间的W-PC结构仍然是中低层集合住宅中普遍采用的结构体系。

2）SPH体系

1970年，建设省（现在的国土交通省）为了使地方公共团体、地方住宅供给公社及公团相关的中层预制装配式住宅的设计系列化和规格统一，确定了“中层预制住宅规格统一纲要”。其主要内容包括“公营、公社、公团的设计系列化，即：①开间和进深方向尺寸；②层高及楼梯间尺寸；③用水的厨房、卫生间尺寸等进行统一的设计，实际上是想通过大量生产的方式降低造价、确保品质的提升，同时达到影响民间企业使用的目的。预制装配式建筑协会设置了SPH（Standard Public Housing）设计委员会，制定了“住宅用中层批量生产设计标准（SPH）”，并得到了广泛的应用。SPH是指5层室内型楼梯式W-PC结构体系住宅，开间方向模数为150mm，进深方向模数为900mm。最小开间为5550mm，进深为7500mm，此时的类型名为A1型，但是，即便是相同类型，阳台的安装方法及开间选取不同时，也属于不同类型。菜单如表44所示。

SPH的尺寸　　表44

	开间方向														
进深方向			5500	5750	5850	6000	6150	6300	6450	6600	6750	6900	7050	7200	7350
	A	7500	A1	A2	A3	A4	A5	A6	A7	A8	A9	A10	A11	A12	A13
	B	8400	B1	B2	B3	B4	B5	B6	B7	B8	B9	B10	B11	B12	B13
	C	9300	C1	C2	C3	C4	C5	C6	C7	C8	C9	C10	C11	C12	C13
			7500	7650	7800	7950	8100	8250	8400	8550	8700	8850	9000	9150	9300
	A	7500	A14	A15	A16	A17	A18	A19	A20	A21	A22	A23	A24	A25	A26
	B	8400	B14	B15	B16	B17	B18	B19	B20	B21	B22	B23	B24	B25	B26
	C	9300	C14	C15	C16	C17	C18	C19	C20	C21	C22	C23	C24	C25	C26

3）高层PC工法

高层PC工法中以WR-PC工法最具代表性。

使用该工法,1988年住宅、都市整备公团首先建造了2栋11层的住宅。之后,住宅、都市整备公团、九段建筑研究所及预制装配式建筑协会三方众多的学术研究人员共同开发研究的新工法，再以大量的实验研究、设计、施工为基础，出版了《墙式框架预制钢筋混凝土结构设计、施工指南》，之后，三方在2000年取得了建设大臣（现国土交通大臣）的一般认证。WR-PC工法于2001年公示，直至现在还在继续使用。

WR-PC工法中的柱为壁柱，为扁平的长方形形状，柱的宽度和柱的高度通常比例为1∶5～1∶2，柱子的宽度与框架梁的宽度一致，户内通常不使用次梁，楼板采用中空复合楼板是这种结构的主要特征；壁式结构，但是柱型和梁型不影响居住空间是这类结构体系的另一特征。

可见，日本装配式建筑发展过程中，随着建筑物高度的增加，逐渐开发出各种适用于住宅的新型结构体系、新工法，但这些工法在开发过程中，一定伴随了新型结构体系的深化设计。

另外，新型结构体系的开发往往聚集了各方力量，也包括了社会团体组织的参与，这样不仅保证了新型结构体系的推广而且增强了社会团体组织的技术能力。

5.10.3 制定装配方案

1）采用预制装配式工法的方案应尽早决定

预制装配方案可以在某项工程的方案设计阶段、初步设计阶段和施图阶段等任意一个时间节点处决定，一般情况下，确定采用预制装配式工法的时间节点越早越好，特别是在方案设计阶段就确定采用预制装配式工法是最为理想的一种状态。

目前，我国确定采用预制装配式工法的方案一般相当于在初步设计阶段决定。

初步设计阶段决定采用预制装配式工法不能改变结构形式，只能以构件为单位进行预制方案修改，所以存在以下几方面的问题：

（1）建筑设计方面无法进行大范围修改；

（2）预制方案讨论时间减少。因为一些需要认定的施工方案对于设计周期的影响较大，在这个阶段确定采用预制装配式工法的情况下，基本不可能开展一些施工方案的认定工作。

（3）建筑设计及结构深化设计中预制装配施工方案的优势削弱，往往会局限于特殊的结构体系，因此有必要同时确定当不采用装配式施工方案时的替代方案。

从目前参观的预制装配式工程看，装配率过低，而造成这一现象的主要原因是，对现浇结构设计图纸的拆分具有局限性，而且拆分后的建筑物经济性较差。

2）施工注意事项

预制装配式混凝土工法是通过将混凝土结构构件进行预制来促进工业化、实现高品质、省力、缩短工期、消减废弃物等目的的施工方法，应充分发挥这些利点进行施工规划和施工品质管理规划。

对于现场浇筑钢筋混凝土结构，可采用一般的施工手续及标准，完工时间节点也与主体结构、装饰装修及设备等工程步骤相配合进行制作，当采用预制装配式混凝土工法时，构成结构的构件需要事先预制装配式构件厂制作，之后在施工现场组装完成。因此，开工前，整个建筑物的整体施工策划应当基本完成。

制定施工计划及品质管理计划前，施工方应当根据设计意图对品质要求与设计人员进行确认，确认现有的施工条件是否能够满足这样的施工品质要求，制定缜密的施工方案。

施工方应当通过设计图纸确认以下事项：

（1）构件的种类、形状、范围、数量及构件的最大重量；

（2）构件的连接部位及连接方法（构件间及构件与现浇混凝土间的连接）；

（3）制作期间必要的附属建材和部品（在构件上预制的石材、瓷砖、窗框、金属物等）；

（4）与装饰装修工程相关的事项（门窗洞口、预埋金属件、最终装饰装修的状态等）；

（5）与设备工程相关事项（设备管线等主体结构贯通的部位、大小、加强方法、预埋件等）。

3）设计人员注意事项

设计人员虽然是在充分讨论的基础上进行的构件形态、组装方法和连接方法等的设计，但在实际施工阶段也可能出现不适合等情况，这种不适合与品质相比，对工期和经济性产生影响的情况较多。特别是构件的连接部位处钢筋数量较多，钢筋虽然在摆放空间内可以容纳，由于构件的建造及组装顺序复杂，实际钢筋工程可能施工困难。

为了使连接部位有效连接，设计人员制作 1/5 ~ 1/10 的详图以表示钢筋位置、保护层厚度，确认构件组装顺序等的施工性能。并且根据需要，进行施工模型实验来讨论其施工性能。

构件组装过程中，支撑方法的稳定性、施工荷载条件下结构构件和已完工工程的安全性等，设计人员应该通过结构计算确认。根据施工方法的不同，检察加强筋、预埋金属物和混凝土初期强度是否满足设计品质和施工品质要求。

5.10.4 部品集成

设计过程中应该从策划阶段开始就结合项目的整体定位，对建筑空间构成、主体结构、围护结构、保温节能、水电管线、装饰装修等各个环节有一系列成熟的解决方案，进行统一的集成式设计。考虑到这一要求的实现有赖于现代化设计方法和工业化生产方式的结合，涉及的专业很多，在我们当前尚未完全转型之前，不应过早地对部品集成度提出过高的要求，但是可以通过相应奖励措施鼓励转型，推动整个行业实现现代化。

5.11 灌浆

5.11.1 我国现状

目前灌浆套筒式连接方法仍然是PC建筑主流的连接方法，实验研究成果表明，这种连接方法在保证施工质量的情况下，能够保证连接部位的力学性能。另外，这种连接方法对于吸收施工误差特别有利，具有焊接、绑扎连接等施工方法不可比拟的优势，但是，仍存在以下几个方面的问题：

（1）目前国内的灌浆料基材都是普硅水泥和快硬硫铝水泥。快硬硫铝水泥对钢筋和灌浆套筒有腐蚀性，必须要求灌浆料厂家提供耐久性试验报告。日本的水泥以普通硅酸盐水泥为主，并且在灌浆料的性能要求中增加了不能对钢筋产生锈蚀的要求。

（2）对于灌浆是否密实的问题，国内尚无非破坏方式的检测方法。这是竖向构件安装时存在的最大隐患。因为墙板的水平灌浆接缝被喻为装配式建筑的生命线，所以检测手段亟须解决。

（3）施工人员技术水平参差不齐。

对于以上问题虽然已经得到了关注，并且采取了一些措施，如北京市、上海市等要求灌浆工持证上岗，灌浆时留有影像资料，存档备查。其他部分地区虽然无持证上岗的要求，但要求留存影像资料。由于混乱的管理方式，仍然存在由于灌浆料的质量问题而出现严重的违章事件。

5.11.2 日本灌浆套筒施工质量保障措施

日本的套筒接头的定义：将连接用钢筋嵌套在钢制的筒状套管内，套管内壁有凸凹与连接用钢筋间灌注无收缩的高强度灌浆料，使套筒与钢筋一体化，通过灌浆料硬化后的粘结力传递钢筋应力，钢筋只要嵌入套筒内，就可以起到传力作用，这种连接方式很容易吸收施工误差，并且这种连接方式不会因为钢筋的伸长或缩短而产生残余应力，是一种预制构件连接时比较合适的钢筋接头连接方式。

这种套筒接头方式与其他连接方式不同，如焊接和高强螺栓连接方式不同，其施工后无法拔出，不能通过拉伸试验、放射性探伤试验或超声波探伤试验等破坏性试验和非破坏性试验进行施工质量检查，因此，在预制构件制作过程中和现场施工前、施工中和施工后的各个阶段都需要对材料和施工过程进行严格检查。预制构件插入套筒内的钢筋，一部分是预制构件制作过程中插入的，另一部分为预制构件连接过程中，从被连接预制构件上伸出的钢筋，这些钢筋一旦组装完成，不易对钢筋插入套筒内的长度进行检测。因此，插入前应该进行长度测量，特别对被连接构件突出的钢筋长度，应该在施工前量测。灌浆料的注入情况也对套筒连接性能有很大影响，在施工过程中必须保证全部的灌浆套筒具备稳定的力学性能。

在施工中，应当依据以下事项进行施工管理和制定品质检查制度：

（1）灌浆材料的管理（材料的品质、进场检查、保管方法）；

（2）灌浆工程使用的器具、器材的检查和管理；

（3）选择具备灌注作业技能的灌浆工程管理者和从业人员；

（4）作业环境（作业条件、灌浆料调配时和填充时的温度设定等）；

（5）灌浆料的调配管理（混合水的品质、水量计量方法、搅拌方法和时间）；

（6）灌浆的品质管理试验（压缩强度、流动性的一致性表示，压缩强度试验用试件的数量、养生方法和判断基准）；

（7）灌浆料注入口和排出口的阻塞和附着物的检查确认；

（8）灌浆料注入施工个数及灌浆作业完工的全部确认检查。

1）板缝灌浆料

应该保证接缝处的灌浆料的体积收缩率小且对钢筋腐蚀性能的影响较小。

在柱构件的接缝处灌注灌浆料时，通过在柱脚接缝处灌注灌浆料，使得上下预制构件一体化，可以使上部预制构件产生的竖向荷载向下部构件传递，并且对于连接部位处使用的钢筋，应该保证其不受外部的空气、水或者其他腐蚀物质的侵蚀作用，并且在火灾发生时，起到保护层的作用，具备一定的抗火性能，另外，灌浆料不应当含有腐蚀性物质。

一般的预制柱构件，在柱脚部位使用钢筋套筒，柱脚接缝处灌注灌浆料。本项中，在接缝部位灌注灌浆料的方法实际是套筒和灌浆料同时注入，日本在2000年建设省告示第1463号（钢筋连接构造方法确定事项）指定了相适应的灌浆套筒连接工法。在接缝处灌注灌浆料过程中，为了防止因灌浆料流出和空气残留而出现未填充的部位，控制施工软度是非常重要的。因此，在施工前一定注意灌浆料应当具备恰当的粘性和注入作业过程中的流动性能。

施工注意事项：

（1）可以采用电动泵进行灌注；

（2）在制订施工计划过程中，除了压入口之外，对于空气排出口也需要进行合理的规划，使用的灌浆料应该保证一定的施工软度。当同时注入灌浆套筒内的灌浆料和柱接缝处灌浆料时，应当注意，在柱脚的水平接缝处防止灌浆料流出，一般情况下灌浆料注入前一天制作2～3cm的砂浆框，采用柱梁连接部位作为预制构件的方法时，与下层柱的水平接缝处注入灌浆料，预制梁柱构件处设置灌浆料注入口，从注入口使用压入的方法注入砂浆。

2）钢筋接头用灌浆料

钢筋的套筒连接方法是指在套筒内灌注灌浆料的一种方法。一般要求：

（1）体积收缩小，对接头部位无不良影响；

（2）灌浆料应该具备可信的性能资料，和钢筋接头一起得到监理工程师的认可；

（3）钢筋接头的施工软度应该保证不发生未填实部分；

（4）钢筋接头与接缝的灌浆材料同时施工时，应该提供可信任的密实填充试验资料，并得到监理工程师的认可。

5.11.3 施工软度

施工软度是日本装配式建筑安装过程中，控制垫层砂浆、填充砂浆和灌浆料等的一个重要指标，施工软度的测量方法非常简单，且不需要复杂的工具，在施工现场非常容易实现，下面从施工软度试验设备制作方法、量测方法等角度介绍日本的适用于装配式建筑施工软度的相关事项。

1）试验工具制作

（1）流动性试验试验筒

流动性试验的试验筒是指公称直径为 100mm 的依据 JIS-K6741（硬质盐化塑料管）确定的硬质塑料管上截取的长度为 75mm 的一段塑料管作为流动筒。

（2）试验台板

台板为依据农林水产省公示的第 850 号（平成 11 年 6 月 21 日）规定，使用厚度为 24mm 的结构用 1 类合成板或者特种合成板材，截取宽度为 600mm × 600mm 的板面，为了使台板上的落下板向上抬起的高度保持一定 100mm，设定了限位装置。限位装置是为了使下落板的抬升高度固定抬升 100mm 的高度而设置的，限位装置是将 20mm 的木方使用木用螺栓和 L 形金属件安装在内高度为 124mm 位置处，制作时一定注意控制误差。

（3）落下板

落下板与台板使用的材质相同，切成的截面尺寸为 450mm × 450mm 的落下台板，在板表面纤维方向两端安装 100mm 左右的把手，因为需要布置在板面的中心位置，应使用油性笔画对角线。

（4）搅拌棒

搅拌棒是指直径为 19mm，长度为 200mm 的圆钢棒，端部应该与侧面相垂直。

（5）注意事项

板材应该无翘曲。因为试验研究结果仅适用于板面可以一直保持水平的情况。另外，施工软度受板材表里使用材料材质的影响，因此，所使用的台板和落下板的材料材质不应发生变化，在合成板的表面沿着纤维方向左右安装把手，把手能够将落下板容易抬起，把手可以采用任何材料，但是应当尽可能使用轻质材料，以减轻其重量。

流动筒应当放置在板的中心位置，用油性笔在板的表面划出中心对角线，给出板材的中心点。

2）试验方法

（1）在台板上表面中心位置放置自由下落的下落板；

（2）在下落台板的表面使用湿抹布擦干净；

（3）在落下板中心位置处放置流动筒；

（4）用手压住流动筒的同时，将一半的砂浆材料灌入筒中，再用突出棒在试验材料表面戳 15 次；

（5）在流动筒内灌入剩余的一半试验材料，再用突出棒在试验材料表面戳 15 次；

（6）使用抹子使试验材料的上表面与流动筒的上端相重合；

（7）拎起落下板的右端把手，板的右端部一旦达到停止位置后，立即松手，使落下板落下；

（8）使用同样的方法对左端的把手进行同样操作；

（9）左右两侧交替共进行 3 次试验，共计 6 次反复试验；

使用游标卡尺，以 mm 为单位测量材料的扩散直径，测量时，首先对与把手平行一侧的材料进行测量，之后再对与其垂直一侧的材料进行测量。

3）结果计算

测得的直径的平均值称为施工软度。

4）注意事项

试验过程中，下落板的表面一定先用水浸湿，因为在干燥状态下，砂浆中的水分会被板材吸收，从而使得接触面砂浆的品质发生变化，无法获得可靠的结果。

将下落板抬起时，不应与限位装置碰撞。

实际试验中进行了下落次数分别为 6 次和 10 次的实验，并对相应的结果进行了比对，发现二者之间无差异，因此，本试验使用了下落 6 次的试验方法。

因为试验材料扩散方式分为横向和纵向两种，且 2 个方向上扩散值不同，因此，必须测量 2 个方向的值，测量工具使用量程 300mm 的游标卡尺即可。施工软度采用纵横向平均值，单位为 mm。

5）垫层砂浆、填充砂浆和灌浆料的施工软度要求。

（1）垫层砂浆：垫层砂浆的施工软度为 180 ~ 220mm 之间；对于垫层砂浆，除了强度要求外，施工性能也是重要的考量指标。但是，在实际应用过程中，大部分都依据经验和现场勘察方法来判断垫层砂浆的施工软度，本施工软度试验方法主要从简单地对施工现场的施工软度进行判断的角度出发制定，使用的仪器设备通常也是容易入手的简单设备或者是可自行加工的简单设备，本试验方法在简单制作方面下了很大的功夫；

（2）填充砂浆施工软度为 150 ± 10mm；

（3）接缝处灌浆料的施工软度应保证填充密实，无未填实部位；钢筋接头处灌浆料的施工软度应该保证不发生未填实部分（钢筋和钢筋连接时）。

5.12 裂缝、挠度控制方法

裂缝主要在构件生产、吊装运输、安装及成品保护等环节中产生，因此，预制构件防裂措施主要是对预制构件的钢筋、混凝土强度、混凝土养护、出模方式和时间、吊装、成品保护等环节分别进行控制。

5.12.1 预制构件模板制作注意事项

（1）预制构件制作过程中，首先制作模板制作图。制作预制构件的模板受混凝土浇筑时振动和加热养护等荷载影响，会发生翘曲和扭转，必须具备适度的强度和刚度。各工厂的经验表明，基模板的设置尺寸比预制构件的尺寸小 1 ~ 2mm 比较适合。

（2）在组装预制构件模板过程中，要充分清扫，不能发生翘曲和扭转，要保证正确的尺寸、轴线及角度。

（3）脱模剂对混凝土的硬化带来不良影响，并且对表面装饰材料的附着性能也有不利影响，另外混凝土表面应没有对混凝土完工性能带来不良影响的气泡。

5.12.2 钢材、钢筋及焊接金属网的加工和预埋件的安装

钢材、钢筋及焊接金属网和预埋件在混凝土浇筑过程中不能移动。否则会因为混凝土保护层不足而引起裂缝。

5.12.3 混凝土浇筑前检查事项

浇筑混凝土前，应对模板的组装状态、配筋状态、预埋件的安装状态等进行检查。检查方法如表 45 所示。

预制构件混凝土浇筑前的检查　　表 45

项目	试验方法	时期、次数	判定基准
模板	目测	全数	1）使用螺栓和卡具等将模板完全固定； 2）清扫和适当涂抹脱模剂
配筋	对照配筋图进行目测检查	全数	1）钢筋直径、根数、间距等是否与配筋图相一致； 2）保护层厚度是否符合要求
金属件或预埋件	对照预制构件制作图进行目测检查	全数	金属件、预埋件的种类、数量等与预制构件制作图相一致，是否已经安装固定

5.12.4 从浇筑到脱模全过程的养护

混凝土从浇筑到脱模全过程，不应受到急剧变化的温度、干燥、振动和外荷载等不良影响。

混凝土在加热养护时，预制构件的制作要领：

1）加热养护前的养护方法

一般情况下，混凝土加热养护前数小时有必要设定前养护期。并且，混凝土没有凝固前进行急速加热养护会产生热变形，该变形会随着前养生时间的增加而变小。因为水的热膨胀系数是水泥硬化物的10倍，因此，为了缩短前养生时间，可以使用热混凝土，研究结果表明，前养护时间的影响与温度上升速率有很大关系，温度上升速率为30～40℃/h时，前养护1h的情况下强度下降最明显。与其相对应的，温度上升速率为10～20℃/h时，基本无影响。并且，当温度上升速率为20℃/h时，前养护时间为3～7h，一般情况下多使用的前养护时间为3h。

2）养生温度上升速率

大多数的研究成果表明，温度上升速度为10～20℃/h是比较推荐的升温速度，升温标准值采用20℃/h较为合适。

3）最高养生温度和持续时间

研究成果表明，使用早强水泥，构件厚度为600mm的预制装配式构件的加热最高温度为40℃时，预制构件内部的温度就会达到70℃，此时，即便不进行加热养护，构件的内部温度也会超过50℃。因此，使用早强水泥的情况下，构件厚度较大的预制构件在制作过程中，可不进行加热养护。但是，即便不进行加热养护，预制构件中心部水泥的水化热引起高温状态，可以提高构件的初期强度，但是由于预制装配式构件表面温度不像中心部温度那么高，对于初期强度的形成促进效果不明显，需要特别注意。

因此，在充分考虑了混凝土的配合比、预制构件的形状、尺寸的基础上，需要在假定了预制构件最高温度的基础上，设定加热养护的最高温度，且一定要谨慎。

4）养生温度下降速率

加热养护结束后，预制构件表面的温度下降速度要比内部温度下降速度快，因此，预制构件表面开始收缩，而内部受到了约束作用而产生拉伸应力，从而开始出现细小的裂纹。这种现象应当引起特别的注意。

5）加热养生终止时防止预制构件急速冷却的措施。

由于外界温度急剧下降可能引起混凝土出现温度裂纹，加热养护的预制构件应当采取避免急速冷却的措施。包括：

（1）加热养护后养护槽盖子仅少量开启，如果盖子是卷帘的情况，最初仅少量卷起；

（2）冬季温差较大的情况下，可以在其上粘贴聚酯薄膜；

（3）脱模和吊装时，强度应达到不产生有害裂纹及破损的要求，可采用适当的吊装工具进行吊装；

（4）脱模后的养生温度为 20 ~ 35℃；

（5）脱模后应该进行湿润养护。

5.12.5 湿润养护

脱模后，预制构件混凝土达到所需要的强度之前需要进行湿润养护；

对于早强、普通和低水化热的水泥进行湿润养护时的压缩强度应该满足表 46 和表 47 的要求。

湿润养护结束后的压缩强度　　表 46

规划的使用期间的级别	压缩强度
标准	10N/mm^2 以上
长期及超长期	15 N/mm^2 以上

湿润养护时间　　表 47

计划使用年限 混凝土的种类	标准	长期及超长期
早强硅酸盐水泥	3d 以上	5d 以上
普通硅酸盐水泥	5d 以上	7d 以上
中水化热或者低水化热水泥 高炉水泥 B 类，粉煤灰混凝土	7d 以上	10d 以上

5.12.6 构件贮存

对于检查合格的预制构件，为了获得出库时应该达到的强度要求而进行养护，为了配合施工安装现场的进度计划，而将预制构件移至贮存场所。在贮存过程中，一般采用水平和垂直的方式放置。垂直方式放置的情况下，为了防止构件倾倒，一定在两端用台架进行支撑，平放的情况下，当构件需要几层叠放时，一定采用特制的木垫块将板材垫起，注意不要偏心。

为了能够顺利出库，需要整理后贮存，并且注意以下事项：

（1）避免发生影响混凝土强度增长的急剧干燥现象；

（2）不发生构件的开裂、破损和有害变形；

（3）不发生构件的泥土污染；

（4）当贮存时间较长的情况下，应对连接金属件进行防锈处理。

5.12.7 构件运输

构件运输过程考虑的重要事项是运输路径、使用车辆、堆载方法等事项。

我国的叠合楼板一般厚度较薄，叠合楼板在运输过程中较容易开裂，出现裂纹，所以，对于构件的运输应该特别注意。

5.13 裂缝控制指标

5.13.1 我国裂缝控制指标

目前，我国对于预制构件裂缝的控制较为严格，甚至有些地区指示不能出现裂缝，有学者指出，这种要求过于严苛，按照《混凝土结构设计规范》GB 50010 的要求，一般现浇混凝土构件允许出现一定的裂缝，对于预制装配式构件，只要裂缝不超过控制值也应该允许其使用，因为在规范允许范围内的裂缝对结构自身的力学性能无影响。

5.13.2 日本裂缝控制指标

1）预制装配式构件发生龟裂、破损的原因分析

（1）脱模时混凝土强度不足；

（2）混凝土加热养护过程中升温和降温速度过快；

（3）脱模时预制构件的温度与外界的温度差过大；

（4）受力纵筋和加强钢筋没有正确配置；

（5）模具的脱模方法不正确；

（6）起吊方法不正确。

2）可修补预制构件实例

图 54 为可修补预制构件的实例。

3）应废弃预制构件实例

应该被废弃处置的构件图例，如图 55 所示。

（1）对于在结构上承受荷载作用的重要墙体、梁构件，沿着预制构件的整个截面处产生了 0.3mm 以上的通长裂纹的情况下；

（2）对于简支的楼面板，沿着与支撑平行的方向，沿预制构件整个截面产生 0.3mm 以上的通长裂纹的情况下。

对于在防水和耐久性方面有害的开裂和破损，通过维修的方式达到恢复原有使用功能的目的。

4）预制构件的开裂和破损维修示例

表 48 为预制构件开裂和破损维修示例。

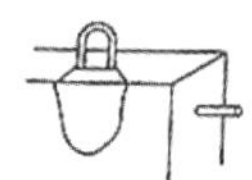

$\omega > 0.3$mm

$\omega \leqslant 0.3$mm，但 $l \geqslant 100$mm

（1）墙上部键槽或连接钢筋周围

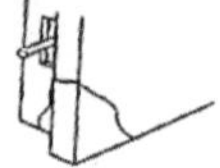

$\omega > 0.3$mm

$\omega \leqslant 0.3$mm，但 $l \geqslant 500$mm

（2）墙角周围的开裂

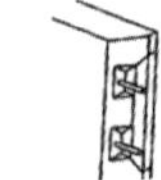

$\omega > 0.3$mm

$\omega \leqslant 0.3$mm，两层及以上钢筋

（3）外墙横向钢筋接合部处的开裂

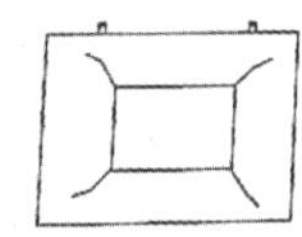

$\omega > 0.3$mm

$\omega \leqslant 0.3$mm，但贯通

（4）开口部位周围的开裂裂纹

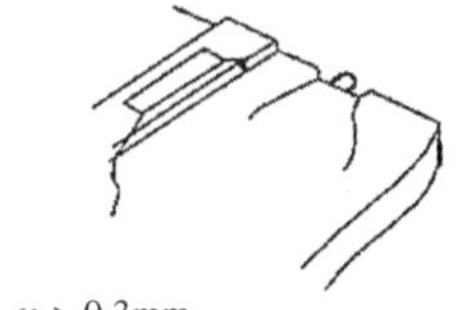

$\omega > 0.3$mm

$\omega \leqslant 0.1$mm，但 $l \geqslant 300$mm

（5）楼板键槽周围，贯通的孔洞周围的开裂

$\omega > 0.3$mm

$\omega \leqslant 0.3$mm，但贯通

（6）墙构件的一般开裂

$\omega > 0.1$mm

$\omega \leqslant 0.1$mm，但 $l \geqslant 300$mm

（7）屋面板和阳台板的结构层

图 54　可以修补后使用构件案例

ω—开裂宽度　l—开裂长度

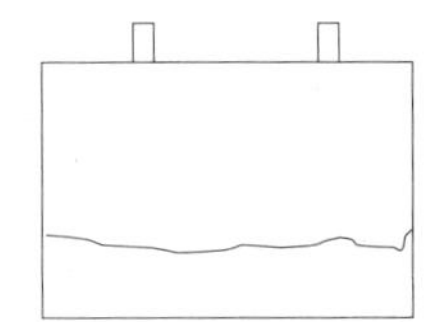

（1）重要受力构件

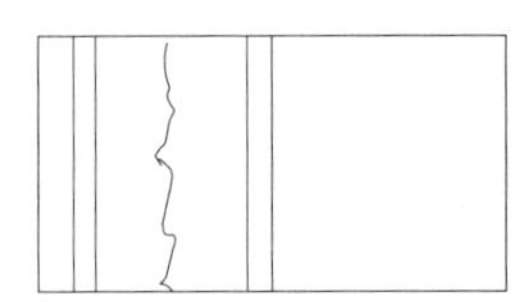

（2）悬臂板

图 55　应该被废弃处置的构件

预制构件的开裂和破损维修示例　　**表 48**

开裂、破损程度	维修方法	
	受力构件	非受力构件
开裂 宽度超过 0.1mm 构件的室外一侧，宽度在 0.1mm 以下，并且贯通的情况下	△△△ △	△ △
破损 长度超过 50mm 的破损； 长度超过 20mm 且在 50mm 以下的破损； 长度在 20mm 以下的破损	△△ △△ ○	△△ ○ ○

［维修例］△△△：注入低黏度环氧树脂；△△：初期维修用预混料聚合物水泥浆，再用初期维修用预混料聚合物砂浆进行维修；△：初期维修用预混料聚合物水泥浆维修；○：不必进行工厂内部的维修。

注：*1 幅宽为 0.1mm 以下，沿厚度方向没有贯通，且长度达到 300mm 的裂纹，不适用本表的要求；

*2 室外一侧裂纹或破损部分的维修，当不进行装饰时，为了提高构件的耐久性能，要求进行表面防水处理。

5）裂纹的维修方法

从防水角度看，有害裂纹宽度为超过 0.1mm 的裂纹；防锈的角度看，最小裂纹宽度：建筑物外侧裂纹宽度为 0.2 ~ 0.25mm，建筑物内测裂纹宽度为 0.3 ~ 0.4mm，即必须进行维修的开裂宽度以防水和防腐为依据，且需要从预制制品的状态出发进行判断。

开裂维修方法与开裂状态相关，一般情况下，在开裂部位粘贴胶条，然后通过预埋管压入树脂的方法进行维修。

破损部位维修方法，将破损部位的表面使用吸水调整剂涂敷后，

（1）使用砂浆、灰浆或者加入了聚合物的砂浆和灰浆进行维修；

（2）采用轻质环氧树脂砂浆进行维修；

（3）使用砂浆或者灰浆进行维修。

使用上述修复材料进行修复时，根据破损形状大小，一次的涂敷厚度不能过大，可以采用数次涂敷的方法进行维修，在对有防水要求的部位进行维修时，有必要考虑避免雨水从破损面的渗入。

开裂和破损维修方法案例：

（1）开裂宽度在 0.1mm 以下的裂纹的维修方法仅采用表面处理方法

表面处理材料为初期维修使用的预混合聚合物水泥贴纸（以下称为维修用贴纸），油灰状环氧树脂可以采用橡胶铲子类物品对裂缝进行密封处理。

开裂位置处采用钢丝刷或者磨床等去除表面的污垢，为了使粘结面处很好的贴和，首先涂敷底漆，包括底漆在内，表面处理采用以下的方面。

①使用维护贴纸时，用 1/2 ~ 1/3 的聚合物稀释液；

②油灰状环氧树脂时，使用环氧树脂类的底漆。

（2）开裂宽度在 0.1mm 以上 0.3mm 以下的裂缝维修方法

①开裂部位不开 U 形切口，直接注入环氧树脂；

②环氧树脂为 JISA6024 的硬质形，根据黏度区分属于低黏度型；

③临时防止流出的贴纸采用注入材料生产厂家的产品，种类是弹性的密封材料或者两种成分形成的快硬性质的环氧树脂，注入环氧树脂后，临时密封条很容易脱落，基本无痕迹残留。

注入方法可以选取其中任意一种：

①自动式低压树脂注入法；

②手动树脂注入法；

③机械树脂注入法；

④表面涂敷，树脂渗透浸透方法。

（3）轻微破损维修方法

建议用维修粘贴层及初期维修用预混合聚合物水泥砂浆进行维修，步骤如下：

①基底的处理方法：基底表面的附着物采用刷子、砂纸、布及水洗的方法去除，对于油脂类要用药剂去除；

②维修过程中，将混凝土表面用水润湿后，粘贴维修用贴纸，用维修砂浆在其上表面光滑涂刷，维修砂浆每回的涂抹厚度在 30mm 以下，要将其分数层进行涂抹，维

修后的预制装配式构件，应该保证维修部位在搬运和安装过程中不容易发生脱落；

③维修用的粘贴层及维修用砂浆的品质标准符合日本预制装配式建筑协会出版的《截面修复过程中使用的聚合物水泥砂浆的品质标准（草案）》及公共住宅事业者等联络协议会出版的《初期修复用预拌聚合物水泥砂浆粘结层》及《初期维修用预拌聚合物水泥砂浆》的品质判定标准。

既然裂纹的产生是不可避免的，日本相关标准对各构件裂纹控制标准和产生裂纹后的补救办法加以规定，保障了预制装配式构件的可靠性。

5.14 其他

5.14.1 驻厂监理业务水平亟待提高

驻厂监理对装配式建筑的质量控制点较模糊，水平亟待提升。一般情况下，驻厂监理在装配式建筑方面经验不够丰富，有时会给构件厂的生产带来麻烦，如，对于经常使用的桁架钢筋叠合楼板，其厚度一般较薄，当跨度达到 4m 以上时，在储存过程中，很容易因为挠曲产生裂纹，而图集中仅规定了沿单向板受力钢筋方向木方的布置方案，未规定垂直方向木方的布置方案，实际应用过程中，技术人员根据经验布置木方，而此时监理工程师经常建议增加木方的数量，增加木方的数量有时会带来质量隐患，主要是因为木方数量增加后，木方的平整度较难控制，反而会引起存储时的挠曲裂纹。

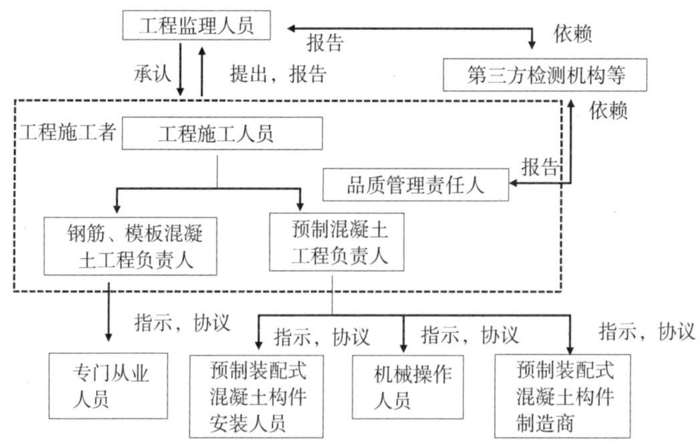

图 56　预制装配式工程的品质管理组织图

图 56 预制装配式工程的品质管理组织图为日本预制装配式工程的品质管理组织图，从图中可以看出工程监理人员在预制装配式建筑生产制造和安装过程中起到非常重要的作用，因此，应当注重对监理人员的培养，或者针对预制装配式建筑提出专门化的监理人才培养方案。

5.14.2 应加强对预制构件生产厂的监管

预制构件厂无相应的准入标准。以辽宁省为例，目前已经取消了原有的装配式企业二级资质要求，仅给出预制装配式构件生产厂商名单，因为准入门槛过低，造成了行业的混乱，生产企业良莠不齐，出产的构件质量难于保证。

有关部门应该对预制构件厂家进行质量认证，通过质量认证体系的预制构件厂家应具有能实施质量认证所包含质量认证检验的内容的能力；质量认证体系里的检验内容应满足目前实施方式的所有检验内容。通过质量认证的厂家生产预制构件不用再对每一个项目进行重复性检验复试，但是要对其生产的预制构件在设计期内负责。有关的质量管理部门采取随机抽查的方式进行质量监督和管理。没有通过认证的厂家需进行二次评审，二次评审不合格的厂家应淘汰。

日本制定了一套比较完善的装配式建筑相关人员和生产制造企业及施工单位的管理体系，同时，充分发挥了社会各团体法人的作用，在严格的监督指导下，保证了装配式建筑的品质。

5.14.3 预制构件制造前及制造中的试验和检查

预制构件在制造前及制造中的试验和检查项目如表 49 ~表 53 所示。

预制装配式构件试验项目　　表 49

项目	试验方法	时期次数	判断基准
试验试件采样	JISA1155	—	—
工作性能和新鲜混凝土的状态	目测	制造开始及浇筑过程中随时检查	工作性能良好，品质均一安定
塌落度	JISA1101 JISA1150	采用压缩强度试验用试件	目标塌落度不满 8cm 时：± 1.5cm； 目标塌落度 8cm 以上，18cm 不满的情况下：± 2.5cm； 目标塌落度 21cm 时：± 2cm
空气量	JIS A1116 JISA1118 JISA1128	同上	与目标空气量的差为 ± 1.5% 以内
单位水量	配合比表和混凝土的制造管理记录进行确认	同上	规定值以内
单位水泥量	配合比表和混凝土的制造管理记录进行确认	同上	规定值以内
压缩强度	JIS A1108 养生条件为现场水中养生	试件采样时间：浇注 1 次 /d； 试件的采样方法：连接部位混凝土浇筑时取 3 个试件； 强度试验材龄：28d	压缩强度的平均值在品质基准强度以上

续表

项目	试验方法	时期次数	判断基准
盐化物量	JIS A1142 JASS 5T-502	一日一回以上，及每 150m^3，1 回	盐化物离子量为 0.3kg/m^3 以下
填充度	目视	浇筑时	可以确认密实填充

垫层砂浆的试验和检查　　表 50

项目	试验方法	时间 回数	判断基准
砂浆状态	目测	搅拌过程中	均匀搅拌、具有良好的和易性
施工软度	根据 JASS 10 T-501	搅拌过程中	需要在特定值范围内
压缩强度	根据 JASS10 T-601 分的方法进行现场水中养生	试验试样的采样时间：砂浆在施工前期使用的材料发生变化时 试件个数：3 个 试验材龄：指定的材龄（无特殊标记的情况下材龄为 28d）	压缩强度的平均值需要大于被连接预制装配式构件混凝土的品质基准强度之上
填充度	目视	浇筑过程中	确认填充密实

填充砂浆的试验和检查　　表 51

项目	试验方法	时期 回数	判断基准
新鲜混凝土的状态	目测	在搅拌过程中	均匀搅拌、具有良好的和易性
施工软度	JASS 10T-101 进行	在搅拌过程中	需要在特定值范围内
填充度	目测	浇筑过程中	确认填充密实

接缝等的灌浆料　　表 52

项目	试验方法	时期回数	判断基准
新鲜砂浆的状态	目测	搅拌时	均匀搅拌、具有良好的和易性
施工软度	根据 JASS 10 T-501 进行试验	搅拌时	需要在特定值范围内
压缩强度	根据 JASS 10 T-601	试验试件的采样时间：砂浆在施工前或者使用的材料发生变化的情况下， 试验试件数量：3 个 试验材龄：28d	压缩强度的平均值需要大于被连接预制装配式构件混凝土的品质基准强度之上
填充度	目测	浇筑过程中	确认填充密实

钢筋接头灌浆的试验和检查　　表 53

项目	试验方法	时期、次数	判定基准
种类、品牌名称、制造年月日	确认灌浆料外包装上日期	灌浆料使用时全数检查	未超过使用期限
使用水量	确认调配表和施工管理记录	搅拌时进行全数检查	在特记范围内

续表

项目	试验方法	时期、次数	判定基准
上升温度	JISA1156	第一批搅拌过程中	在特记范围内
施工软度	详见特记	第一批搅拌过程中	在特记范围内
压缩强度	详见特记	详见特记	在特记范围内
填充度	目测	浇注时	可以确认密实填充

1）耦合器及套筒的机械式接头要求

（1）耦合器和套筒内连接钢筋的长度必须在必要的钢筋长度范围内；

（2）连接用钢筋上必须保证无灰浆、油和锈蚀等附着物；

（3）连接用钢筋的偏心及倾斜对接头部位的性能的影响必须在允许范围内；

（4）在填充灌浆料时，必须保证灌浆料被密实填充，必须保证压缩强度在要求强度之上；

（5）使用螺母时，需要使用扭矩扳手施加必要的扭矩。

2）目测检查

（1）施工前，钢筋的轴心错位、倾斜，对接连接后的间距等必须保证指定的精度，并且还需要保证连接用钢筋没有付着物。以套筒接头为例，构件的检查项目和试验、检查项目如表54所示。如果超过了允许范围，那么需要与监理协商，采取相应的对策。并且，使用耦合器时，因为长度确认较为容易，在施工前接头钢筋端部位置处应当使用油漆或者记号笔进行标记。

（2）施工后，确认进行了有效施工。例如，对于灌浆接头，灌浆料从接头处向外溢出，对于螺栓式接头，观察记号位置来确认是否有效的连接。

构件组装时管理项目和试验检查项目　表54

项目	试验方法	时间、次数	判定基准
纵筋的倾斜	使用曲尺进行实际测量	全数	1/40 以下
纵筋的伸出长度	使用直尺进行实测	全数	设计尺寸的 ±5mm 之内
纵筋的污染	目测	全数	不受砂浆和油脂类等的污染

5.14.4 预制构件施工关键安全性指标

1）临时设施规划设计要求

临时设施的规划设计应该保证预制装配式构件的组装安全，同时保证构件的安装质量。

预制构件在组装过程中使用的临时设施除了通用的临时设施外，一般包括以下5

大类：

（1）移动式吊车，固定式吊车等机械及机械行走的道路，预制构件存储场地等相关设施；

（2）预制构件吊装过程中，在不影响品质的前提下，进行安全组装作业时必要的吊装工具；

（3）支撑、受力架、支撑工人、斜向撑杆等，预制装配式支撑、临时固定过程中使用的临时设施；

（4）外周的预制构件（柱、梁、墙、阳台等）组装过程中，吊具摘除等预制装配式特有工法中使用的临时脚手架等；

（5）防跌落安全绳，扶手等安全设施。

这些安全设施在使用过程中，与构件的重量和工程中施工荷载情况相关，在保证强度和安全性的同时，根据配置、安装部位、使用方法等进行详细讨论，在对相关联的设施进行准备的同时，一定让所有施工作业人员熟知。并且，临时设施可以循环使用，根据它的使用频率，准备相应的数量，并从安全管理的角度对材料进行检查和整理。

预制构件组装工作首先确认安装机械的行走道路等的地基的状态，并据此采用必要的安全对策。

预制构件在组装过程中使用的机械的种类、性能、台数，与场地条件、建筑物配置及建筑物的平面形状、层数、构成构件的重量及作业半径、工期等条件为基础。

组装用机械设备使用过程中按照大类可以分为移动式吊车和固定式吊车两种。移动式吊车需要在建筑物周边部位设置吊车行走道路，与吊车行走及预制构件组装过程中的荷载相对应，应该充分保证其安全性。在讨论荷载条件过程中，吊车的自重及起吊荷载的重量，建造过程中对地基施加的荷载状态等进行讨论。并且对走行道路的地基状态进行调查，和对地基土体的承载力及下沉量进行讨论的基础上，为了获得必要的承载力，而对地基进行改良处理，采用沙砾垫层、垫层材料（钢板、覆盖板）等荷载分散对策，使得地基承载力大于吊车最大接触地面压力。在施工作业过程中，路基一定是无任何坡度的平面地基，且不能因为雨水的影响，而使地基的承载力下降，应采用一定的防水措施。行走的道路不仅包括道路，而且还包括预制构件搬运车辆行走的道路，这些车辆通常情况下在同一轨道上行走，一定采取必要的管理手段防止产生车辙。

固定式吊车，有必要设置吊车用的基础。这些基础分为专门为吊车使用而进行专门设计的基础和使用建筑物基础两种情况。与移动式吊车行驶道路相一致，对于固定式吊车，支撑吊车用的支柱间的接缝位置处，随着支柱的不断的爬升、将吊车抬升，支柱的支撑处为了防止晃动、屈曲等要与建筑主体固定。近年来，开发了层爬升工法，不需要对主体结构加强，施工过程中，本层梁的下部设置临时支柱，采用下层梁承担荷载的方式或直接向预制柱传递荷载的方式，为了使爬升作业更加有效、省力，进行吊车小型化及支柱的减量化作业。并且，有必要对吊车在风荷载作用下的安全性进行计算，在固定形式的塔吊和移动形式的塔吊的前端和顶部设置风速测量装置。施工人员事前与塔吊操作人员制定强风时的组装作业停止规则，确定对于强风注意预报等事前报告相对应的防倒塌措施。

2）机械及组装作业人员的要求

预制构件在组装过程中使用的机械设备及卡具，根据其使用目的的不同应当具备非常好的性能。

预制装配式混凝土工程使用的吊车，根据其设置形式进行分类，分为固定形式和移动形式 2 种，根据场地条件及建筑物的形状进行机械种类选择。固定形式塔吊多应用于建筑物的平面形状为四方形的高层建筑物的情况或场地的富余空间不足的情况下，对于塔状超高层集合住宅，使用固定爬升式塔状吊车，移动形式在平面形状细长的建筑物中应用较多，且要求场地的富余较多。

在选择机械设备过程中，除了上述的场地条件，建筑物的配置和形状、高度等是主要特征外，也需要考虑机械的设置位置，机械的定额荷载内进行选择也尤为重要的，作业半径，预制构件的形状和重量，安装位置等也是需要考虑的因素。

除了预制构件组装所需要的组装机械设备外，也需要采用保证预制构件组装安全且较高精度的工具。这类工具包括吊装卡具、吊装用钢缆类、卷扬类机械，组装用的斜向支撑、铅垂等。

吊车操纵人员，机械操作人员，必须为荷载起吊操作非常熟练的技术人员，在机械操纵过程中，安全作业第一，并且随时进行设备的安全检查工作，必须要在内心中铭记万一发生的灾害。

《劳动卫生法》对吊车操纵人员资格规定如下：

（1）当吊装 5t 以上的吊车过程中，使用移动式吊车时具有吊车操纵技能证、移动式吊车操纵技能证（劳动安全卫生法第 61 条）；

（2）吊装 1t 以上，不满 5t 的移动式吊车的情况下，具备移动式吊车驾驶员证，或者是小型移动式吊车驾驶技能学业完成人员（劳动卫生法第 61 条）；

（3）不满 5t 的吊车，不满 1t 的移动式吊车操作人员，应当是受到上述资格或者业务相关的安全或者卫生教育的人员（劳动卫生法第 61 条）。

并且，要熟悉以下事项

①驾驶的机械和机械性能；

②临时道路的检查和保护；

③整体的作业内容和安装流程；

④社内的安全规格等。

在“吊车安全规则”中，有实施开始作业的检查、每月的检查、年度的检查的义务。也就是说，施工人员根据吊车的种类不同，制作吊车的检查表格，必须进行定期检查。

开工时的检查清单和每月例行的检查表示例如表 55、表 56 所示。

塔式吊车开始作业时的检查清单示例 表 55

形式规格作业所

符号序号

所长	主任	班组

每月例行的检查表示例 表 56

序号	项目 ＼ 月日	良○否X							处置
1	确认驾驶证件、表示正负驾驶责任人								
2	安装完成检查证检查和额定荷载标注								
3	统一暗号和联络装置								
4	限制开关是否正常工作（超卷起、超荷载、防止倾覆）								
5	报警铃声是否正常工作								
6	角度表示照明灯具是否异常								
7	刹车装置是否正常工作（卷起、拖拽、旋转）								
8	动作控制的状态是否异常								
9	钢缆绳是否工作异常								

5.14.5 吊装关键技术

1）脱模时需要确认预制装配式混凝土构件的抗压强度是否达到规定的脱模强度

对于柱、梁等截面较大的构件，吊装用的预埋吊环的埋置长度容易保证，在起吊时，由于动弯矩影响而出现开裂裂纹的可能性虽然很小，但是由于是自重很大的预制构件，在自重方面应加以注意。

2）脱模时的剥离力（即从模板上将预制构件剥离时的荷载减去预制装配式构件的自重后得到的力）的计算还应该考虑以下因素：

（1）脱模剂种类不同，剥离力也会不同；

（2）水平竖起方式脱模过程中，剥离力随着门窗洞口面积的增加而成比例增长。主要是由于窗框的固定方式引起的；

（3）采用斜向竖起方式脱模时，模板的竖起角度与剥离力间呈直线减少，该种方式是比较有效的一种方式。

3）吊装用金属件，除了在混凝土内部埋置的金属件之外，还需要考察与金属件相连的卡具的强度，特别是混凝土的强度较低阶段进行起吊的情况较多，这项要求也需要加以考虑。

吊装用金属连接件在预制构件侧面时，选择构件水平立起的情况下，吊装用金属物首先承受拉力作用，这时侧面混凝土开裂的情况较多，这种情况下，或者增加混凝土的强度等级，或者放置防止混凝土开裂的加强钢筋，以预制构件局部不发生破损为原则。加强吊装卡具。并且，吊装用金属件在预制构件中的长度的讨论方法有必要通过附加强度的方法进行讨论。

如表 57 和表 58 分别为水平起吊和斜向起吊时的剥离荷载值。

水平起吊方式的剥离荷载　　表 57

测定数 n	最小值	最大值	平均值 x	标准偏差 σ_n	剥离荷载 $x+2\sigma_n$
个	Kgf/m^2	Kgf/m^2	Kgf/m^2	Kgf/m^2	Kgf/m^2
31	0	204	63.4	50	163.4

斜向起吊方式的剥离荷载　　表 58

吊起角度 θ	测定数量	平均值 x	标准偏差 σ_n	剥离荷载 $x+2\sigma_n$
m	个	Kgf/m^2	Kgf/m^2	Kgf/m^2
0	6	76.4	36.6	149.6
60	7	28.3	17.5	63.3
70	11	15.0	12.7	40.4

4）预制构件吊装过程中应使用的吊装用金属件及卡具。

将钢筋加工成 U 字形吊装挂钩，从脱模到现场组装完成，承受由吊车的挂钩引起的反复弯曲变形的影响，弯曲变形次数较多时，有必要采用通过 JIS 认证的制品。并且，异型圆钢在往复弯曲变形的情况下可能会发生断裂，不适合用于吊钩。

各种预埋金属件，其拔出承载力与埋置位置、深度、预埋金属物的间隔、混凝土强度等级等相关，应该在手册类的资料中进行慎重的选择。其他预制构件制作完成后，到出厂为止的这段时间内，因为吊装用金属件发生锈蚀，可能导致承载力下降和污染预制构件，有必要采取有关的技术措施。

5.14.6 施工安装量测技术

1）当前状况

目前我国的现场量测定位方法仍采用传统的现浇构件的测量定位方法，偶尔出现预制构件拼装质量问题，这种情况下经常采用植筋等补救方法，这种方法不但大大提高了造价，而且还容易影响建筑工程质量，应当使用装配式建筑专门测量工具。

2）预制装配式混凝土工法，与现浇工法相比，具备特有的施工计划。因此，为了保证工作的顺利进行，实现预制装配化的高品质、省力化、缩短工期、消减废弃物等优势，需要了解预制装配式混凝土工法特有的工程技术条件，组装相关事项、施工计划等，下面对各项计划的种类和注意事项进行阐述。

（1）首先，预制构件生产制作开始时间对施工现场的完工时间的影响较大，也就是，预制构件加工图的完成、构件制作工厂的选择、模板的制作、预埋件等的浇筑确认和采购等，必要的时间节点应该包括在工程总体策划中。因为与竣工的繁忙时期相重叠，有必要尽早准备。

（2）其次，工程管理需要与预制构件的组装工程相配合。考虑制造效率问题，相同的构件宜进行连续生产，现场的组装工作以层为单位，准备相应数量的构件，将工程管理工作细化。

（3）预制构件在组装过程中，应具有预制装配式工法特有的工程策划及临时计划。在组装过程中需要必要的支撑和连接，构件吊装时使用的卷扬机的工作效率也应一并考虑。因为构件组装过程，是多个工种协同配合，指挥人员应在保证安全、有效的前提下进行施工。

5.14.7 装配式建筑施工安装单位资质

施工单位可能具备较高的资质，但是不代表其具备装配式建筑的施工能力；因为预制装配式工法的构件尺寸精度要求高，由混凝土强度离散较小的高品质制品组成，是获得良好的建筑品质的非常有效的工法，但是，预制装配式构件的安装作业是影响现场建筑物品质的最重要的环节，因此需要制定非常缜密的施工计划。以施工计划书为基础，在施工作业层面制定详细的施工要领书。施工要领书应当包括：

（1）整体组装作业工程；

（2）施工作业分区；

（3）组装循环工程；

（4）组装作业标准及注意事项；

（5）施工作业人员配备计划；

（6）完备的组装作业指挥系统；

（7）组装检查要领，精度基准及补修要领；

（8）安全注意事项。

因此对施工企业和施工管理有较高要求。

日本预制装配式建筑协会致力于使预制装配式工法的整体施工管理更加正规化的同时，为了提升技术人员的资质，提高技术人员的社会地位，2005 年设立了 PC 工法施工管理技术人员资格认定制度，在公共住宅建设工程共通仕样书和 PC 工法工程中指出，进行焊接作业的施工指导焊接管理技术人员必须获得该认证资格。

5.14.8 灌浆料流动性指标

灌浆套筒连接是目前装配式建筑普遍的竖向连接方式，保证套筒灌浆的质量是保证装配式建筑质量的关键，而套筒灌浆的质量检测技术仍然是技术难点，目前还没有较为可行的非破坏性检测技术，因此，只能从材料质量和人员的施工水平两个方面来加强管理。目前，国家规范给出了灌浆料流动度下限值，而实际操作过程中，为了顺利灌注灌浆料，通常情况下，会增大灌浆料的流动度，而这种做法欠妥，因此，需要确定一个灌浆料流动度的合理水平，或者给出更为合适的灌浆料取值范围。

对于施工单位，提高装配式建筑质量的首要问题是专业施工人员的技术储备和灌浆料质量的控制等相关技术条件。

5.14.9 装配式混凝土墙下垫层砂浆

日本对于装配式混凝土墙体垫层砂浆的施工工艺的通常采用“坐浆法施工”，而我国大部分混凝土剪力墙的施工工艺为“灌浆法施工”，经了解，主要原因是“灌浆法施工”更容易操作，关于二者的优缺点方面有待更加深入地研究，比较明显的区别在于“坐浆法施工”砂浆的饱满程度更加容易控制，“灌浆法施工”砂浆的饱满程度无法检验，可能存在局部的不饱满。

另外，日本建筑学会团体标准《PC 钢筋混凝土工程 JASS10》《JASS10》中指出垫层砂浆需要具备一定的承载能力，而填充砂浆只有密实度要求，而无承载能力要求，将填充砂浆作为垫层砂浆后，其承载能力较难满足要求。

5.14.10 干式施工方案在预制装配式建筑中的应用

在走访调查过程中，预制构件厂、施工单位都指出使用干式施工方法可以解决预制装配式建筑目前存在的问题。

干式施工法主要以焊接连接为主，这对预制装配式构件的施工精度要求非常高，在调整误差方面不如灌浆套筒连接工法。日本常用的干式施工方法主要包括如下几个内容：

1）机械连接接头

2000 年建设省告示第 1463 号给出的连接方式包括如图 57 所示的 4 种情况。

采用耦合器固定的连接方式；采用砂浆固定的连接方式；采用螺母固定的连接方式；采用挤压方式固定的连接方式。

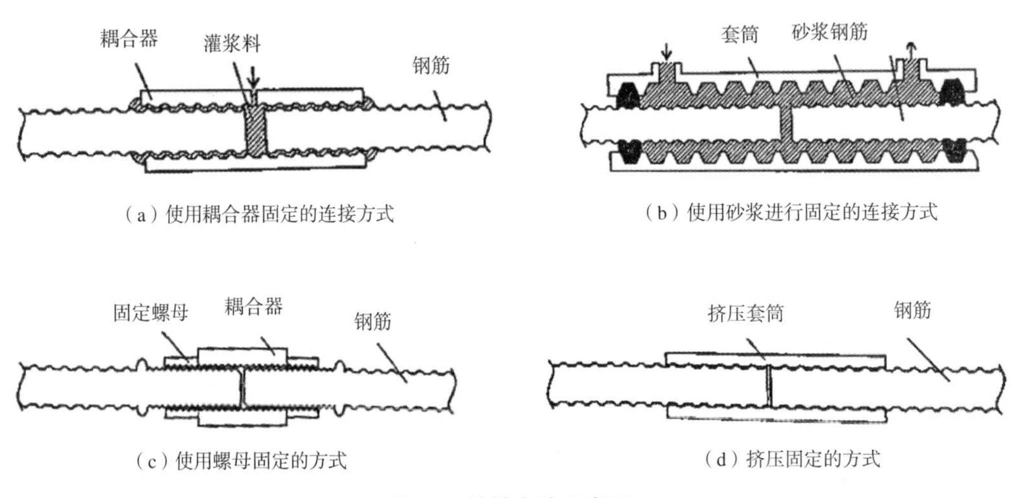

（a）使用耦合器固定的连接方式

（b）使用砂浆进行固定的连接方式

（c）使用螺母固定的方式

（d）挤压固定的方式

图 57　连接方法示意图

（1）套筒连接

套筒连接是指将连接用钢筋嵌套在钢制的筒状套管内，套管内壁有凸凹，与连接用钢筋间灌注无收缩的高强度灌浆料，使套筒与钢筋一体化，通过灌浆料硬化后的粘结力传递钢筋应力，钢筋只要嵌入到套筒内，就可以起到传力作用，这种连接方式很容易吸收误差，并且这种连接方式不会因为钢筋的伸长或缩短而产生残余应力，是一种预制构件连接时比较适合的钢筋连接方式。

这种套筒接头方式与其他的连接方式，如焊接和高强螺栓连接方式不同，其施工后无法拔出，不能通过拉伸试验、放射性探伤试验或超声波探伤试验等破坏性试验和非破坏性试验进行质量检查。因此，在预制构件制作过程中和现场施工前、施工中和施工后的各个阶段都需要对材料和施工进行严格检查。预制构件中插入套筒内的钢筋，一部分是预制构件安装制作过程中插入的，另一部分为预制构件连接过程中，从被连接预制构件上伸出的钢筋，这些钢筋一旦组装完成，钢筋插入套筒内的钢筋长度就无法进行检测。因此，插入前应该进行长度测量，特别对被连接构件突出钢筋的长度，应该在施工前量测其长度。另一方面，灌浆料的注入情况也对套筒连接性能有很大影响，在施工过程中必须保证全部的灌浆套筒具备稳定的性能。

在施工中，应当依据以下事项进行施工管理和制定品质检查制度。

①灌浆材料的管理（材料的品质、进场检查、保管方法）；

②灌浆工程使用的器具、器材的检查和管理；

③选择具备灌注作业技能的灌浆工程管理者和从业人员；

④作业环境（作业条件、灌浆料调配时和填充时的温度设定等）；

⑤灌浆料的调配管理（混合水的品质、水量计量方法、搅拌方法和时间）；

⑥灌浆料的品质管理试验（压缩强度、流动性的一致性表示，压缩强度试验用试件的数量、养护方法和判断基准）；

⑦灌浆料的注入口和排出口的阻塞和附着物情况的检查确认；

⑧灌浆料注入施工个数及灌浆作业完工后的全部确认检查。

（2）螺栓式接头

螺栓式接头处设有的防止螺栓未拧紧操作的标识。

（3）焊接接头

注意事项：焊接后接头的冷却会导致1mm左右的收缩，为了降低收缩残余应力的影响，应该注意以下事项：

①开坡口间距增加，焊接残余应力也随之增加，因此，开坡口间距应该尽可能缩小，但是，间距太小还会导致焊接不良，因此，应当特别注意；

②施工顺序：以往的试验研究成果表明，同一个连接部位连续焊接的情况下可以使焊接残余应力变小，另外，减少预制构件的约束也可以减小焊接残余应力，因此，焊接应该从中央向两端推进。

（4）电渣压力焊

电渣压力焊可能会引起连接部位发生很大的收缩变形，一般情况下，预制装配式构件不建议使用该种连接方案，在WR-PC工法中（相当于框架剪力墙结构体系）中，组合梁上部纵向钢筋连接过程中可以使用这种方法。

（5）高强螺栓连接

高强螺栓连接方法中，在预制装配式构件中预埋的钢板和型钢与高强螺栓之间绑定连接后通过摩擦阻力进行应力的传递，是一种比较典型的干式连接方法，是SR-PC工法中的梁-柱连接部位处普遍使用的一种连接方式。

5.14.11 防水

1）构造要求

采用预制装配式工法建造的建筑物防水工程中，比较重要的是接缝处的防水施工。因为预制装配式构件一般采用高品质混凝土且能够保证浇注密实，预制混凝土构件部分基本不发生漏水等问题。接缝处采用的防水材料，对于外墙，主要采用建筑密封材料、胶带状密封材料，对于屋面及楼面接缝处，采用液体密封材料，防水用玻璃纤维布、建筑用密封材料等。屋面处，当采用叠合楼板时，该部位的防水材料一般为液体密封材料、防水用玻璃纤维布和膜状防水材料并用。

预制柱构件、预制梁构件、预制承重墙构件等主要结构构件的接缝基本不产生伸缩和错动，且该处的受力很小，因此，该类接缝被称作非变形接缝。与其对应的是一些非承重墙体，在地震作用下要求其可以随着层间位移角的变化而具备一定的变形能力，这类墙体的接缝被称作变形接缝，下述相关规定仅针对非变形接缝。

图 58 为 W-PC 工法中使用的接缝处的一般防水施工案例。对于 R-PC 工法、WR-PC 工法和 SR-PC 工法中，屋面的施工方法为预制构件和现场浇注混凝土构件并用（叠合板）时，此时的防水施工案例如图 59 所示。与 W-PC 工法不同，屋面采用整体膜施工方法。接缝处防水工法的种类包括：外墙接缝等建筑用密封材料的防水工法、W-PC 工法中预制楼板构件及预制屋面构件及预制屋面构件与预制墙构件连接的阳角部位采用液体防水材料施工工法、预制构件与现场浇注混凝土的连接部位，R-PC 工法等屋面防水用膜防水施工方法。其中的膜防水种类包括：沥青防水卷材、改性沥青防水卷材、卷材防水，涂膜防水等。

阳台及走廊悬臂板下的预制构件接缝处防水施工方法，可采用与屋面线防水相同的施工方法和建筑用密封材料。

对于预制构件的水平及垂直接缝处的防水，为了能够保证具备合适的板缝深度，要在填充了适当的填充材料后再进行建筑用密封材料施工。

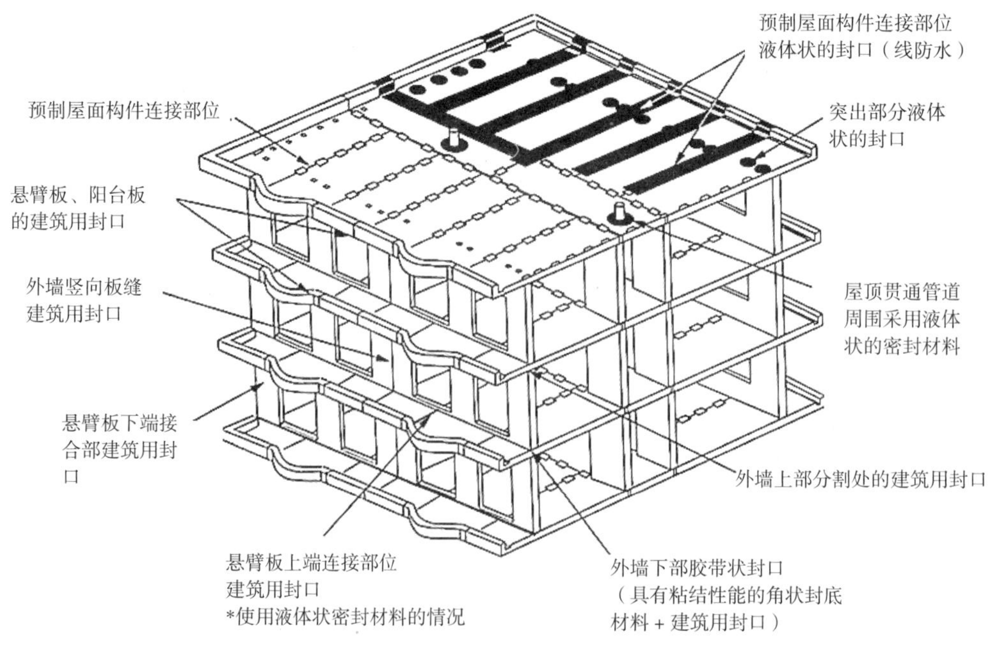

图 58　W-PC 工法中使用的接缝处的一般防水施工案例

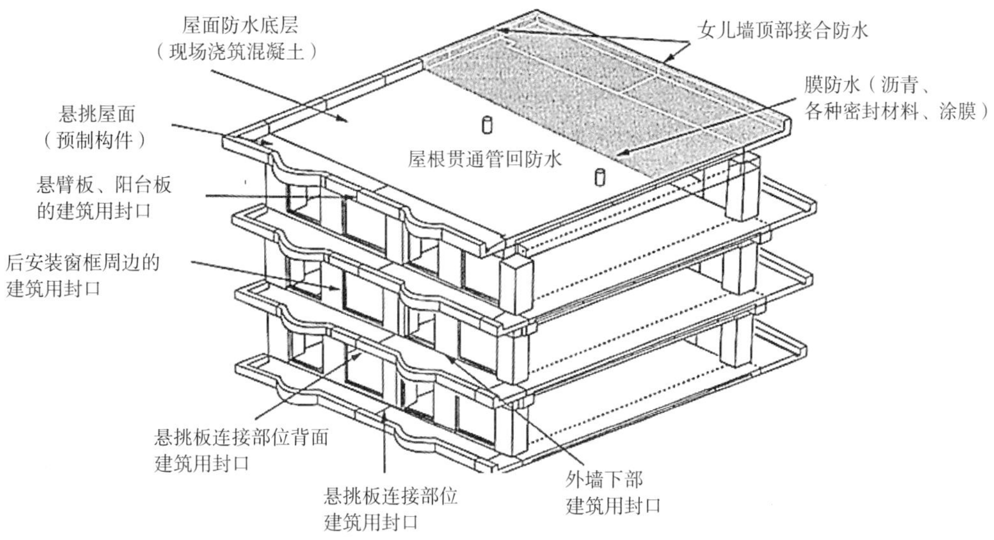

图 59 预制构件和现场浇注混凝土构件并用防水案例

在 W-PC 工法中，因为屋面预制构件的热伸缩，在与屋面预制构件相连接的墙构件顶部产生推出荷载，因此，在山墙的两端和楼梯间墙的阳角部位可能产生缺陷。为了防止该部位产生缺陷，在这些阳角部位，屋面板的下部设置缺口，为了防止小区间处填充混凝土渗入到该部位，在屋面预制构件组装前粘贴胶带状密封材料。

外墙及其他的接缝处填充的防水用密封材料适用于 JIS A 5758：2010（建筑用密封材料）要求。该 JIS 为了达到和 ISO 整合的目的，而规定了建筑构造材料的接缝处和玻璃密封用的建筑密封材料的种类和品质。并且其试验方法依据 JIS A 1423：2010（建筑用密封材料的试验方法）进行。

5.15 小结

5.15.1 可参考建议

针对我国装配式住宅建筑发展过程中存在的问题，有针对性的对日本的相关标准进行整理分析，提出以下可参考的建议：

1）装配式住宅顶层设计

（1）实施强制政策，推行装配式住宅“成品住房”交付，形成责任主体唯一的市场环境和营商环境。

建立适合企业主体地位的管理机制，实现产品单一责任主体负责制。鼓励具有条件的企业优化企业结构和业务链条，打造集开发、设计、生产、施工、安装、运维和信息化管理于一体的住宅工业化集团，向市场投入成品住宅。

（2）工程招投标管理、建筑工程定额、工程质量监管、验收管理机制等，在标准化建设方面，需要深入研究，并提出针对装配式住宅建筑的相对独立的标准体系。

2）标准与资质管理联动

引导建立技术标准与认证资质机制联动的管理体系，建立以产业技术人员为主的资质评价体系，建立 PC 项目质量审查制度，如：

（1）建立 PC 项目质量审查制度；

（2）建立 PC 构件品质认证制度；

（3）建立 PC 构件的制造技术人员的资格认证制度；

（4）建立 PC 施工技术人员及管理人员的资格认证制度；

（5）加强 PC 行业管理和再教育。

通过建立健全各项制度，解决人才缺乏、统一质量管理平台缺乏、产能难以释放等问题。

我国城市建设强度、相关规范、结构体系等情况与日本完全不同，日本在装配式建筑建设中发展高性能混凝土预制构件的技术动向不能盲目跟从。

3）日本高强度结构构件预制装配化的前提是大城市受到土地供应量的不断减少，住宅建筑不断向超高层化发展，通过采用高强度混凝土来达成以下目标：

（1）减轻建筑物自重、减小柱截面尺寸，给建筑设计释放更多自由度；

（2）现浇高强度混凝土应用受限，预制装配化是保证质量的必要条件。

4）我国装配式住宅实际情况

（1）我国装配式住宅普遍采用装配整体式剪力墙结构体系，减小结构构件截面尺寸的需求不高；

（2）我国装配式住宅，建筑高度基本不超过 100m，目前的 PC 构件性能能够满足建设要求。

6 中日两国钢结构建筑装配式外墙工程技术指标对比

对于ALC板、GRC板、挤压成型混凝土板、纤维强化混凝土板、复合金属墙板及烧制墙板等，使用螺栓、钉及螺钉，与柱、梁、间柱等构件连接安装的非承重墙体，日本可以用于高度为31m以下的钢结构建筑物和高度为13m以下的木结构建筑物。本节总结了日本钢结构建筑物中使用的装配式外墙（以下简称“干式外墙”）性能指标并与我国有关指标进行简要对比。

6.1 干式外墙的目标性能

6.1.1 防、抗火性能

干式外墙工程的目标防、耐火性能是指当相邻建筑物发生火灾时，不造成连烧等有害的损伤。在《建筑基准法》中，根据地域、规模、用途等规定了防火和耐火性能，各个建筑物外墙要求的抗火性能根据《建筑基准法》第2条第7号、第8号的规定，技术基准依据《建筑基准法》实施令第107条、第107条的第2条、第108条的规定，如表59所示。

耐火性能　　表59

部位		耐火时间
外墙（非承重）	有可能直接受火的部位	1h
	不可能直接受火部位	30min
内隔墙（非承重）	—	1h
屋面	—	30min
楼面	最上层及从最上层开始计算层数为2以上4以下的楼层	1h
	最上层开始计算层数为5层以上的楼层	2h

6.1.2 抗震性能

干式外墙工程的抗震性能目标为：在发生假定的层间位移角时，对应的金属物及干式外墙材料不发生破损、脱落。在地震时，由于建筑物发生了层间位移，干式外墙材料的面内方向的变形及惯性力引起了面内和面外荷载作用，对于此处提到的干式外墙，由于其质量较轻，对于平面内方向的变形的协调性具有特殊要求。

平面内的变形性能要求通过层间位移角表达，这里，需要根据结构类型、偏心与否等不同要求给出建筑物的目标层间位移角指标。

干式外墙属于干式外墙主体与结构主体或基底通过金属连接件相连，为不承担结构荷载的非承重墙体。

对于外墙和隔墙，应该具备承担地震作用的能力。耐震性能是指在惯性力作用下的安全性能，应具备变形协调的能力。

1）惯性力作用下的安全性能

作为外墙板和隔墙板，应当具备抵抗地震惯性力作用的安全性能；

安全性能是指墙板不脱落，其性能用设计水平地震度表达；

性能值根据特殊规定确定，当无特殊规定的情况下，设计水平地震度等于1（水平地震影响系数）。

2）变形协调能力

外墙板应当具备变形协调能力；

安全性能为板材不脱落，该性能用水平层间位移角进行表示，用分子为1的分数进行表示；性能采用特殊规定值，当无特殊规定的情况下采用1/50。

6.1.3 抗风压性能

干式外墙工程的抗风性能目标为在强风正向和负向面外荷载作用下，安装用金属件和干式外墙材料不发生破损，不发生脱落。强风作用下的面外荷载，根据环境条件、安装部位等再根据2000年的建设省告示第1458条进行荷载计算。

6.1.4 防水性能

干式外墙工程的目标防水性能是指，不发生风雨等从外墙面向室内渗水和墙皮内发生有害渗水的情况。当干式外墙竣工后不能够完全防止从外墙外侧向外墙内层渗水时，雨水长时间停留，基层和基底腐烂及隔热层在长时间湿润的状态下，发生保温隔热性能下降等影响，此时，为了不对建筑物产生恶劣影响，对于在墙壁夹层内渗入的雨水应该进行排水构造处理。

6.2 标准目标性能等级的检验方法

标准目标性能等级根据法令、基准、指南和规格进行确定，标准目标性能等级的确定，原则上需要依据法令、并依据权威学术研究成果。

非结构构件的损伤程度的区分如表60、表61所示。

非结构构件的损伤程度的划分 表60

损伤程度的划分	有无破坏	有修补的必要	有必要进行构件更换	脱落、重要的使用性能的下降（如门不能够开启等）
A	无	无	无	无
B	有	无	无	无
C	有	有	无	无
D	有	有	有	无
E	有	有	有	有

非结构构件的允许损伤程度 表61

地震强度等级	建筑物的重要性	非结构构件的破损对避难产生的影响	非结构构件的种类			
			阳台、房檐、外部的应急楼梯	棚顶、门、烟道	外墙（包括装饰、窗玻璃）女儿墙、伸缩法兰、屋面铺装防水材料	隔墙、活动地板
中震	特别重要的建筑物	有无均符合	A	A	A	A
	其他建筑物	有无均符合	A	B	B	B
大震	特别重要的建筑物	有	B	B	B	B
		无	C	C	C	C
	其他建筑物	有	C	D	D	D
		无	C	D	D1）	E

注：当无危险的情况下，破坏程度可以下降一个等级。

6.3 ALC板

本节对日本的JIS标准、规范、规程与我国技术标准中与ALC板相关的性能指标进行了对比。

6.3.1 ALC制品

1）常规规格对比

常规规格对比如表62所示：

常规规格对比（mm） 表 62

项目	《蒸压加气混凝土板》GB 15762	轻质发泡混凝土板（JIS A 5416）		
长度	1800 ~ 6000（300 模数进位）	厚板	6000 以下	
		薄板	1800，1820，2000，2400，2700，3000（厚度 50）	
			1800，1820，2000（厚度 37，35）	
宽度	600	600 或 606		
厚度	75、100、125、175、200、250、300；120、180、240	厚板	外墙、隔墙、屋面	75，80，100，120，125，150，175，180，200
			楼面	100，120，125，150，175，180，200
		薄板	50，37，35	

2）外观缺陷限值和外观质量

《蒸压加气混凝土板》GB 15762 规定的外观缺陷值及外观质量如表 63 所示。

外观缺陷限值和外观质量 表 63

项目	允许修补的缺陷限值	外观质量
大面上平行于板宽的裂缝（横向裂缝）	不允许	无
大面上平行于板长的裂缝（纵向裂缝）	宽度 $<$ 0.2mm，数量不大于 3 条，总长 $\leq$ 1/10L	无
大面凹陷	面积 $\leq$ 150cm^2，深度 $t \leq$ 10mm，数量不得多于 2 处	无
大气泡	直径 $\leq$ 20mm	无直径 $>$ 8mm，深 $>$ 3mm 的气泡
屋面板、楼板掉角	每个端部的板宽方向不多于 1 处，其尺寸为 $b \leq$ 100mm，$d \leq$ 2/3D，$l \leq$ 300mm	每块板 $<$ 1 处（$b \leq$ 20mm，$d \leq$ 20mm，$l \leq$ 100mm）
外墙板、隔墙板掉角	每个端部的板宽方向不多于 1 处，在板宽方向尺寸为 $b \leq$ 150mm，板厚方向 $d \leq$ 4/5D，板长方向 $l \leq$ 300mm	
侧面损伤或缺棱	$\leq$ 3m 的板不多于 2 处，$>$ 3m 的板不多于 3 处；每处长度 $l \leq$ 300mm，深度 $d \leq$ 50mm	每侧 $\leq$ 1 处（$d \leq$ 10mm，$l \leq$ 120mm）

《ALC 板工程 JASS21》[14] 书中规定应该对 ALC 板进行进厂检查，其中一项检查项目为 ALC 板的外观检查，当检查发现 ALC 板的一部分出现缺陷或开裂时，应对其大小和长度进行实际测量，根据其使用条件、装饰装修方法和缺陷部位数量等，判断其是否会造成使用上的障碍，对使用上不造成障碍的缺陷板材，修补后使用，可修补板材尺寸如表 64 所示。其中，ALC 板沿着长向的通缝及加强钢筋漏出时不可使用。外观检查项目如表 65 所示。

可修补 ALC 板概要　　表 64

	缺陷部位	缺陷部位尺寸大小
掉角	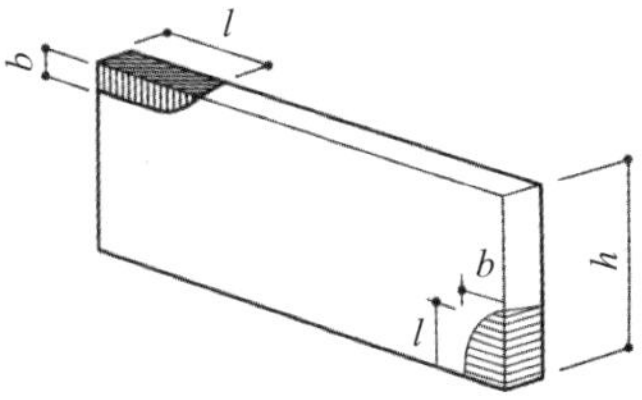	沿 ALC 板长向缺陷 $b \leqslant$ 80mm $l \leqslant$ 300mm 沿 ALC 板宽度方向 $l \leqslant h/2$ $b \leqslant$ 80mm
侧面缺陷	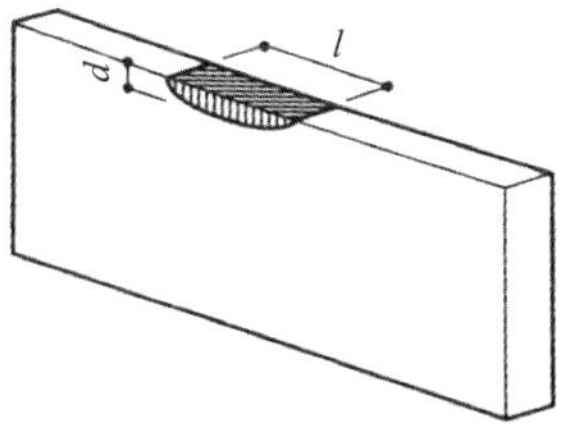	$d \leqslant$ 40mm $l \leqslant$ 300mm

外观检查　　表 65

项目	规定
裂缝	距离 0.6m 处，目测检查，不可见
弯曲、孔洞、气泡不均匀、缺陷	不影响使用

表 66 为中日可修补板材的规定。

中日关于可修补板材的规定　　表 66

项目	允许修补的缺陷限值（中国）	允许修补的缺陷限值（日本）
大面上平行于板宽的裂缝（横向裂缝）	不允许	不贯通、不露筋，0.6m 处目测检查不可见
大面上平行于板长的裂缝（纵向裂缝）	宽度 < 0.2mm，数量不大于 3 条，总长 $\leqslant 1/10L$	
大面凹陷	面积 $\leqslant$ 150cm^2，深度 $t \leqslant$ 10mm，数量不得多于 2 处	不影响使用
大气泡	直径 $\leqslant$ 20mm	
屋面板、楼板掉角	每个端部的板宽方向不多于 1 处，其尺寸为 $b \leqslant$ 100mm，$d \leqslant 2/3D$，$l \leqslant$ 300mm	沿 ALC 板长向缺陷 $b \leqslant$ 80mm $l \leqslant$ 300mm 沿 ALC 板宽度方向 $l \leqslant$ h/2 $b \leqslant$ 80mm
外墙板、隔墙板掉角	每个端部的板宽方向不多于 1 处，在板宽方向尺寸为 $b \leqslant$ 150mm，板厚方向 $d \leqslant 4/5D$，板长方向 $l \leqslant$ 300mm	
侧面损伤或缺棱	$\leqslant$ 3m 的板不多于 2 处，> 3m 的板不多于 3 处；每处长度 $l \leqslant$ 300mm，深度 $d \leqslant$ 50mm	$d \leqslant$ 40mm $l \leqslant$ 300mm

3）尺寸偏差检查项目

ALC 板的尺寸偏差如表 67 所示，表 67 中对我国的《蒸压加气混凝土板》GB15762 和日本的 ALC 板的 JIS 偏差值进行了比较，可见我国规范规定略比 ALC 墙板的 JIS 标准规定严格。

尺寸偏差　　表 67

项目	《蒸压加气混凝土板》GB 15762		JIS
	屋面板、楼板	外墙板、隔墙板	
长度 L	± 4mm		± 5mm
宽度 B	0，4mm		0，-4mm
厚度 D	± 2m		± 2m
侧向弯曲	≤ L/1000		—
对角线差	≤ L/600		—
表面平整	≤ 5mm	≤ 3mm	—

4）纵向钢筋保护层厚度

《蒸压加气混凝土板》GB 15762 规定的纵向钢筋保护层厚度如表 68 所示，日本仅见:ALC 板的纵向受力钢筋，在板宽度方向的两端及中央部分平均布置，在强度上，钢筋均匀的承担板上荷载及外力。板宽为 610mm 的屋面板及维护墙体，最少应布置 3 根钢筋，对于承担长期荷载作用的板宽为 610mm 的楼板，需要在压缩一侧和拉伸一侧进行双向配筋，压缩一侧配置 2 根钢筋，拉伸一侧配置 3 根钢筋。

横向钢筋与纵筋垂直，构成格子状，横向钢筋主要是为了保证板内荷载的传递。ALC 板构造计算时，板的边缘到纵向钢筋中心的距离为 12mm 以上，横向钢筋的直径在 9mm 以上。

纵向钢筋保护层要求　　表 68

项目	基本尺寸	允许偏差	
		屋面板、楼板、外墙板	隔墙板
距大面的保护层厚度	20mm	± 5mm	+5，-10mm
距端部的保护层厚度	10mm	+5，-10mm	

5）ALC 板基本性能

ALC 板基本性能指标如表 69 所示。预埋件的质量如表 70 所示。

ALC 板产品应具备的性能　　表 69

<table>
<tr><th colspan="2">性能项目</th><th colspan="4">中国</th><th colspan="3">JIS</th></tr>
<tr><td rowspan="2">抗压强度（MPa）</td><td>平均值</td><td>≥ 2.5</td><td>≥ 3.5</td><td>≥ 5.0</td><td>≥ 7.5</td><td colspan="3" rowspan="2">≥ 3.0</td></tr>
<tr><td>最小值</td><td>≥ 2.0</td><td>≥ 2.8</td><td>≥ 4.0</td><td>≥ 6.0</td></tr>
<tr><td colspan="2">密度 kg/m³</td><td>≤ 425</td><td>≤ 525</td><td>≤ 625</td><td>≤ 725</td><td colspan="3">≥ 450 且≤ 550</td></tr>
<tr><td rowspan="2">干燥收缩率（mm/m）</td><td>标准法</td><td colspan="4">≤ 0.5</td><td colspan="3" rowspan="2">≤ 0.5</td></tr>
<tr><td>快速法</td><td colspan="4">≤ 0.8</td></tr>
<tr><td colspan="2">导热系数（干态）[W/（m・K）]</td><td>≤ 0.12</td><td>≤ 0.14</td><td>≤ 0.16</td><td>≤ 0.18</td><td colspan="3">≤ 0.189</td></tr>
<tr><td colspan="2">防锈能力</td><td colspan="4">试验后，锈蚀面积≤ 5%</td><td colspan="3">不影响 ALC 板的质量，试验后，锈蚀面积≤ 5%</td></tr>
<tr><td colspan="2" rowspan="5">抗弯能力</td><td colspan="4" rowspan="5"></td><td>外墙板</td><td>开裂荷载（以上）（N）</td><td>开裂荷载对应的挠度（以下）（mm）</td></tr>
<tr><td>内隔墙</td><td>$(W_n-W_p)bl$</td><td>$\frac{W_n-W_p}{W_n}\frac{11}{10}\frac{1}{200}1000$</td></tr>
<tr><td>屋面</td><td>1480tbl</td><td>—</td></tr>
<tr><td>楼面</td><td>W_nbl</td><td>$\frac{W_n}{W_n+W_p}\frac{11}{10}\frac{1}{250}1000$</td></tr>
<tr><td colspan="3"></td></tr>
<tr><td colspan="9">其中：W_n：单位荷载（N/m²）;（根据使用部位的不同考虑恒荷载、活荷载、风荷载等，必须满足相关建筑法要求。一般情况下由设计人员指定）
W_p：ALC 板自重（N/m²）。但是，在进行荷载计算时采用的单位体积质量，外墙板的荷载为 500kg/m³，屋面板及楼面板为 650kg/m³;
b：板的宽度（m）;
t：板的厚度（m）;
l：支点间的距离（m）</td></tr>
</table>

预埋件的抗拉强度　　表 70

<table>
<tr><td>GB 15762</td><td colspan="2">日本 JIS 标准</td></tr>
<tr><td>钢筋粘着力</td><td colspan="2">预埋件的抗拉强度</td></tr>
<tr><td rowspan="4">≥ 1.0MPa</td><td>使用用途</td><td>拔出强度（N）</td></tr>
<tr><td>外墙</td><td>$\frac{W_{n1}bL}{2}$ 以上</td></tr>
<tr><td>隔墙</td><td>$\frac{W_{n2}bL}{2}$ 以上</td></tr>
<tr><td colspan="2">其中：W_{n1}：外墙用 ALC 板上作用的负压引起的单位荷载（N/m²）;
W_{n2}：内墙用 ALC 板上作用的单位荷载（N/m²）;
b：板的宽度（m）;
L：板的长度（m）</td></tr>
</table>

6）试验试件的大小及数量

用于 ALC 板性能试验的试件的尺寸如表 71 所示。

试验试件的尺寸及数量 表 71

试验项目	试验试件的大小（厚度 × 宽度 × 长度）(mm)		试验试件的数量	取样位置	加载方案	计算公式
	厚型 ALC 板	薄型 ALC 板				
ALC 板抗压强度	100*100*100（1）(2)	100*100*100（1）(2)	3	发泡方向中央	加载方向与发泡方向垂直；加载速率：0.1-0.2N/mm^2	$S=P/A$ P：最大荷载（N） A：加载面积（mm）
ALC 板密度	100*100*100（1）(2)	100*100*100（1）(2)	3	同上	试件的绝对干重量与试件体积比	$V_r=m_0/V$ V：试件体积； m_0：试件绝对干质量
ALC 板干燥收缩率	40*40*160（1）	40*40*160（1）	3	发泡方向中央，且长向与发泡方向成直角	温度 20 ± 2℃相对湿度（60 ± 5）%，含水率 40% 以下，每日测量长度和密度	$l_r=(l_1-l_2)/l_1*100$ l_r：干燥收缩率（%） l_1：含水率为 40% 时对应的长度； l_2：干燥收缩率达到平衡状态时的长度 $W_n=((m_n-m_0)/m_0)*100$ W_n：含水率（%） m_n：第 n 天测量构件长度变化时对应的试件质量（g） m_0：试件绝对干燥质量（g）
防锈能力	40*40*160	板厚 *80*160	3	长向与发泡方向垂直，断面中央部位应有一根加强筋	湿度 95% 以上，温度从 25 ± 5℃ –55 ± 5℃之间，一日 4 循环，共进行 112 次循环，检查两端 10mm 的锈蚀面积	锈蚀面积比： $R_s=100*S/S_0$ S：锈蚀的总面积（mm^2） S_0：加强材料表面积 锈蚀长度比： $R_t=100*l/2_L$ l：锈蚀的总长度 L：一侧钢材长度
ALC 板抗弯性能试验	板	板厚 * 板宽 *1000	1	整块板材	集中 4 分点加载法	—
ALC 保温隔热性能	板厚 *900（3）*900 以上	板厚 *900（3）*900 以上	1	2 块表面平整且含水率为 2% ~ 6%	由胶带连接，热流方向向上测量表面温度，求得热抵抗值	—

续表

试验项目	试验试件的大小（厚度 × 宽度 × 长度）（mm）		试验试件的数量	取样位置	加载方案	计算公式
	厚型 ALC 板	薄型 ALC 板				
预埋件的拔出强度	板的厚度 *600*1500 以上	—	3	长度方向最小 1500mm	直接预埋件加载法和间接板加载法	满足规范规定

备注：(1) 各边长度容许偏差，±1mm；

(2) 当 100mm 的立方体压缩强度可以直接给出的情况下，也可以使用其他更大的实验试件；

(3) 由板上取出的 2 片试验试件相对无缝隙连接，尺寸为 900mm。

防锈蚀材料防护能力试验前需要在试验件两侧涂抹树脂材料等；在影响 ALC 板的干燥收缩率、防锈蚀材料的防护能力及 ALC 板保温隔热性能等生产条件变化时，进行再次检查。

6.3.2 ALC 板设计

1）设计荷载

日本 ALC 板设计需要满足《建筑基准法》的要求，如表 72 所示。

外部荷载要求　　表 72

部位	荷载
楼面板	《建筑基准法》84 条的恒荷载，建筑基准法 85 条的活荷载
屋面板	《建筑基准法》84 条的恒荷载，建筑基准法 85 条的活荷载，86 条雪荷载，82 条风荷载
外墙板	82 条风荷载，以板的自重计算得到的地震作用
内墙板	板的自重计算得到的地震作用

2）板的最小厚度和最大支点间距要求

（1）板的最小厚度和最大支点间的间距应该满足表 73 的相关要求。

板的最小厚度和最大支点间距　　表 73

种类	最小厚度或厚度（mm）	最大支点间距
楼板	100 以上	厚度的 25 倍以内
屋面板	75 以上	厚度的 30 倍以内
外墙板	100 以上	厚度的 35 倍以内
内墙板	75 及 80	4000mm
	1000	5000mm
	120 及 125	6000mm
	150	6000mm

（2）各类型板的挠度限值如表 74 所示。

挠度　表 74

类型	设计荷载	
	长期	短期
楼板	1/400	—
屋面板	1/250	1/250
墙体	—	1/200

6.3.3 ALC 板连接构造设计

1）外墙板

《非构造构件的抗震设计施工指南·及说明及抗震设计施工要领》2003 版中介绍了 5 种 ALC 外墙板的连接构造，如表 75 所示。

目前日本普遍采用的外墙板连接构造方法　表 75

外墙板布置	构造	简图	荷载水平（摘自《ALC 板结构设计指南》）
纵向布置	转动连接构造（变形协调能力强，近年应用较为广泛）	ALC 板上下部内置的锚栓与焊接在角钢上的金属连接件相连，形成可以转动的铰，板的重量由布置在下部中间的托板承担 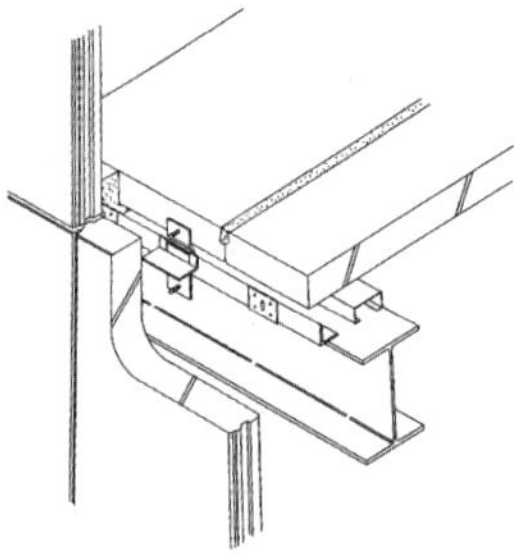	风荷载：正压 2000N/mm^2，负压：1600N/mm^2
	滑动连接构造（在原有的插入钢筋法的基础上开发的新的连接构造法）	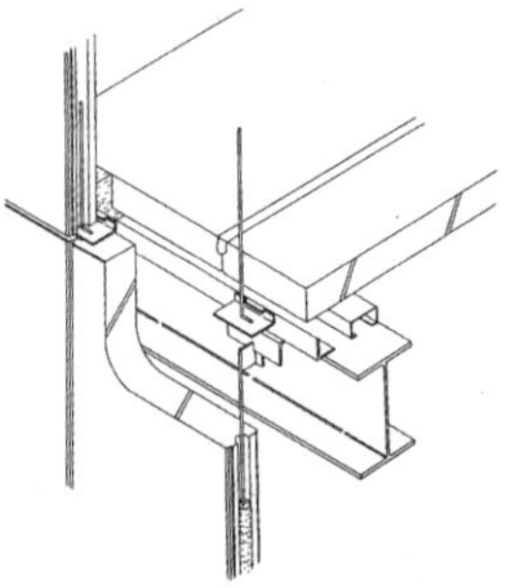	风荷载：正压 2000N/mm^2，负压：1200N/mm^2

续表

外墙板布置	构造	简图	荷载水平（摘自《ALC 板结构设计指南》）
纵向布置	插入钢筋法（2003 年之前被广泛应用于中层钢结构办公楼），但是在《ALC 板设计构造指针》和 2005 版的《JASS》中不推荐使用，故无承载力相关规定	插入 ALC 板接缝内的钢筋同时插入到与主体结构焊接连接的托架中	—
横向布置	横板盖板构造方法（主要用于工厂建筑）ALC 板设计构造指针》;《JASS》2005 版中未涉及	变形协调性能更强	—
	横向螺栓固定连接构造		风荷载：正压 2000N/mm²，负压：1600N/mm²

2）外墙连接注意事项

如图 60 所示，外墙板与主体框架间应该保证 30mm 的净距。横向连接的情况下，与框架柱之间的净距为 70mm 以上，与间柱距离为 25mm 以上。

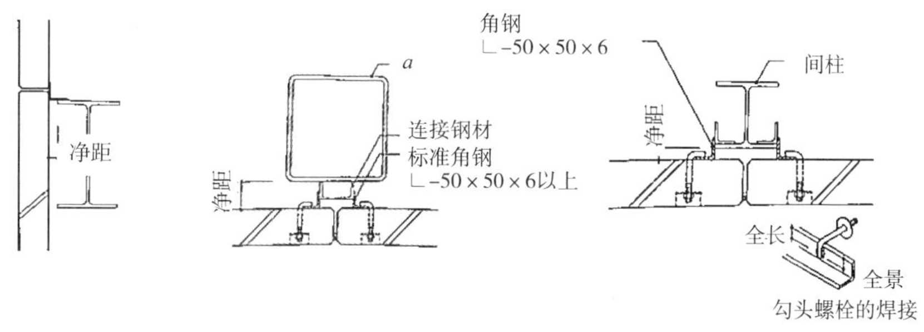

图 60　外墙板与主体框架间距

连接角钢与主体框架间的焊接标准如图 61 所示。

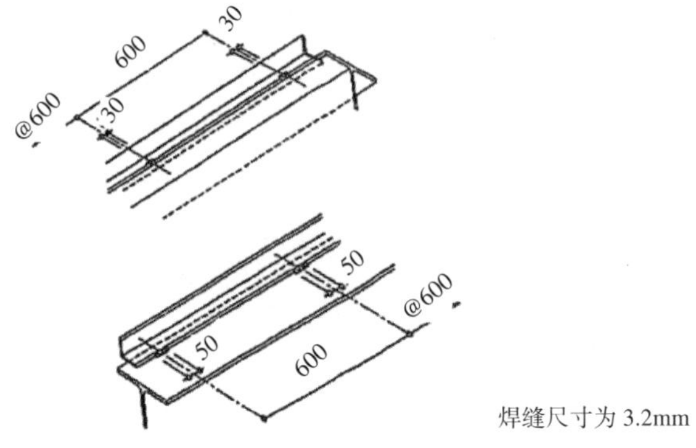

图 61　角钢的焊接标准

开口处连接构造如图 62 所示。

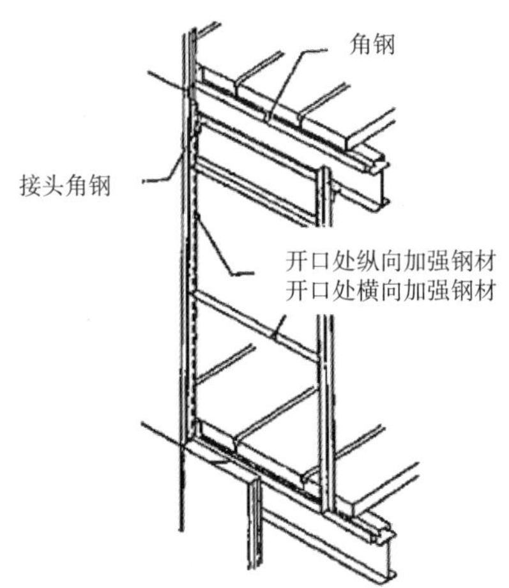

图 62　开口处的连接构造

伸缩缝的位置如图 63 所示。

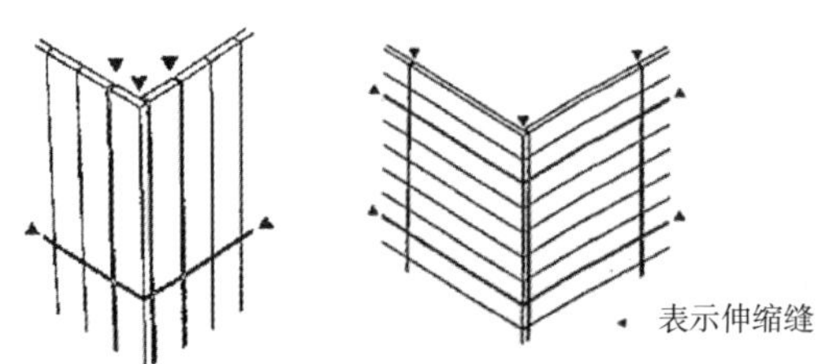

图 63　伸缩缝的位置

板缝构造如图 64 所示，一般部位的纵向板缝的连接构造为 3 面连接，一般部位的横向板缝、阳角和阴角处的伸缩板缝的构造为 2 向连接。

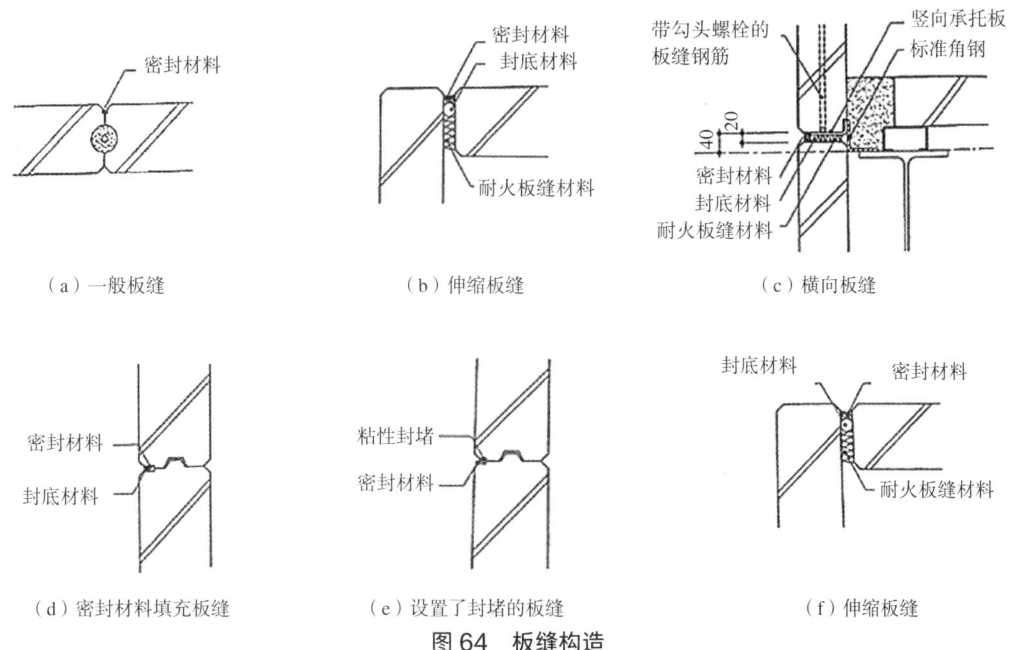

（a）一般板缝　（b）伸缩板缝　（c）横向板缝

（d）密封材料填充板缝　（e）设置了封堵的板缝　（f）伸缩板缝

图 64　板缝构造

3）内墙板

（1）内墙板的连接构造如表 76 所示。

内墙板连接构造　表 76

部位	名称	简图
上部	U 槽钢连接构造	内隔墙用 U 型槽钢
	L 形金属连接件	L=40×40×3—l=100@600 隔墙用 L 型金属件
	角钢处螺栓连接	标准角钢 闪电型金属件

续表

部位	名称	简图
下部	地脚平板构造	地脚钢板 打入螺栓
	预埋钢筋连接构造	板缝预埋螺栓 @600 砂浆填缝 板缝预埋螺栓

（2）ALC 板上部的搭接长度及净距如图 65 板上部搭接长度及净距要求所示。

应该保证墙板与槽钢的最小搭接长度为 20mm；为了满足变形要求，ALC 墙板与槽钢内表面净距为 20mm 的要求。

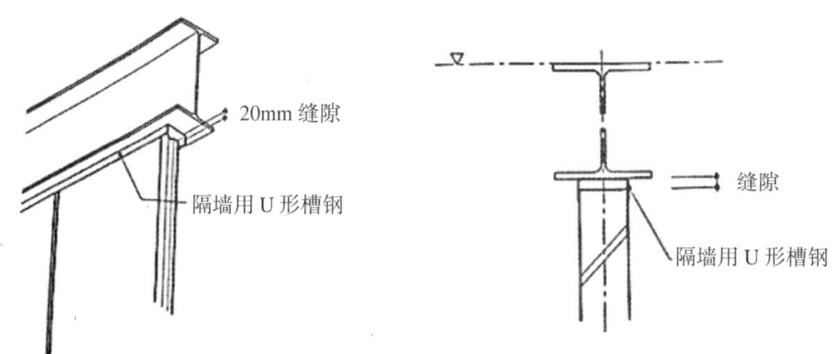

图 65　板上部的搭接长度及净距要求

（3）墙板连接的阳角（阴角）处连接构造如图 66 所示。

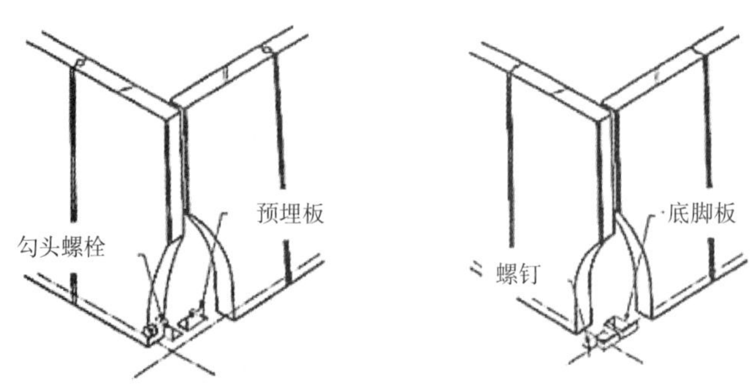

图 66　墙板连接阳角（阴角）处连接构造

（4）屋面和楼面板连接构造

屋面和楼面板的铺筋连接构造如图 67 所示。

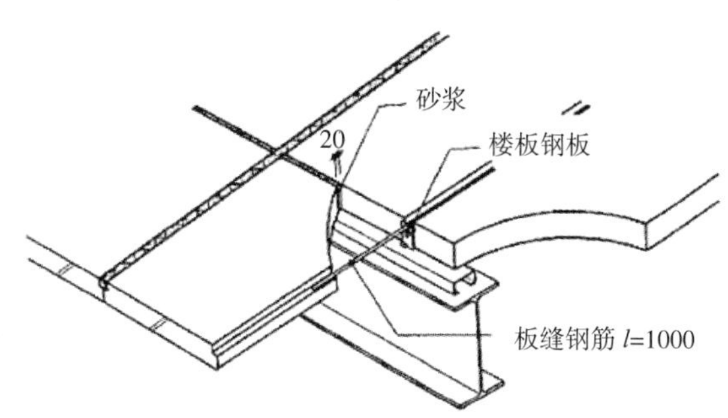

图 67　屋面及楼面板连接构造

板的搭接长度要求如图 68 所示。图中 a 应该满足大于主要支点间距离的 1/75 以上，且 40mm 以上，b 为 100mm 以上。

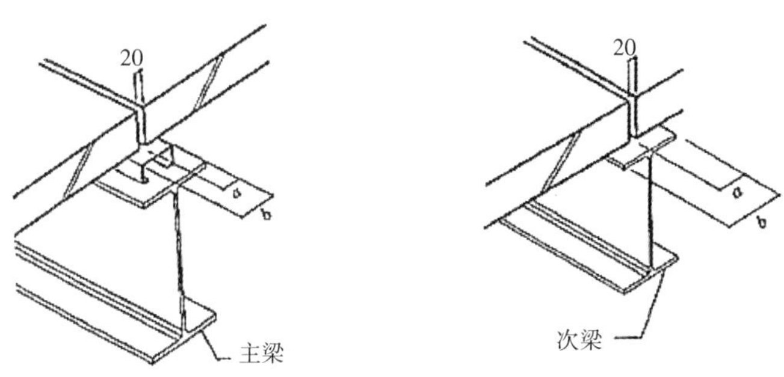

a 为主要支点间距离的 1/75 以上及 40mm 以上
b 为 100mm 以上

图 68　板的搭接长度要求

6.3.4　ALC 板施工检查

1）连接质量检查

施工人员进行 ALC 墙板施工前，一定注意对连接结构（基础、柱、间柱、大梁、悬挑钢材、小梁及楼板等主体结构，和支座和预埋金属连接件等）的精度进行检查，如果对板的安装精度有影响的情况下，调整方法需要与监理人员协商后解决。

除了 JASS5 和 JASS6 规定的项目外，JASS5 和 JASS6 中未列举的需要与施工人员确认后进行检查的项目如表 77 所示，位置如图 69。

连接结构的检查项目示例　　表 77

	检查项目	检查方法	容许误差	处理方法
外墙、内隔墙	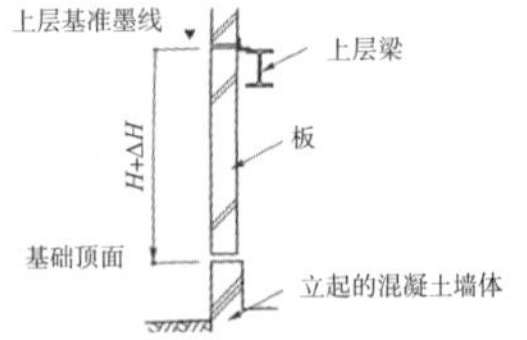 基础顶面标高为上层基准墨线向下一定尺寸的标高 ①立起的混凝土墙体的标高	水平仪、皮尺等	$\Delta H \leqslant \pm 5$mm	利用匀质砂浆修整
	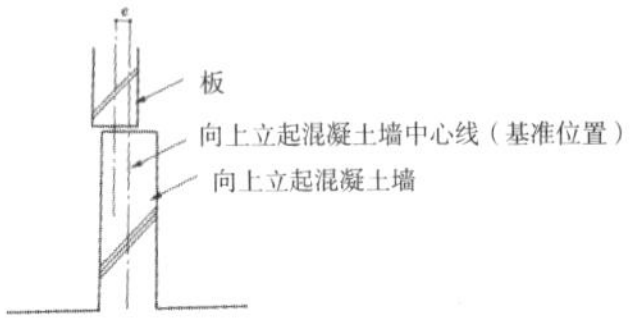 ②向上立起混凝土墙中心线	钢制卷尺、皮尺等	$e \leqslant \pm 10$mm	砂浆抹面
	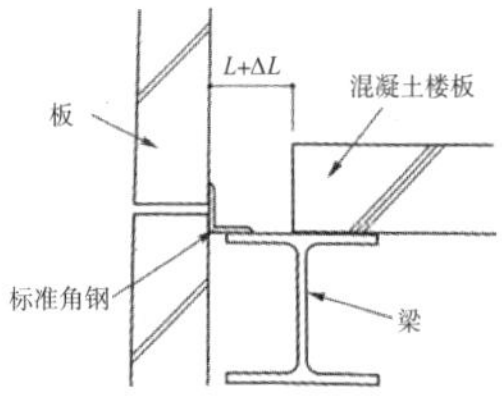 ③混凝土楼板等的搭接位置（为了安装标准角钢）	皮尺等	$\Delta L \leqslant +10$mm -0	削去多余混凝土
	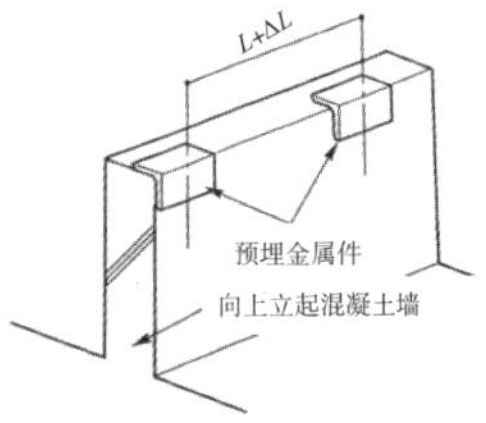 ④预埋钢筋及预埋金属件的间隔	皮尺等	$\Delta L \leqslant \pm 50$mm	后施工锚栓
	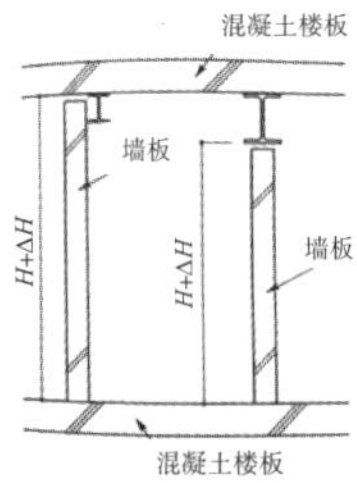 ⑤板安装部位的高度	皮尺等	$\Delta H \leqslant \pm 5$mm	利用砂浆等进行标高调整
屋面板、楼面板	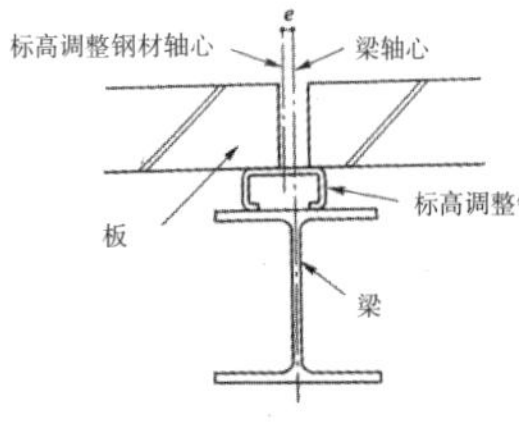	钢制卷尺、皮尺等	$e \leqslant \pm 10$mm	搭接长度不满足要求，使用加强钢材

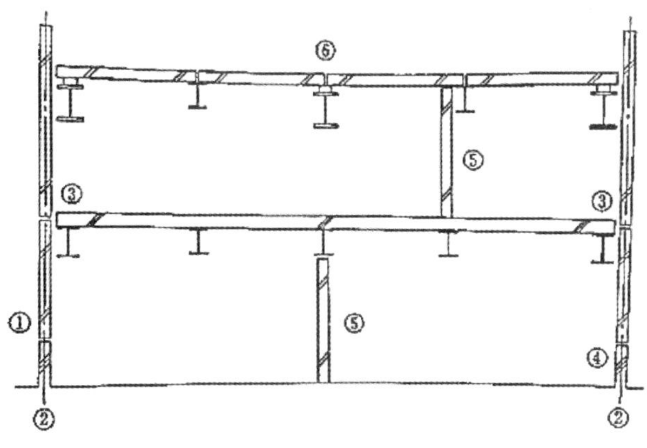

图 69 检查项目的示意图

2）ALC 板及其他材料的入场检查

以目测为主，日本实行标识认证制度，所以在材料进场时一定注意检查各种材料是否有如图 70 所示的标识。

图 70 ALC 板产品认证标识

3）施工中检查

施工过程中，依据施工计划书和施工图对表 78 所示的工程项目进行检查。

施工中必检项目　表 78

工程检查的检查事项					业务分类		
项目		时期	方法	参照对象	专业施工人员	施工人员	监理人员
板的保管和养生状态		ALC 板入场后到板安装就位完工前	目测	施工计划书 施工要领书			
墨线检查	连接角钢的定位墨线精度	定位墨线完成后到连接角钢安装前	实测	施工图			
	板的切割位置的定位墨线	定位墨线完成后到板安装前	实测	施工图			

续表

工程检查的检查事项					业务分类		
项目		时期	方法	参照对象	专业施工人员	施工人员	监理人员
连接角钢的安装检查	指定部位使用的连接角钢的构件尺寸	连接角钢安装后到板建造前	目测	施工图			
	连接角钢的安装精度	连接角钢安装后到板建造前	实测	施工图			
	连接角钢的焊接部位的长度、位置、精度、外观	连接角钢安装后到防锈涂料涂抹前	实测 目测	施工计划书 施工图			
	焊接部位的指定的防锈蚀涂料的使用情况	连接角钢安装后到板建造前	目测	施工计划书			
板的安装检查	板的安装精度	板安装完成后到完工检查	实测	施工图			
	安装用金属连接件等的焊接部位的长度、位置、精度、外观	安装金属连接件焊接后到防腐蚀材料涂抹前	实测 目测	施工计划书 施工图			
	焊接部位的指定的防腐蚀材料的使用情况	安装金属连接件焊接后到完工检查	目测	施工计划书 施工图			
	开口的位置、大小	开口部位加强钢材安装后到完工检查	实测	施工图			
	根据不同的安装构造方法开口部位的加强钢材的安装方法	开口部位加强钢材安装后到板安装中止时	目测	施工图			
	检查开口部位是否使用了指定截面尺寸的加强钢材	开口加强钢材安装后到完工前	目测	施工图			
	板的切割、开槽、开孔尺寸是够满足要求	板加工后到完工前	实测	施工计划书 施工要领书			
	板的外观、缺陷、表面的损伤情况	板安装后到完工前	目测	施工要领书			
密封工程相关检查	密封的板缝的形状、尺寸	板安装后到密封材料打设之前	实测	施工图			
	底漆及填充材料的使用	填充材料的装填之后到密封材料打设之前	目测	施工要领书 施工图			

4）竣工检查

竣工检查必检项目如表 79 所示。

竣工检查必检项目　　表 79

检查项目		检查方法	参照图纸
板的安装检查	板的安装精度	皮尺实测	施工图
	焊接部位的使用的指定的防腐蚀材料	目测确定	施工规划图、施工图
	开口部位、高度等的位置	皮尺实测	施工图
	开口加强钢材的指定的构件的截面尺寸	目测确定	施工图
	板的截面、开槽、开孔尺寸	皮尺实测	施工规划图，施工要领书
	板的缺陷、表面损伤	目测确定	施工要领书
	密封材料的外观检查	目测或皮尺测量	施工规划书、施工图
	板的整体外观检查	远处目测	施工要领书

6.4　我国 ALC 墙板工程应用和研究现状

6.4.1　工程案例

1）北京电视台（图 71）

图 71　北京电视台项目

2）北京地标——中国尊（图 72）

图 72　中国尊项目

3）城市副中心项目（图 73）

图 73　城市副中心项目

4）腾讯大厦（图 74）

图 74　腾讯大厦

5）呼和浩特市医学院项目（图 75）

图 75　呼和浩特市医学院项目

6.4.2 ALC 墙板体系和施工要点

1）外墙板体系

ALC 外墙板主要用于钢结构外围护墙和框架结构填充墙，并且具有一定的保温、隔热效果。墙板安装方式主要分为横装和竖装两种连接方式，执行标准 [GB 15762《蒸压加气混凝土板》] 墙板安装节点参照国标图集《13J104》。

（1）外墙板安装工艺流程

第一步 清理基面、放位置线、垂直线；

第二步 总包方、监理预检；

第三步 焊接导向角钢和托板；

第四步 板钻孔；

第五步 板就位、安装槽钢、穿入勾头螺栓；

第六步 检查并校正墙板平整、垂直、位移；

第七步 拧紧勾头螺栓并与角钢焊接、槽钢焊接；

第八步 缺陷修补、横竖对头缝处理；

第九步 先自检后墙体整报检。

（2）外墙板体系施工要点

外墙板体系的施工要点如图 76 所示，外墙板开孔必须采用专用设备，吊装需要使用专用的吊装设备，且保证其安全性能，外墙板横缝先进行修缝处理，然后打专用密封胶处理；外墙板竖缝处理：先修缝处理（要求上下缝隙宽度一致），然后填塞岩棉、塞 PE 棒，最后打专用密封胶。

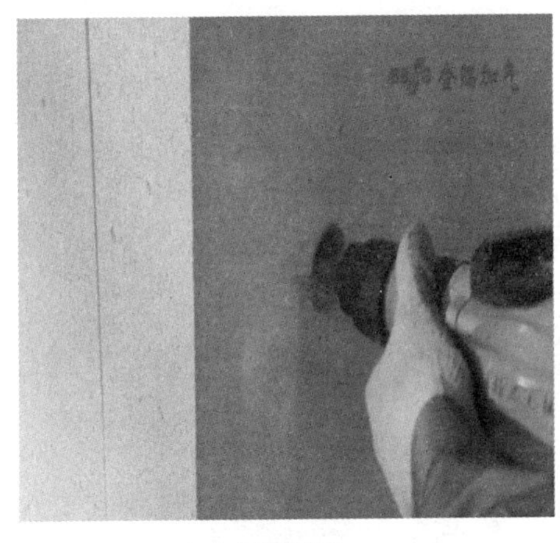

（a）外墙板开孔

（b）吊装

图 76 外墙板体系施工要点（一）

（c）外墙板横缝

（d）外墙板竖缝

图 76 外墙板体系施工要点（二）

2）内墙板体系

图 77 为内墙板的施工工艺流程图。

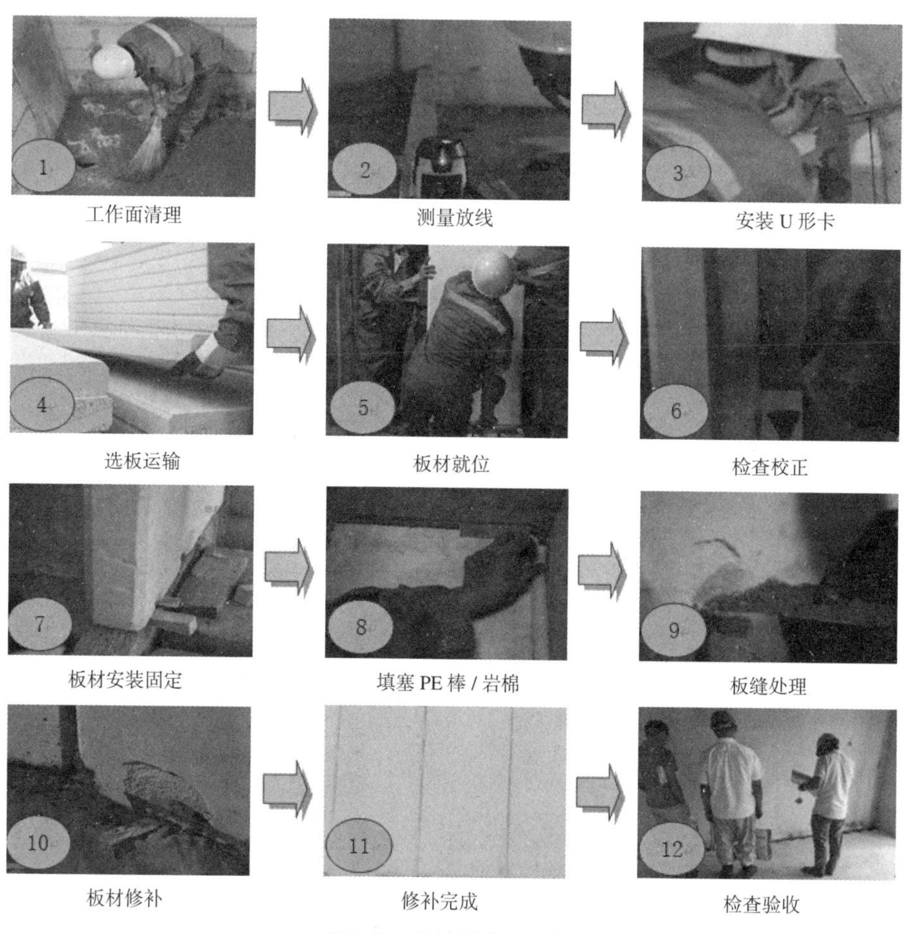

图 77 内墙板施工工艺

表 80 为内墙墙板在施工过程中的质量控制要点。

内墙板质量控制要点 表 80

序号	质量控制要点	备注
1	节点构造、构件位置、锚固方法应符合设计要求，安装平稳、牢固、顺直	
2	成品吊装时应采用专用吊具	
3	运输时加强保护，安装后避免碰撞	
4	墙板安装时专用粘结剂要涂刷均匀，下边木楔子要背紧，要加大挤压力	
5	安装时认真检查，防止破损后没有修补的板上墙	
6	安装第一块板要认真找直，防止安装缝不垂直	

3）楼板体系（图 78）

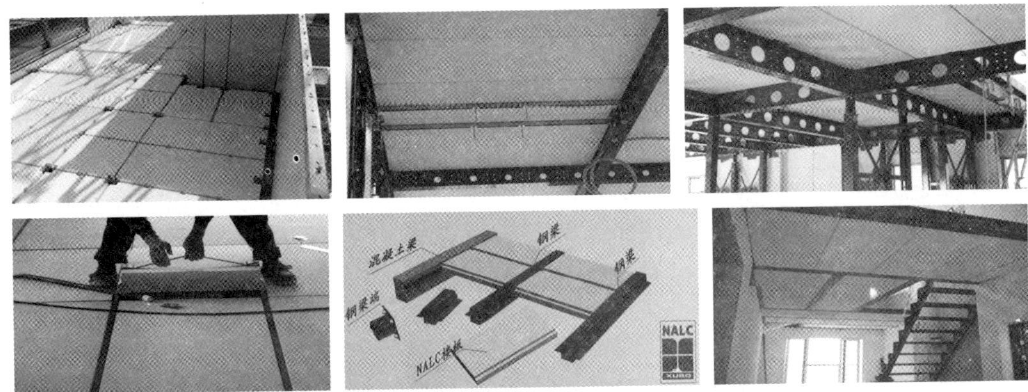

图 78　楼板体系简图

4）屋面板结构体系

ALC 板作为屋面板结构体系具有轻质、隔声、隔热、耐火及易加工安装便捷等优点，是国家重点推荐的绿色环保建材产品，执行标准:《蒸压加气混凝土板》GB 15762。

屋面板规格型号:长度从 1.8 ~ 6m 每 300mm 进制，宽度为 600mm，厚度:1.8 ~ 3.6m 为 150mm 厚，3.9 ~ 4.5m 为 175mm 厚，4.8 ~ 6m 为 200mm 厚（图 79）。

5）防火板体系

ALC 板可以作为防火板体系使用，其具备以下特点（图 80）。

（1）保温隔热

自保温外围护系统，有效解决结构的冷、热桥问题，大大降低建筑物的使用能耗，不用再做其他保温措施，大大降低工程造价。

（2）耐火阻燃

150mm 厚墙板既能达到 4 小时以上的防火性能，且绝不会产生任何放射性物质和

图 79 屋面板施工案例

有害气体，因此被广泛应用于对防火要求较高的钢结构厂房。

（3）优良的抗震性能

轻质高强的外墙板结合专业的节点设计和安装方法，保证建筑物围护结构具有较强的抗震性能，因此在日本等地震高发地带被广泛推广应用。

（4）施工便捷

采用干式施工法，施工工艺简便，有效地缩短建设工期，降低工程造价。

图 80 防火板体系施工案例

6）自保温体系

JY 自保温板是经过工厂生产一体成型的复合保温板。保温板内设有双层钢筋网片，使整个板材的整体性更强，减少了面层脱落的可能性（图 81）。

JY 自保温板的特点：

（1）达到一体化技术要求，通过连接件牢固连接，实现了建筑保温与结构同寿命的目的；

（2）具有重量轻、设计施工方便；

（3）内外夹层的设计形式，强度高，保温性能好，特别是内部保温和双层钢筋网片设计，使板材结合更牢固，突出板的整体性；

（4）具有良好的防火性能，有效地避免施工中可能引起火灾等现象发生；

（5）保温层夹在中间，保温性能更好，避免外墙保温脱落的风险。

图 81　自保温墙板

7）砌块体系

加气砌块具有容重轻、强度高、隔音、耐火、环保等特点。施工便捷，砌筑质量好。执行标准：《蒸压加气混凝土砌块》GB11968。一块 200mm 砌块相当于砌筑 18 块红砖，大大加快了施工进度，降低劳动成本，减少砂浆用量。外墙采用 300mm 厚加气混凝土砌块，无须再做内保温或外保温，能够达到热工要求的单一墙体材料（表 81）。

蒸压加气混凝土板和砌块主要性能指标对比　表 81

项目名称			蒸压加气混凝土板	蒸压加气混凝土砌块
规格			（1500-6000）mm × 600mm ×（75-200）mm	600mm × 250mm ×（100-350）mm
材料性能	1	干容重	500 ~ 600kg/m³	500 ~ 700kg/m³
	2	强度	3.5 ~ 5.0MPa	3.5 ~ 5.0MPa
	3	收缩率	≤ 0.05%	≤ 0.05%
	4	强度损失	≤ 15	≤ 15
	5	传热系数	0.47W/（m・K）	0.11 ~ 0.15W/（m・K）
	6	耐火性能	4 小时	4 小时
	7	原材料	风积砂、水泥、石灰	加气产品节能环保利废
	8	生产规模	大型	大型
	9	抗震性能	无论框架结构还是钢结构，由于 ALC 板属于大板整体安装的结构形式，故可适应较大的层间角变位而使抗震性大大增强	砌块的普通做法需要增设混凝土柱、梁、拉结筋，整体性、抗震性比板要差些
结构连接	1	结构荷载	使用加气板可增加室内使用面积约 3%；其重量很轻（比块材至少减轻一半），故基础、梁柱的钢筋用量要小很多，混凝土标号、构件尺寸及基础埋深等均可相应降低，从而降低成本	可选用的规格多，基础、梁柱的钢筋用量很多
	2	结构连接	加气板作为墙板使用时不需要构造柱和配筋带或圈梁，门窗处理不需要加过梁，可以独立使用而不需要任何辅助、加强的结构构件	砌块作为墙体时根据建筑规范规定需要增加混凝土圈梁、构造柱、拉结筋、过梁等以增加其稳定性及抗震性
	3	连接方式	加气板不需要砌筑砂浆，只要在与板、柱或梁接触处用粘结石膏挤浆处理即可，且用量很少，为干法施工无污染	砌块需要大量砌筑砂浆砌筑且与构造柱圈梁、配筋带连接而成墙体，产生废料、废渣多，工地现场对环境有一定污染
施工对比	1	供货安装	加气板根据图纸及现场进行二次设计；尺寸实测实量，工厂定尺加工生产，精度高，到达施工现场直接现场干法拼装成墙，供货安装施工速度很快	可选用的规格多，需准备砌筑砂浆等，现场砂浆砌筑，湿法作业，施工进度受气候及供货的影响
	2	辅料配件	加气板安装使用 U 形卡、钩头螺栓、钢托板 等配件，因此缩短了工期	砌块需要增设圈梁构造柱、芯柱等故施工速度受到制约
	3	墙面施工	加气板安装后墙面平整度高且不需要双面抹灰，装饰界面工序简单，直接抹粉刷石膏（腻子）一遍后刷涂料即可；可降低装饰、抹灰等费用不少于 15%	砌块砌筑结束后需要双面抹灰并在与结构交接处作防裂加固，处理后才能刮腻子提高墙面平整度
	4	工期	加气板比使用砌块砌体砌筑可以缩短工期约三分之一到四分之一	正常湿作业工序较多

6.4.3 ALC板相关力学性能实验研究简介

1）板材抗弯性能试验分析

图82为板材配筋率对板材抗弯性能影响实验，S3-A44-1和S3-A77-1的配筋前提分别为132mm^{2}和137mm^2，由图82中可知配筋率较高的板材，裂缝分布相对较密集，裂缝较多，裂缝宽度较小。S3-A44-1试件出现钢筋网片的粘结滑移现象，增加钢筋的接触面积可以有效地提高钢筋与混凝土的咬合能力。

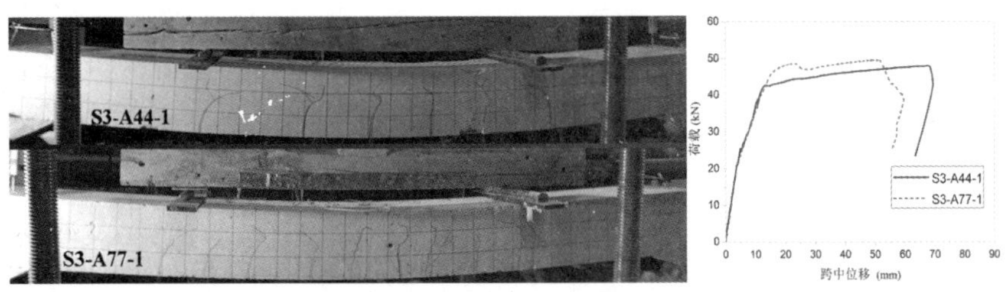

图82　板材抗弯性能试验

2）板材抗弯钢筋与混凝土的滑移

图83的ALC板3分点加载试验可知，改进粘结滑移现象的措施包括：

（1）光圆钢筋改成带肋钢筋；

（2）改进防锈措施；

（3）设置更多横向钢筋和竖向拉结钢筋；

（4）钢筋总面积不变下，增大钢筋与混凝土接触面积。

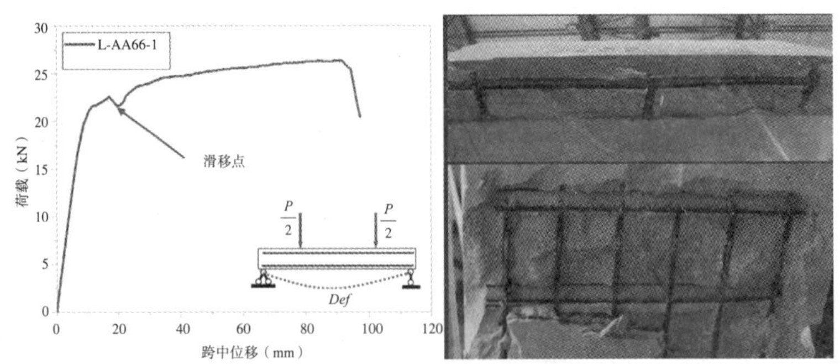

图83　板材抗弯钢筋与混凝土的滑移

3）加气混凝土外挂板节点的性能对比

通过试验研究的方法对比了预埋节点和勾头螺栓两种节点连接方式对应的承载力和刚度，实验结果表明，预埋件节点的刚度和承载能力比勾头螺栓节点大，板材配筋面积越大，预埋件节点的极限承载能力越大（图 84）。

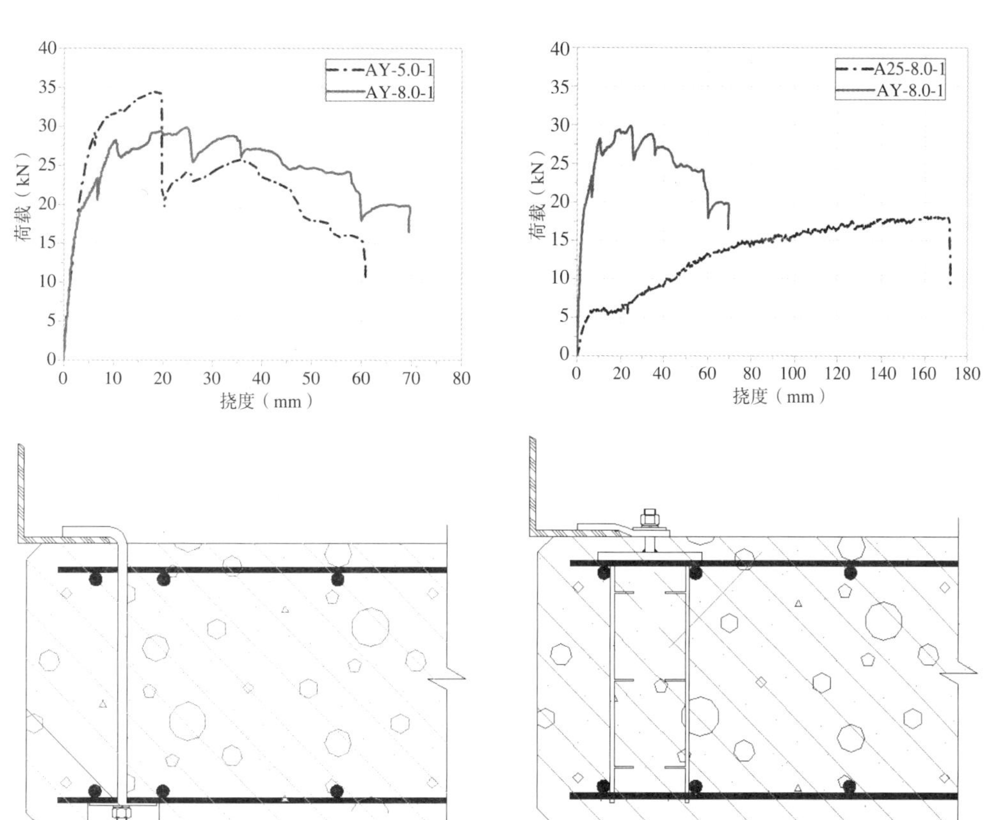

（a）钩头螺栓

（b）预埋节点

图 84 外挂墙板节点力学性能试验结果

4）振动台试验

（1）研究目的

①研究加气混凝土墙板采用不同连接方式（外挂或内嵌），有无开洞以及不同节点构造（钢管锚或预埋件）时的抗震性能；

②研究加气混凝土墙板对主体结构的影响，包括刚度贡献和阻尼贡献，为采用加气混凝土墙板的结构抗震设计提供参考依据；

③重点关注加气混凝土墙板不同连接方法的可靠性，并根据试验结构提出节点改进方案。

（2）研究对象

对如图 85 所示的试验试件进行了振动台加载试验。

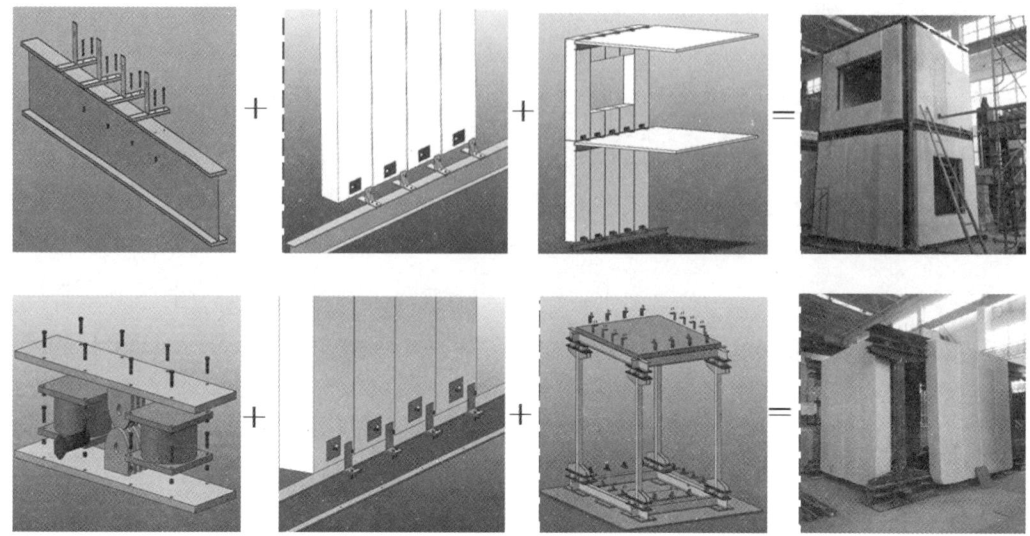

图 85　足尺试验模型设计与制作

（3）典型试验结果

8 度大震作用下墙板节点及窗洞变形图如图 86 所示。

（a）铁钉冒出

（b）螺栓松动

（c）窗角出现裂缝

图 86　墙板节点及窗口变形试验现象

①窗口通过扁钢加固的试验试件，当结构的层间位移角达到 1/80 左右时，窗洞形状完整，没有发生严重破坏现象；

②当底层层间位移角达到约 1/45 左右时，角钢加固窗洞基本完整，角钢稍有弯曲，一些没有点焊的角钢与墙板之间的锚固铁钉已冒出；

③试验过程中，外挂试验试件使用铁钉锚固，内嵌模型使用自攻螺钉锚固，对比发现自攻螺钉锚固要好于普通铁钉锚固。因此根据试验结果可知，扁钢加固窗洞口是可行的，但用扁钢加固并用自攻螺钉锚固或点焊锚固的窗洞受力性能更佳。

（4）振动台加载试验主要结论

①振动台试验研究的外挂墙板和内嵌墙板在8度小震下结构保持完好，8度中震下胶缝部分开裂、墙板损伤轻微，8度大震下胶缝全部开裂、墙板有明显损伤，各阶段形成单元板块的摇摆运动机制，节点摩擦减震，大震下节点完好，仅有个别节点螺栓出现松动现象。试验证明连接节点构造科学合理，该设计模式下的外挂墙板和内嵌墙板用于8度区100m高层建筑是安全可靠的。

②钢框架安装了外挂墙板和内嵌墙板后，整体模型阻尼比比空框架有所提高，在大变形情况下板缝之间的相对运动对消耗结构吸收的地震能量、提高房屋的抗震能力比较有利。

③试验研究的钢框架层间位移达到约1/33、墙板的加速度反应达到0.7g，尽管窗洞边缘墙板拼缝产生通长裂缝，但墙板本身没有损坏，墙板与主结构之间的钢管锚连接节点完好，表明墙板及钢管锚连接节点具有良好的抗震性能。

④由试验结果可以知道，开有窗洞的墙面是抗震薄弱环节。在8度大震情况下，窗洞口的加固扁钢有较明显的变形，没点焊的锚固钢钉开始冒出；往往容易冒出而失效，而采用点焊方法或自攻螺钉能够在较大层间位移变形时保证墙板与加固构件仍能共同工作。

6.5 小结

钢结构围护系统是目前发展装配式钢结构体系的难点，主要表现在围护结构材料的耐久性和与主体结构的连接构造方面。

1）耐久性除了与围护材料自身的耐久性能及密封材料的耐久性能相关外，还与使用过程中不断的检查和修缮相关，日本制定的完善的房屋修缮制度是保证住宅使用性能的关键；

2）在与主体结构连接构造方面做到变形协调是关键，特别对于钢结构体系，其自身在水平荷载作用下的变形较大，如何保证围护结构协同变形能力是保证围护结构体系不脱落的关键。

7 结论

7.1 标准体系改革和建议

7.1.1 加强强制性标准体系内涵建设

①加快工程建设标准化改革。建议进一步精简政府监管范围，即“严守法律底线，严控公共安全”，加强监管力度；

②建议标准的技术内容从“过程导向型”向“目标导向型”转化。

1）日本法律标准体系

《建筑基准法》、《建筑基准法实施令》、《国土交通省告示》属于日本与工程建设相关的法律或技术法规，其规定的标准具有强制执行性，违反即是违法。

下面仅以结构构件的耐火性能为例对《建筑基准法》、《建筑基准法实施令》《国土交通省告示》中的标准体系进行说明。

（1）《建筑基准法》

《建筑基准法》第 2 条第 7 号规定“耐火墙、柱、楼板等构件应具备的耐火性能（通常的火灾结束前，防止由于受到该火灾的影响而发生建筑物的倒塌和连片的燃烧而要求该建筑物的结构部分必须具备的性能）需要满足相关的政令要求，在构造上采用国土交通大臣确定的构造方法或者接受国土交通大臣认定。”

可见，在《建筑基准法》中对耐火性能给出了描述性的要求。并且规定了相关具体内容满足“政令”要求。这与 GB 50016 的《建筑设计防火规范》第 1.0.5 条和第 1.0.7 条条文规定相似。

（2）《建筑基准法实施令》

《建筑基准法实施令》第 107 条对建筑物的结构构件的耐火性能进行了规定，如表 82 所示，规定了每种结构构件在应用于不同部位时的最低耐火时间要求，这条规定与

《建筑设计防火规范》GB 50016 第 5.1.2 条表 5.1.2 的“不同耐火等级建筑相应构件的燃烧性能和耐火极限（h）的规定”相似，但是值得注意的是，该条在国标中为非强制条文，而《建筑基准法实施令》由于是政府部门制定的技术法规，是法律的延伸，属于强制执行的法律条款。

《建筑基准法实施令》第 107 条　　表 82

建筑物层数 / 建筑构件		最上层及最上层开始第 2 层到第 4 层以内的所有楼层	最上层开始第 5 层到第 14 层以内的所有楼层	最上层开始第 15 层以上的所有楼层
墙	隔墙（仅限受力墙）	1 小时	2 小时	2 小时
	外墙（仅限受力墙）	1 小时	2 小时	2 小时
柱	1 小时	2 小时	3 小时	
楼板	1 小时	2 小时	2 小时	
梁	1 小时	2 小时	3 小时	
屋面板		30 分钟		
楼梯		30 分钟		

从表 82 可知,《建筑基准法实施令》详细描述了耐火时间的要求，即为了保证《建筑基准法》的性能要求，最小的耐火时间应当保证满足表 82 的规定。但是可操作性仍然不强。

（3）《建设省告示》

表 83 为 1989 年《建设省告示》第 1399 条关于各构件的耐火极限对应的构件的最小直径或厚度及保护层厚度的要求，可见，在不同结构形式中使用的不同的建筑构件都有其最小的直径或厚度及保护层厚度要求，规定的标准的内容非常详细，这条与 GB50016-2014 的《建筑设计防火规范》中附录的内容相近。

1989 年《建设省告示》第 1399 条　　表 83

建筑构件	结构	覆盖材料	最小直径或厚度 B（cm）（小时）				保护层厚度 t（cm）（小时）				备注
			0.5	1	2	3	0.5	1	2	3	
墙体	钢筋混凝土结构	混凝土		7	10			3	3		t: 非受力墙体的厚度在 2cm 以上
	钢骨钢筋混凝土结构										
	钢骨混凝土			7	10			N	3		
柱	钢筋混凝土结构	混凝土		N	25	25		3	3	3	
	钢骨钢筋混凝土结构										
	钢骨混凝土			N	40	40		3	5	6	

续表

建筑构件	结构	覆盖材料	最小直径或厚度 B（cm）（小时）				保护层厚度 t（cm）（小时）				备注
			0.5	1	2	3	0.5	1	2	3	
楼板	钢筋混凝土结构	混凝土		7	10			2	2		
	钢骨钢筋混凝土结构										
梁	钢筋混凝土结构	混凝土		N	N	N		3	3	3	
	钢骨钢筋混凝土结构										
	钢骨混凝土		N	N	N		3	5	6		
屋面	具备30分钟耐火性能的屋面应该具备以下条款中的任意一项 一、钢筋混凝土结构或钢骨钢筋混凝土结构； 二、钢筋加强混凝土砌块、砖，或者石材； 三、钢筋网混凝土，或者钢筋网砂浆进行封檐，或者直接采用钢筋网混凝土，或者钢筋网砂浆； 四、如果为钢筋混凝土板应该在4cm以上； 五、高温、高压蒸汽养生轻量气泡混凝土板										
楼梯	30分钟耐火性能的楼梯应该具备以下的性能 一、钢筋混凝土结构或者钢骨钢筋混凝土结构； 二、无筋混凝土结构、黏土砖、石结构或者混凝土块结构； 三、钢筋加强黏土砖、石结构，或者混凝土块结构； 四、钢结构										
（注）	（1）在最小直径、厚度 B，被覆盖的厚度 t 一栏里的0.5、1、2、3分别表示耐火时间为0.5～3h； （2）t 是指覆盖层厚度、涂层厚度、覆盖厚度，B为墙板、楼板的厚度，柱、梁的最小直径； （3）柱、梁的最小直径已经包括了砂浆、石膏等装饰材料的厚度； （4）N表示尺寸无限制										

从表83可知，1989年《建设省告示》第1399条，根据结构形式、覆盖材料、耐火时间等，规定了各种构件的最小截面尺寸和覆盖层厚度要求，即当结构构件满足表中要求，既可以满足《建筑基准法》的要求，可操作性强。

2）我国建筑法规和技术标准

我国建筑法规组成　　表84

法律效力	建筑法规内容	举例
高	法律	《建筑法》
↓	行政法规	《建设工程勘察设计管理条例》
	地方法规	《北京市建筑市场管理条例》
	部门规章	《工程建设国家标准管理办法》
低	地方政府规章	《山西省建筑工程招标投标管理办法》

由表84可见建筑法规规范了建筑市场的行为，规定了参与建设活动的各方的责任和义务，多为行政性法规。

我国的工程建设标准体系采用“两类”（强制性标准和推荐性标准）“四级”（国家标准、行业标准、地方标准、企业标准）的建筑技术标准体制。国家标准是在全国范围内统一执行的技术要求；行业标准是需要在全国某个行业范围内统一执行的技术要求，技术内容一般会高于国家标准；地方标准是在某一行政区域内统一执行的技术要求，技术内容一般会高于国家标准、行业标准；企业标准是在某一企业内部统一执行的技术要求，技术内容一般会高于国家、行业、地方标准。

我国的强制性标准和推荐性标准相互依存。强制性标准是国家通过法律的形式明确要求对于一些标准所规定的技术内容和要求，是必须执行的标准，包括强制性的国家标准、行业标准和地方标准。违反强制性标准的当事人将承担法律责任。推荐性标准则是国家鼓励自愿采用的具有指导作用而不强制执行的技术标准。

可见，我国的建筑法规的内容以行政管理条例为主，是通过对参与建筑活动中的建设单位、施工单位、勘察设计单位和监理单位的责任和义务进行规定，并且规定了技术标准的制定、修订、实行和监督等环节的责任部门和参与建设活动的部门和企业所应承担的义务，从而达到保证工程质量的目的，而保证工程质量的技术要求则在技术标准里予以体现。建筑法规没有详细的强制性的技术要求，这些强制性条文在技术标准内。

因此，我国标准存在强制性条文分散，在执行过程中难以把握，工程建设标准与法律法规脱节，即技术标准与技术法规脱节，无法突出法律的效力，标准的技术内容，以过程导向型为主。

7.1.2 通过社会参与细化技术指标和标准

- 建议对标准体系管理应从目前的“即管理又过问”方式向“只管理不过问”的方向发展。只对标准制定的行为，进行管控，发挥全社会的力量完善标准体系；
- 建议全文强制以外的标准不要对全社会一次性放开，过渡阶段应采用政府引导为主的方式，政府的引导为可能发展壮大的社会团体提供支持；
- 引导加强技术指标的科研工作；
- 引导发展专业团体、企业联合体、地方联合体标准，出台相关规划；
- 引导发展机构、协会、实验室等的注册制度。

1）各级标准的法律地位

（1）JIS、JAS

《建筑基准法》第三十七条的摘要如下所示：

（建筑材料的品质）

第三十七条 建筑物的基础、主要结构构件及其他安全上、防火上或者卫生上重要的，由政令确定的部分，使用的木材、钢材、混凝土等其他的建筑材料由国土交通大臣来确定（下面将该条款称为 [指定建筑材料]），必须满足下面任何一项的要求

①对于每一种指定建筑材料的品质，必须满足国土交通大臣指定的日本工业规格或者日本农林规格的要求；

②除了日本工业规格或者日本农林规格中记载的材料外，其他指定建筑材料必须是符合国土交通大臣规定的安全上、防火上或者卫生上的必要的与品质相关的技术基准相适应的材料，并获得国土交通大臣的认定。

从以上的条文可知，建筑基准法从法律的角度明确了 JIS 的法律地位。

（2）团体标准

在团体标准制定过程中，要求其最低标准应当不低于《建筑基准法》的要求，因此，在制定过程中，对于最低标准，通常引用法律条文，而对于一些特殊的要求，如新技术、新工艺、新问题等，虽然超出了《建筑基准法》的要求，但是却代表了技术的进步，通过引用相关的科学研究成果，制定了相应的团体标准，这些标准虽然不属于建筑法规，不受法律保护，但是一旦签订了建筑工程施工合同，那么就受到了《合同法》的保护，一样可以具备法律效力，国家政府机构基于《建筑基准法》通过“建筑确认审查制度”来对项目进行检查，工程建设项目允许使用高于《建筑基准法》的团体标准。

（3）我国各级标准现状

我国的标准中无论是强制标准还是非强制标准，全部由各级政府部门主导完成，而且我国现有的标准管理制度是由政府完成主要的管理职能。这样的标准管理制度使得新产品、新技术无法第一时间及时进入市场。因此，不仅一定程度上阻碍了技术的发展和推广，还降低了我国企业的竞争力，因此，建议对标准体系管理应该从目前的“即管理又过问”的方式向“只管理不过问”的方向发展。只对标准制定的行为进行管控，发挥全社会的力量完善标准体系。

2）团体标准地位形成的历史原因分析

日本的社团组织众多，这些社团组织制定的标准的社会影响力不同，其中具备很高影响力的社团组织都具有以下特点：

①历史悠久，如日本建筑学会，该社团组织于 1886 年（明治 19 年）创立；

②社会影响大，如日本建筑学会现有会员数量为会员数量为 3 万 5 千余名，会员分属于以研究、教育机构、综合建筑业、设计事务所为代表的，包括政府机关公务人员、各类社团和公团的会员、建筑材料和机械的制造商、建筑设计顾问、学生等各行各业的与建筑工程相关人员。

③制定了完善的团体组织章程，如依据日本建筑学会章程要求，学会广泛地开展

了各类工作，如促进调查研究的振兴、信息的发送和收集、促进教育和建设文化的振兴、业绩的表彰、国际交流、提出建议和要求等。此外，学会在日本全国设置了9个支部和36个分支机构，各支部和分支机构也在各自区域内开展了各式各样的工作。

④与政府的引导密不可分，如日本预制装配式协会，该协会成立于1963年，在政府的引导下，制定了一系列的与PC工法相关的制度，如PC构件的检查制度、PC构件施工管理人员认定制度等。

从目前我国社会团体的发展状况看，我国的各类社会团体尚不具备悠久的历史和广泛的社会影响力，如果将全文强制标准外的标准无条件的向全社会一次性放开，必定会引起标准的混乱，对工程建设的健康有序的发展不利，因此建议对全文强制以外的标准不要对全社会一次性放开，过渡阶段应采用政府引导为主的方式，政府的引导为可能发展壮大的社会团体提供支持：引导加强技术指标的科研工作；引导发展专业团体、企业联合体、地方联合体标准，出台相关规划；引导发展机构、协会、实验室等的注册制度。

7.2 联动机制的建立和保障

· 应对突发的工程建设公共安全事件，建立标准的反馈和应对机制，并加强与法制体系联动的机制；

· 建立标准管理体系与社会诚信体系、金融保险体系等的联动机制，进一步明晰权责，推动工程建设市场良性循环。

日本建筑中心，成立于1965年，担负着日本的建筑技术审查的任务。1973年开始审查工业化住宅，审查工作包括构造、防火、劣化、设备、省能量、隔音性能、生产工厂的品质管理等。技术审查中由国土交通省进行工作的推进的制度包括：

（1）住宅性能表示制度

形成安心的获得具有优良品质住宅的市场。

（2）长期优良住宅认定制度

推进可以在长期的、良好的状态下的使用住宅的制度。

（3）低碳建筑物认定制度

为了抑制住宅二氧化碳的排放量而推进的制度。

（4）ZEH（网络、零、能量住宅）的支援事业

以实际零能量为目标推进的住宅普及的含义为：

①高隔热基准、设备高效化后，可以节约20%以上的能量；

②通过太阳能发电等可以创造能量（以下均为任意的制度）。

这些制度虽然都是国土交通省推进的制度，但是都属于非强制执行的制度，日本建筑中心的任务就是审查工程建设项目是否符合以上制度的要求，如果符合（1）（2）（3）项制度要求，给予政策上的支持，如减税、融资优待、地震保险折扣等，如果符合第（4）项制度要求，给予补贴、运营费用削减政策支持。

可见日本政府机关在制度推进过程中，对于一些高于《建筑基准法》的目的要求的与建筑物性能相关的制度，通过给予政策上的支持，达到推进制度的目的。

因此，建议我国建立标准管理体系与社会诚信体系、金融保险体系等的联动机制，进一步明晰权责，推动工程建设市场良性循环。

7.3 新工科配套教育

装配式建筑是一个系统工程，目前我国装配式建筑还存在诸多问题，以 PC 构件生产为例，主要集中在 PC 构件生产工艺复杂，标准化程度低；PC 生产设备、钢筋加工设备、混凝土搅拌设备和起重机械设备四大设备联动性差，设备功能配合工艺生产不足；生产设备自动化和信息化程度低，实际人工手动单步控制，关键工位存在大量人工作业；钢筋生产线为单一钢筋设备的简单堆砌，需要大量人工进行半成品钢筋绑扎；PC 构件产品单一，无法满足建筑设计多样化要求等，这些已成为阻碍我国装配式建筑工厂化生产的主要弊端。解决这些问题，需要积极推动装配式建筑全产业链发展，不断提高我国装配式建筑设计 - 生产 - 施工 - 管理技术水平，推动相关人才的培养和配套问题。

同济大学经教育部审批于 2018 年增设智能建造专业，该专业是与土木工程密切相关的新工科专业之一。该专业的基本特点如下：

1）内涵

智能建造以土木工程为基础，融合建筑学、机械工程、材料工程、电子信息、工程管理等学科知识的新兴交叉学科，体现了智能时代建筑业的发展新动向。

智能建造将战略性新兴产业的数字创意、人工智能、新型材料、3D 打印、机器人、智能感知、大数据、物联网、虚拟现实等先进技术与建筑产业相融合，涵盖建筑与基础设施的设计、制造、运输、装配、运营、维护，乃至迁移、分解、重构和再利用的生命周期完整链条，构筑人类绿色、环保、智慧的理想家园。

2）专业形成的社会背景

当前，建筑业正在由劳动密集型向技术密集型转变，传统的设计方法、建造方式、生产范式需要与战略性新兴技术相结合，最终形成建筑业、制造业、信息产业深入融合的智能建造专业，这是我国强国战略的形势所趋。与此同时，我国智能建造技术存在深度不够、系统性不强、专业能力不足等问题，智能建造人才数量和知识结构远远不能满足我国经济建设快速发展的需求，智能建造专业型人才、复合型人才、领军型人才明显短缺，制约我国在智能建造领域的快速化发展进程。因此，迫切需要针对智能建造技术知识体系的特点和人才专业属性及培养模式，实施针对性的智能建造技术人才培养工程。

3）知识体系

智能建造综合了土木工程、建筑学、机械工程、材料工程、控制科学与工程、工程管理等多学科的最新发展成果，代表了国家高新技术的前沿发展。知识结构主要包括四大模块：智能规划与设计，凭借人工智能、数学优化，以计算机模拟人脑进行满足用户友好与特质需求的智能型城市规划和建筑设计；智能装备与施工，凭借重载机器人、3D 打印和柔性制造系统研发，使建筑施工从劳动密集型向技术密集型转化；智能设施与防灾，凭借智能传感设备、自我修复材料研发，实现智能家居、智能基础设施、智慧城市运行与防灾；智能运维与服务，凭借智能传感、大数据、云计算、物联网等技术集成与研发，实现单体建筑和城市基础设施的全寿命智能运维管理。

目前，智能建造的土木工程应用主要体现在 BIM 技术的工程应用。以深业上城机电总承包工程为例，从开工就经过精细地策划，成功引入 BIM 技术，并在全工程范围内做到真正的落地，各项效益显著，意义非常重大，是现代机电安装工艺的一个重要转折。

该装配式机电安装的优点：

（1）非关键线路环节构件生产被转移到工厂进行，装配式安装只保留了现场关键环节装配及安装，大大缩短工期、减少现场人工、有效降低成本；

（2）构件工厂化，通过采用大型自动设备对管段、支架等构件进行切割、焊接等加工，提高了制造速度、构件质量及成型观感；

（3）机电管段、支架等构件在工厂进行切割、焊接、除锈及喷漆，施工现场仅使用一些手动工具（基本不动用电动工具），进行简单地装配及吊装，保证了施工现场环境的干净整洁，真正做到了节约能耗及绿色建造；

（4）成功地将传统的机电安装工人转型成为产业装配式工人，便于推广及集中培训，在安装过程中，干净整洁的环境，工人就像在完成拼图一样，拥有与其他行业工人一样的尊严与自信。

从智能建造的内涵可知，智能建造包含了更深的内涵，如何实现智能建筑与土木工程的有机结合是未来世界建筑产业的发展趋势。伴随着人工智能和网络技术的发展，必定对未来的土木工程师有更高的要求，相关教育的配套是保证建筑产业特别是装配式建筑产业内涵建设的关键。

7.4 装配式建筑质量保障体系建立

7.4.1 建立管理体系、评价体系和审查制度

1989 年之前，日本的装配式建筑构件的认证工作由都市再生机构和东京都等部门分别执行，没有统一标准。之后，在相关政府职能部门的指导下，由日本预制装配式建筑协会制定了 PC 构件品质检查制度等一系列的 PC 构件质量检查保障制度，（如表 85 所示）并得到了行业的普遍认可，这些制度有下列的共同特点：

（1）由社会团体来制定和执行，由第三方审查机构审查（（财）美好生活），由政府职能部门指挥和监督；

（2）非强制执行；

（3）影响范围广，接受申请审查的企业和个人众多；

（4）目标明确：提升运用 PC 工法施工的建筑物从设计到制造、再到现场施工等全部事项相关的整体品质；

（5）检查指标、合格标准明确：品质管理、制造设备、资材管理、制造管理；综合评价点率在 80% 以上，且检验指标中任何一项均达到 60%，重要项目必须合格。

（6）申报、审批流程明确，如图 87 所示。

PC 构件质量保障制度　　表 85

序号	名称	主要内容	业绩（截止 2018）
1	PC 构造审查制度	PC 工法建筑物的构造设计及施工计划的适合性审查	审查完成件数一共有 150 件、335 栋、16836 户
2	PC 构件品质认定制度	PC 构件的制造工厂的品质认定	工厂 72（N 认证）；19（H 认证）；3（海外、中国、N 认证）
3	PC 构件制造的技术人员资格认定制度	PC 构件的制造技术人员的资格认定	资格的注册人员数量为 117 名
4	PC 工法施工管理技术人员的资格认定制度	对 PC 工法的施工管理人员的资格认定制度	资格注册人员的数量为 474 名

7.4.2 引导企业推进装配式住宅建筑的标准化设计和信息化应用

日本 20 世纪 70 年代前期，为了大量建造住宅，以政府为主导，制定了一系列的住宅标准化设计，如建设省：SPH（中层集合住宅量产标准化设计）、住宅公团：H-PC 工法的标准化设计、建设省：中层集合住宅量产新标准设计（NPS）等，标准化设计确实有利于提高建造速度、降低造价，但是 80 年代初期，随着住宅供应量的饱和，住宅标准化设计被应用的频次越来愈低。政府也不再主导标准化设计。可见，标准化设计仅适用于大量重复的建造工作，当需要个性化设计和受到地域和建设用地的影响时，

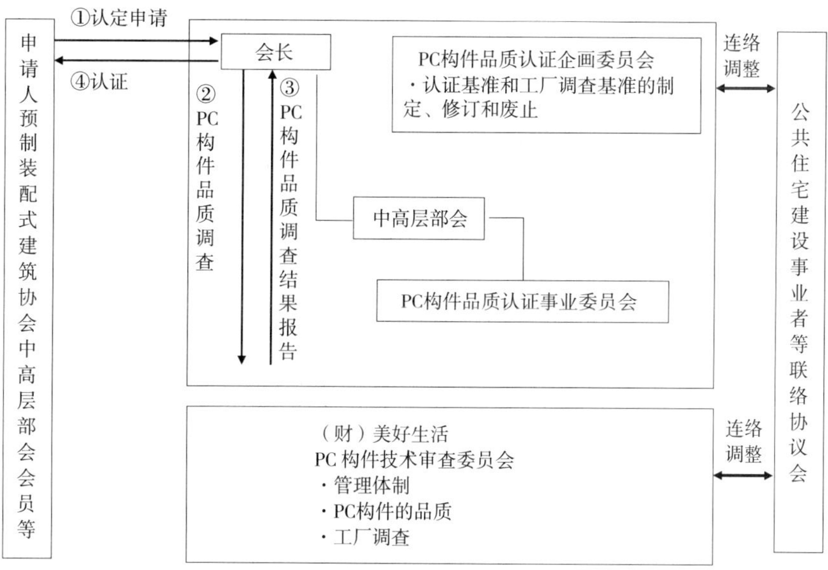

图 87　申报审批流程

政府将不再适合主导标准化设计，但是标准化设计确实是很好地降低预制装配式建造造价的办法，因此，政府部门可以引导企业进行标准化设计，一方面，企业进行标准化设计后，可以提高设计效率，同时可以增强企业的竞争力。

深化设计不同于标准化设计，这表现在深化设计从系统化装配角度包括了建筑、结构、机电、装饰装修一体化，从工厂化生产角度包括了设计、加工、装配的一体化，从产业化发展角度包括技术、管理、市场一体化。做好深化设计是保证预制装配建造质量和节省造价的保障方法。

7.4.3 解决结构体系单一问题，给工程师自由设计空间

日本在预制装配式建筑发展过程中，不断推陈出现，沉淀了如表 86 所示的几类 PC 工法。

日本主要的 PC 工法　　表 86

结构形式	工法名称	规模	简称	特点
墙式结构	中型预制钢筋混凝土构件的组装工法	低层（≤ 3 层）	一户建、量产公营型等	仅使用墙板，装配率较高
	大型预制钢筋混凝土构件的组装工法	中低层（≤ 5 层）	W-PC 工法	仍可仅使用墙板，装配率较高
		高层（6 ~ 11 层）	高层 W-PC 工法	为增加连接性能，设置类似柱的边缘构件
	预应力预制钢筋混凝土构件组装工法	高层（≤ 10 层）	PS 工法	干式连接，目前应用较少

续表

结构形式	工法名称	规模	简称	特点
框架式结构	预制钢筋混凝土构件组装工法	低层到超高层	R-PC 工法	高强混凝土及减隔震技术的运用
	预制钢骨钢筋混凝土构件组装工法	高层、超高层	SR-PC 工法	应用较普遍
	预应力预制钢筋混凝土构件组装工法	中高层	PS-PC 工法	应用较少
墙式框架结构	预制钢筋混凝土构件组装工法	高层（≤ 15 层）且 ≤ 45 米	WR-PC 工法	应用较普遍，为了装配而新开发的结构体系

之后又以国土交通省告示的形式，将其中技术成熟的工法进行公示，如表 87 所示，使得该种工法拥有了法律的地位。

国土交通省告示　　表 87

国土交通省告示第 1026 号（W-RC，W-PC）	国土交通省告示第 1025 号（WR-PC）
适用范围等	适用范围等
混凝土材料	混凝土和砂浆强度
墙的比率	钢筋种类
受力墙厚度	开间和进深方向的构造要求
…	…

7.4.4 其他结论

1）在装配式住宅建筑领域谨慎发展高强度结构材料

目前日本的超高层住宅主要采用高强度混凝土的 PC 工法，这是由于高强度混凝土是缩小构件水平截面尺寸的有效方法。

高强度混凝土现场浇筑时，必须进行非常精细的品质管理，同时，高强度混凝土的使用范围会受到限制，因此，日本在使用高强度混凝土时，通常采用 PC 工法。

但是，值得注意的是提高混凝土强度有利也有弊，我国尚不具备全面发展高强度混凝土并保证其质量的技术条件，且目前的超高层住宅还不适合我国国情，需要等待科学研究的进一步跟进，再决定是否全面推进。

2）标准与时代任务相融合

日本自第三个五年规划起就开始重视住宅的性能、品质和节能等，因为当时日本的住宅提供量即将趋于饱和，不需要再继续大量的建造标准化设计住宅，因此，住宅的品质要求提上日程。

结合我国实际情况，现在大城市人均住宅保有率已经达到了一定的水平，对于新建住宅和已有住宅可以借鉴日本的经验，特别是在大力发展装配式的政策指导下，其本身便具备了高品质的特点，再结合全装修、节能，以及住宅成品化和居住性能提升等，可以降低装配式住宅的相对综合造价，且有利于环保。

附录：日本推广木结构建筑的最新进展

目　录

日本于战后种植了大量树木，经历了漫长的岁月，这些森林资源迎来了木材的使用期。为实现林业增长的产业化，需要多样化利用木材来实现木材的循环利用。目前，日本木材需求中仅有四成用于建筑领域，应用潜力还有待开发。另外，在住宅和建筑上使用木材，具有固碳效果，有助于解决环境问题，还能促进地区经济发展（图 1 ~图 3）。

1. 日本木结构住宅约占住宅存量数的 57%

日本民间对木结构住宅的需求很高，根据 2015 年的民意调查，约有 3/4 的民众倾向于购买木结构住宅。日本总务省 2018 年住宅和土地统计调查显示，日本木结构住宅约占住宅存量数的 57%，约占住宅存量面积的 68%（图 4、表 1、表 2）。

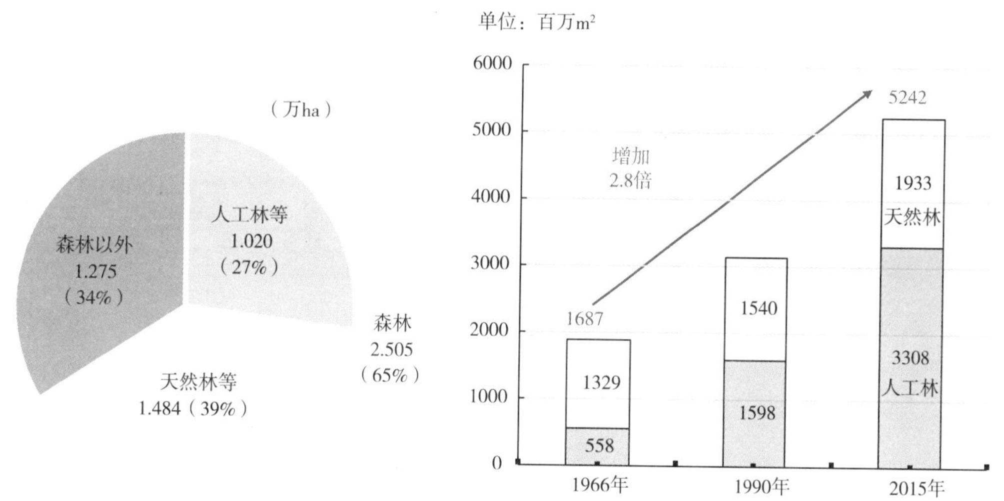

图 1　日本国土森林面积与森林木材储量的变动

（数据来源：国土交通省《2016 年度土地的动向》、林野厅《森林资源现状》，2017 年 3 月 31 日）

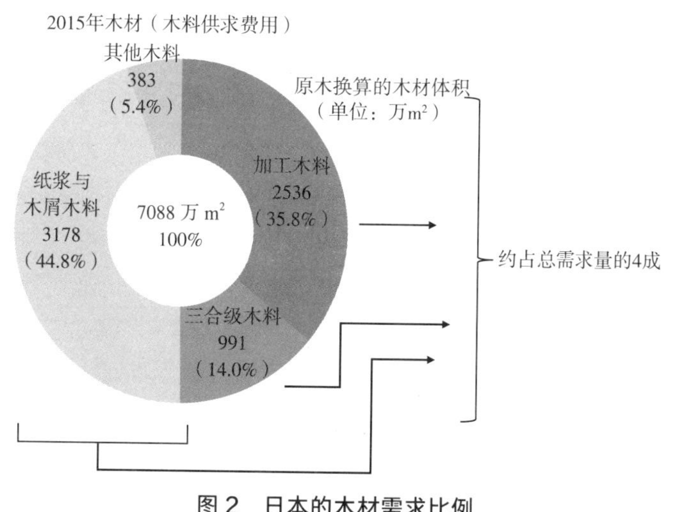

图 2　日本的木材需求比例

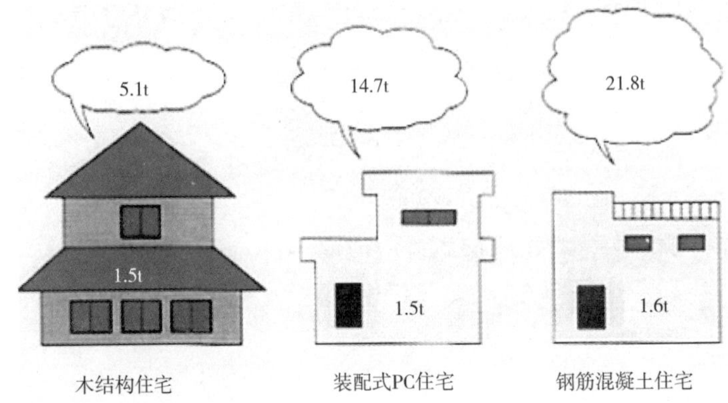

图 3　不同结构类型住宅的固碳及碳排放比较

（资料来源：大熊干章《地球环境保护与木材使用》，以 1 栋建筑面积为 136m² 的住宅来计算）

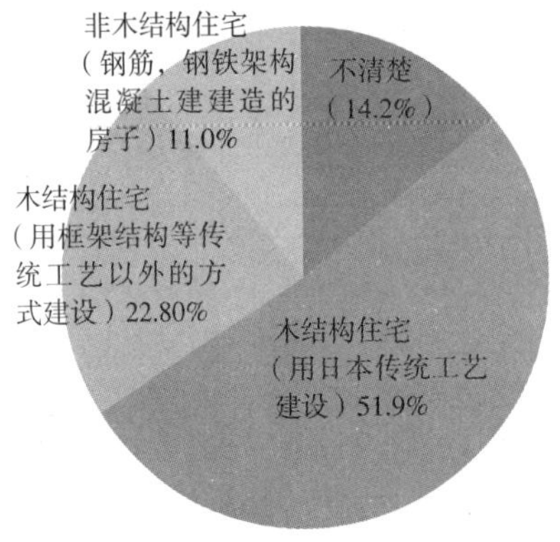

图 4　农林水产省《关于森林资源循环利用的意识及意向调查》（2015 年）

住宅存量现状（栋）　　表 1

	总数 A		
		木结构 B	木结构率 B/A
住宅数（万栋）	5366	3055	57%

（数据来源：总务省《2018 年住宅和土地统计调查》）

住宅和建筑的存量现状（面积）　　表 2

	总建筑面积 A		
		木结构 B	木结构率（B/A）
住宅（万 m²）	574882	392397	68.3%
非住宅 ※（万 m²）	198653	10933	5.5%

（数据来源：国土交通省《建筑存量统计（截至 2018.1.1）》　※ 除去公共的非住宅建筑）

2. 日本全年住宅动工户数中木结构住宅占比过半

日本住宅投资约占民间投资的 16%，包含住宅相关支出等在内的经济连带效应约为 31 万亿日元 / 年。全年住宅动工户数中木结构住宅占过半数，约 57%，木结构住宅的建设为国民经济发展贡献了重要力量（图 5、图 6）。

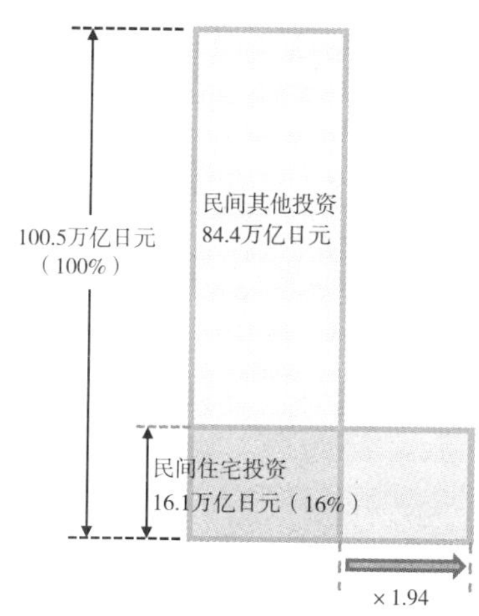

图 5　民间投资中住宅投资的占比（2017 年度）

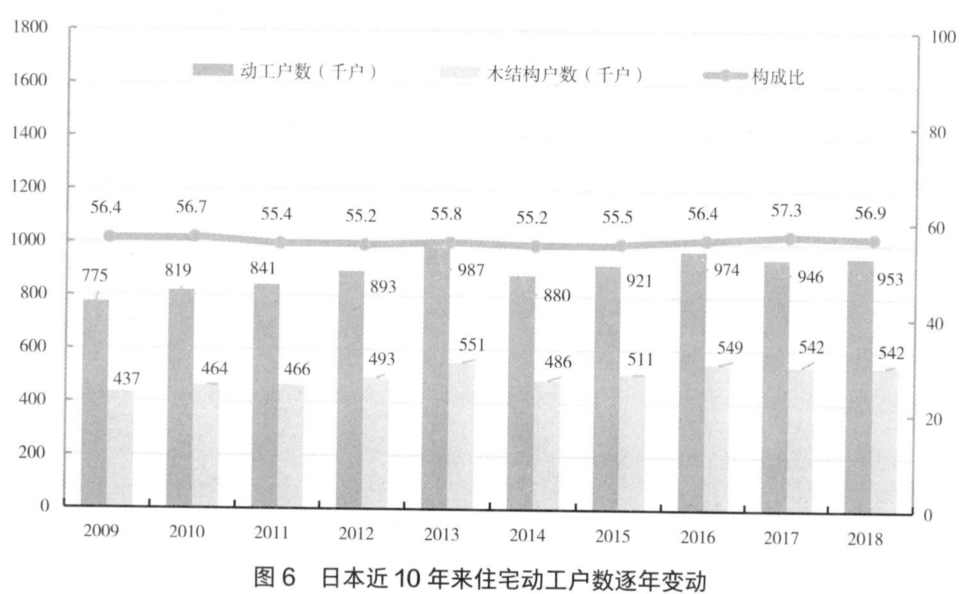

图 6　日本近 10 年来住宅动工户数逐年变动

3. 独栋住宅中，木结构占比约占 9 成

都道府县 2018 年统计结果显示，独栋木结构住宅数占整体独栋住宅数的 90%。整体独栋木结构住宅数中三大都市圈的户数占 55%（图 7）。

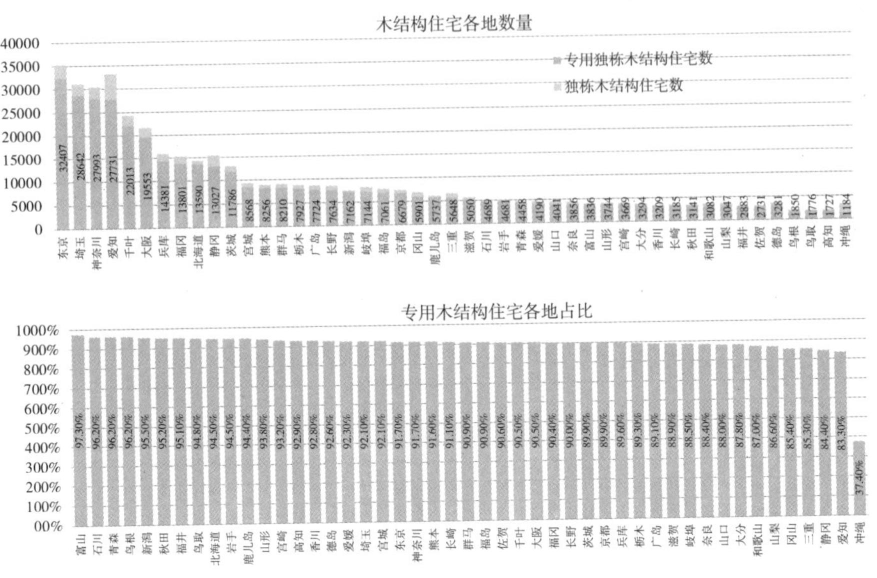

图 7　独栋木结构数量及比例

（注：三大都市圈：

关东沿海都市圈：埼玉、千叶、东京、神奈川；

东海都市圈：岐阜、静冈、爱知、三重；

近畿都市圈：滋贺、京都、大阪、兵库、奈良、和歌山，共计 14 个都府县）

4. 日本木结构公共建筑的比例近年来呈增长趋势

日本 2010 年推出了《公共建筑等使用木材促进法》，鼓励国家和地方自治体在公共建筑中使用木结构。该法实施后，公共建筑的木结构使用率开始上升，尤其是根据国家基本方针，积极推进低层（3 层以下）公共建筑采用木结构体系，2017 年中低层公共建筑占比达到 27.2%（图 8、图 9）。

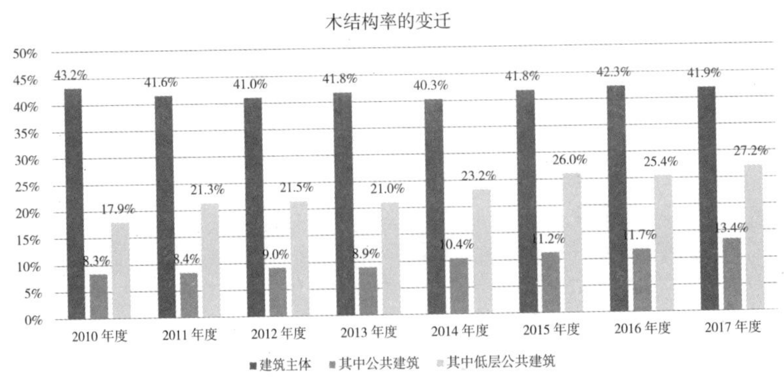

图 8　公共建筑木结构使用率逐年变动

（注 1：木结构是指根据《建筑基准法》第 2 条第 5 号，建筑主要构造部位（墙壁、柱子、地板、房梁、屋顶或楼梯）使用木材；

注 2：木结构率的估算对象包含住宅。另外还包括新建、增建、改建（低层公共建筑则只包含新建）；

注 3："公共建筑"是指国家及地方政府建造的所有建筑，及民营企业建造的教育设施、医疗和福利设施等建筑。

数据来源：林野厅以《建筑动工统计调查 2016 年度》（国土交通省）的数据为基础进行估算）

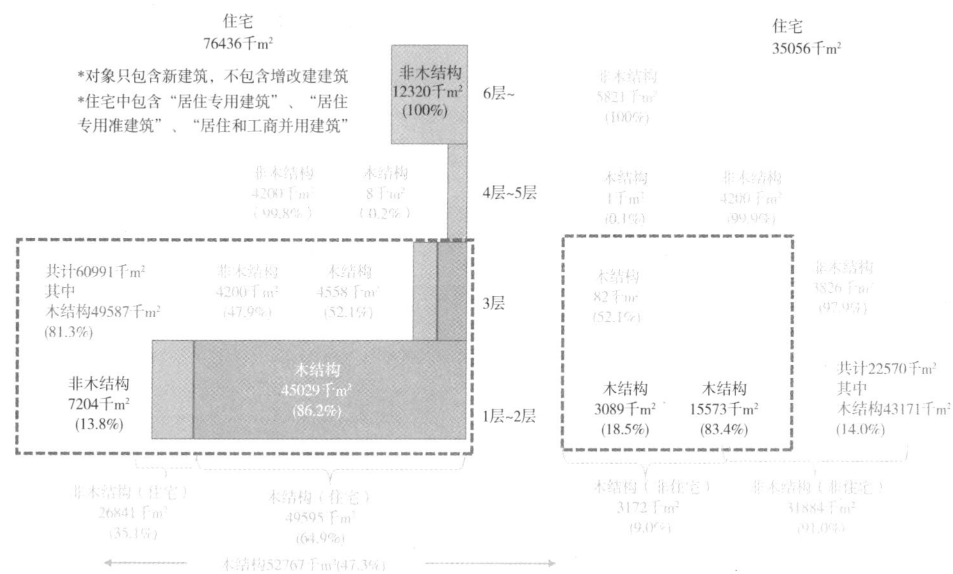

图 9　新建建筑的木结构化状况（全国）

（数据来源：2018 年度《建筑动工统计》）

5. 大力发展交错层压木材（CLT）

以前日本没有制定交错层压木材（CLT，Cross Laminated Timber）相关的技术标准，缺少材料强度规定和一般设计标准。CLT 项目建设时，必须一事一议，申请大臣认定才可建设。后来政府制定了农林标准（JAS），并通过试验验证，终于在 2016 年 4 月制定出针对 CLT 的一般设计标准。

2015 年度之前，由于在《建筑基准法》中并未规定 CLT 的强度和一般设计标准等，所以建筑结构体在使用了 CLT 的情况下，必须基于每栋建筑的试验数据，进行与其建筑高度匹配的结构计算，在取得国土交通省大臣的认定（基于《建筑基准法》第 20 条的要求）后方可实施建设。2016 年，为了能使 CLT 结构体系得到更广泛、更顺利地实施，政府制定了 CLT 材料的品质和强度基准（2016 年 3 月 31 日）、CLT 构件等的阻燃设计标准（2016 年 3 月 31 日）、CLT 建筑体系的设计标准（2016 年 4 月 1 日）（图 10）。

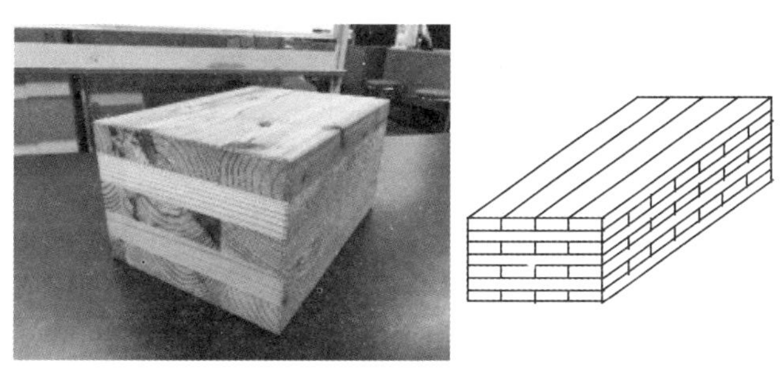

图 10　交错层压木材（CLT）

《建筑基准法》(修订版)的实施,使木结构建筑的防火规定合理化。修订后的基准,一方面要求实现结构构件“外露”,即建筑高度超过 16m 或 4 层以上的建筑要直接露出木材,而无需再用石膏板等无机材料进行主体结构的防火包覆。另一方面可不采取耐火构造的木结构建筑的范围在扩大,修订前要求高度 13m 且屋高 9m 以下的不需要建耐火构造,修订后放宽到高度 16m 且三层以下的建筑无需耐火构造,只需留出能有效防止延烧的空间即可。

建筑的耐火构造及建造方式,在《建筑基准法》中,根据选址(按防火区域或准防火区域)及用途(超过一定规模的特殊建筑)等,在必须采用耐火建筑时,可以设置一定的防火包覆,所以也可以采用木结构体系来建造(图 11)。

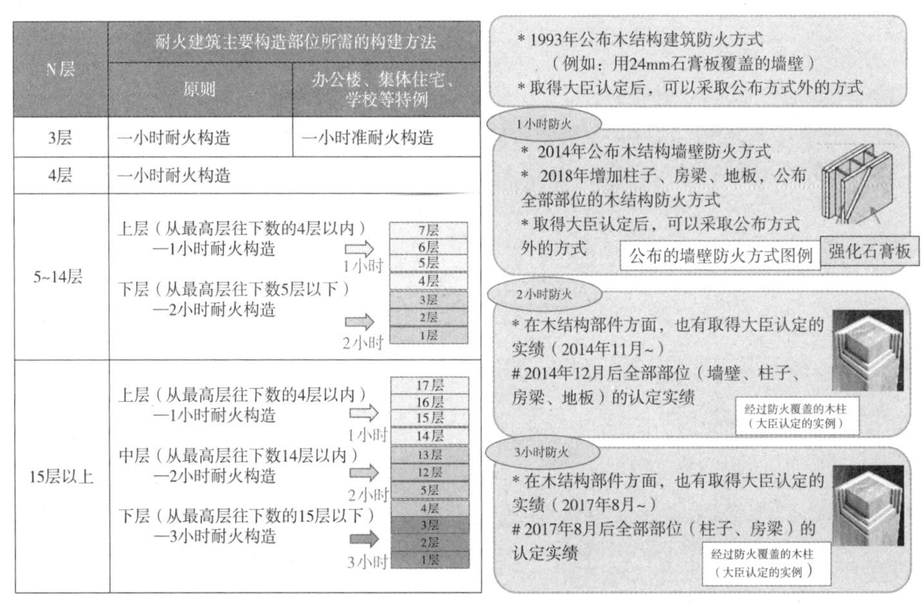

N层	耐火建筑主要构造部位所需的构建方法	
	原则	办公楼、集体住宅、学校等特例
3层	一小时耐火构造	一小时准耐火构造
4层	一小时耐火构造	
5~14层	上层(从最高层往下数的4层以内)—1小时耐火构造 下层(从最高层往下数5层以下)—2小时耐火构造	
15层以上	上层(从最高层往下数的4层以内)—1小时耐火构造 中层(从最高层往下数14层以内)—2小时耐火构造 下层(从最高层往下数的15层以下)—3小时耐火构造	

图 11 木结构建筑耐火标准

(注:承重梁柱要求达到 3 小时的耐火极限,承重墙和楼板的耐火极限达到 2 小时即可)

目前日本已竣工的层数最多的木结构建筑为 10 层,是由三菱地所株式会社开发的位于宫城县仙台市的一栋 10 层用于租赁的集合住宅(图 12、图 13)。

6. 住友林业的木结构建筑探索

日本住友林业株式会社创立于 1691 年,自 1894 年开始,坚持每年种两百万棵树。以“房子是种出来的”作为绿色住宅发展理念,也是目前日本本土在木结构建筑领域技术实力较强的公司。

据住友林业测算,木结构建筑的固碳效果是钢结构、钢筋混凝土结构建筑的 3.75 ~ 4 倍,同时,木材加工过程中碳排放也远小于钢结构与钢筋混凝土结构。木结构对孩童

PARK WOOD 高森				2017年度通过（施工期限2017年度~2018年度）	
建筑商：建筑商:三菱地所株式会社设计: 株式会社竹中工务店施工: 株式会社竹中工务店				补助额（实绩）：188520千日元 其中调查设计费： 建设工程费用：188520千日元	
使用CLT的地上10层租赁用集合住宅					
用途	集合住宅（租赁用）	层数	地上10层	防火区域等的划分	其他区域
建设地	宫城县仙台市	住户数	39户	建筑的耐火性能	耐火建筑

* 使用CLT做地板等以钢结构+木结构为主要架构的10层高层建筑计划
* 用耐火的木柱和CLT承重墙与钢结构组合，并为整合管线的固定方式和贯穿孔,让CLT地板和混凝土地板适材适所，而分区安装的构造计划
* 用取得耐火构造部件(2小时) 的国土交通省大臣认定的木结构和木质柱子。地板。来建造耐火建筑

■外观 ■内观 ■楼板结构平面图

CLT耐腐壁
CLT耐腐壁
CLT耐腐壁
CLT耐腐壁
耐火木柱（2小时耐火设计）
CLT地板（2小时耐火设计）
耐火木柱（2小时耐火设计）
钢筋柱
钢筋梁

图 12 日本 PARK WOOD 高森木结构建筑

建筑名称		用途	层数		混合结构	总建筑面积	所在地	建筑商	竣工	可持续木结构先行
1	（暂称）银座8丁目计划	商业大楼	12层	木结构、钢筋结构（混合结构）	o	2451m²	东京都中央区	HULIC株式会社	预计2021年	
2	（暂称）东阳3丁目计划	集合住宅	12层	木结构、钢筋混凝土结构	o	9258m²	东京都江东区	株式会社竹中工务店	预计2020年	o
3	（暂称）DY项目计划	研究所	11层	木结构<轴组工法> *在2-9层地板、承重墙、屋顶使用CLT		3497m²	神奈川县横滨市	株式会社大林组	预计2021年	o
4	PARK WOOD 高森	集合住宅	10层	钢筋结构+木结构<CLT>	o	3331m²	宫城县仙台市	三菱地所株式会社	2019年	o
5	玉川学园学生宿舍建设项目	宿舍	9层	木结构<轴组工法>		6147m²	东京都哥田市	学校法人玉川学园	预计2022年	o
6	（暂称）千代田区岩本町3丁目项目	办公楼	8层	木结构、钢筋结构（CLT-RC复合结构）	o	641m²	东京都千代田区	三菱地所株式会社	预计2020年	o
7	国分寺Flavor Life 公司总部大楼	办公楼	7层	木制混合结构<钢筋内藏型集成材料柱、梁>（4-7层） 钢筋结构（1-3层）	o	606m²	东京都国分寺市	Flavor Life 公司	2017年	o
8	THE WOOD	办公楼 集合住宅	6层	木结构<轴组工法>（3-6层） 钢筋结构（1-2层）	o	705m²	东京都大田区	株式会社Aral Holding （东京发条制作所）	2018年	o
9	春之花园	老人福利设施	6层	木结构<CLT壁板施工法&轴组工法>(3-6 层) 钢筋混凝土结构(1-2 层)	o	989m²	高知县高知市	社会福利故乡会	2018年	o
10	高知县自治会馆	办公楼	6层	木结构<轴组工法>(4-6 层) 钢筋结构(1-3 层) *承重堵使用CLT	o	3649m²	高知县高知市	高知县市町村综台事务工会	2016年	o
11	松尾建设株式会社总部大楼	办公楼	6层	-钢筋结构+木结构<CLT> *2-5层使用构造板材CLT	o	3678m²	佐贺县佐贺市	松尾建设株式会社	2018年	o
12	Yeni ev 南笹口	集合住宅	5层	.木结构<轴组工法>	o	743m²	新混县新浔市	大和不动产株式会社	2018年	o
13	长门市厅舍	厅舍	5层	木质混合结构<木+RC合成梁>	o	7127m²	山口县长门市	山口县长门市	预计2018年	o
14	花烟明日香苑	特殊老人养护中心 老人短期入住生活保障设施	5层	.木结构<2x4 施工法>(2-5 层) . 钢筋混凝土结构(1层)	o	9773m²	东京都足立区	社会福利圣风会	2016年	o

图 13 日本主要为木结构的建筑案例

的成长具有较多的益处，有益于孩童智力发育，培养孩子树立与大自然和谐相处的理念。可以让生活在都市的人群尽可能地拥抱绿色，享受原木带来的自然舒适。2018 年，日本木结构建筑建设量占全球的 45%（图 14 ~图 17）。

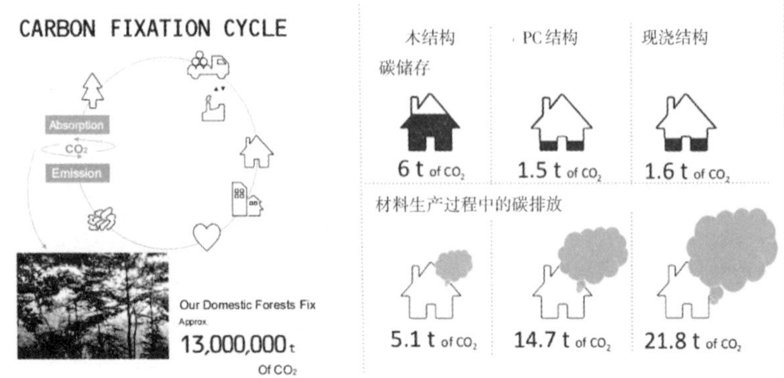

图 14　木结构住宅的碳排放量

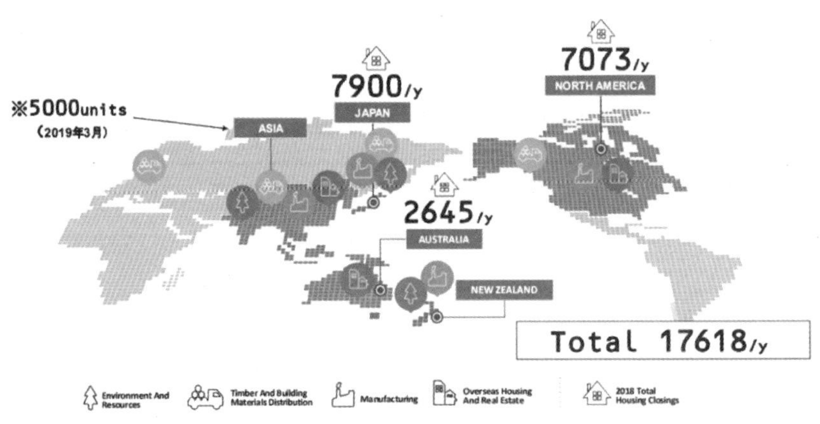

图 15　全球木结构住宅建造数量

（数据来源：住友林业株式会社）

图 16　木结构疗养院场地

图 17　木结构体育馆

为研发新型木结构建筑，住友林业株式会社成立日本筑波研究所，并于 2018 年提出新型木结构体系的发展愿景，计划于 2041 年（公司成立 350 周年）建造一栋 350m 的超高层木结构建筑。目前筑波研究所已进行了木结构材料耐火、抗震、防潮防蛀等多项前沿实验，取得了较为详细的技术数据。住友林业通过竞标，参与到2020年东京奥林匹克新国立競技场的工程项目中，并计划采用木结构建造技术，所选用的木材来自日本本土所有县市，意为日本全国人民欢迎来自世界各国的运动员及观众。东京奥运会后将拆除场馆，并将材料返还给各县市政府进行再次利用（图18、图19）。

图18　2020年东京奥林匹克新国立競技場方案（木结构）

图19　住友林业350米超高层钢木组合结构建筑效果图

住友林业筑波研究所

研究所位于茨城县筑波市的“筑波研究学园都市”，是承担住友林业技术研究开发及应用的部门。访问团与筑波研究所相关人员进行了座谈交流，并实地考察了研究所主楼和检验楼、结构试验楼等场所（图20）。

（1）研究所概况

住友林业筑波研究所成立于1991年，下设6个部门，约110名员工。其中，企划管理部门主要负责与其他科研院所的交流合作；木材创新部门以人的感官为主要研究对象，负责木材价值可视化工作；技术中心是重要的品质保证部门和新技术研发部门。技术中心对木结构建筑的各种构件进行品质检查检验，通过平行部门“木材与住宅的先进信息办公室”迅速向公司内部发送研究的成果和信息，共同推进先进技术的应用。

住友林业曾经因为业务需要破坏过森林资源，在近些年来退山还林的过程中，筑波研究所致力于植树技术和木材价值最大化利用方面的研究，培育生命力强、能够抵抗自然灾害的树种，将木材价值可视化，践行多用木材、活用木材的发展理念。

（2）研发试验工作情况

筑波研究所内进行的研究分为“资源”、“材料”、“住宅”三个领域，覆盖了木材相关的上下游产业。筑波研究所内不仅有研究所主楼，还有各种各样的试验场所，包括研究热带雨林、培育树种的温室，以及木结构住宅结构实验室、声音实验室、居住性能评价实验室、检验楼、构造实验楼等等，研究环境很好。

1 新研究主楼
New Main Building
2 研究主楼
Main Building
3 结构实验楼
structural laboratory
4 住居生活环境实验楼
Living environment laboratory
5 耐火实验楼
Fire resistant laboratory
6 可持续能源楼
Sustainable energy building
7 第1温室
Greenhouse No.1
8 第2温室
Greenhouse No.2
9 第3温室
Greenhouse No.3
10 有机实验楼
Organic laboratory building
11 工作楼
Work building
12 人工栽培实验楼
Artificial cultivation laboratory
13 会议楼
Conference building
14 白蚁、降雨实验楼
Termite and rainfall laboratory building

图 20　筑波研究所平面布局

图 21　采用先进抗震技术的筑波研究所主楼

在检验楼里，可为大型木梁、木材做防火实验。访问团在现场看到了刚刚做完防火实验的木梁，在 1000℃的高温下燃烧 30 分钟后，能够形成 3cm 厚的炭化层，木梁的整体构造保护内部结构层不发生燃烧，能够满足 1 小时耐火极限的要求。而为了建造 350m 高的木结构建筑，筑波研究所还需要研发出在不加注添加剂的条件下可通过 3 小时耐火极限测试的木材。在结构试验楼里，万能测试机可以检测木结构梁柱的抗压和抗弯性能，其试验能力最高可测试 6.5m 高的木材（图 21、图 22）。

图 22　住友林业联合丰田汽车开发的木制电动汽车

（3）发展方向

面向未来，筑波研究所有三个方面的研究重点。一是开发耐火木材，研究木材燃烧机制，目标为研发出耐火 3 小时以上的木材；二是提升植树技术。通过进化基因组编辑和基因的育种技术，培育出优良的树种；三是促进人的感知数字化，人们普遍认为树木和绿化对人类和社会有积极的影响，但这一点尚未得到具体的证明，筑波研究所积累有关树木和绿化对人们影响的量化证明数据，量化对提高人们生产力的影响，并与进一步的价值创造联系起来。此外，住友林业的“W350 计划”已完成了一个清晰的模型，预计到 2020 年，可完成一栋 6～8 层的木质建筑（“W30 计划”）（图 23）。

图 23　住友林业“W350 计划”建筑效果图

7. 对我国装配式建筑发展的一点启示

（1）大力发展装配式建筑等绿色建造方式

党的十八大以来，习近平同志关于社会主义生态文明建设和绿色发展的一系列重要论述，立意高远，内涵丰富，思想深刻，对于我们推进绿色建造具有十分重要的指导意义。以装配式建筑为抓手，大力推进绿色建造可以大幅减少资源能源消耗、建筑垃圾排放、温室气体排放以及扬尘和噪声污染，对于改善生态环境、形成绿色发展方式意义重大。根据中央城乡工作会议和一系列重要文件的要求，我国正在大力推进装配式建筑。我国和日本都是多地震国家，日本是装配式建筑发展最为成熟的国家之一，因此一直以来我国都在积极学习日本发展装配式建筑的经验。

通过对日本有关情况的了解发现，经过近 60 年的发展，日本已形成一整套适用于各种高度、各种地区和场景的装配式建筑的技术体系，装配式建筑部品部件的使用也能够多快好省地解决各类装配式建筑的建设问题，品质很高且均一，可以根据当地产业配套能力和项目实际情况合理选择是否装配，如何装配，是采用全部装配还是局部装配等等。对于我国而言，学习不等于盲目照抄，要结合我国国情和现有的法律法规和技术标准，形成具有我国特色的装配式建筑发展道路。主要的建议有如下几个方面：

加大力度推进标准化工作。日本 20 世纪 60 年代开始就在依靠协会加强住宅产品标准化工作，并提出“住宅生产和优先尺寸的建议”，对房间、建筑部品、设备等优先尺寸提出建议。我国要学习日本经验，在发布的《装配式混凝土建筑技术体系发展指南（居住建筑）》基础上，指引行业将标准化理念作为贯穿于装配式建筑技术体系发展的主线，让标准化思维深入人心，让各方全面理解并在工程实践中发挥标准化的作用，将标准化原则作为开启整个装配式建筑技术体系发展的关键钥匙。

进一步完善装配式建筑配套的各产业链条。日本不但主体结构的装配化程度高，内装部品部件也形成了成熟发达的住宅部品体系。我国要大力发展装配化装修部品，完善内装产业链条，促进主体工业化与内装工业化相协调发展。

发展大型产业集团，推行工程总承包。日本在推进装配式建筑过程中，高度重视扶植大型企业联合组建住宅产业集团，积水住宅、大和房屋等综合性、一体化生产经营的大型企业集团成为重要参与主体。我国通过推行工程总承包，可以培养一批有工程总承包能力的大企业，发挥统筹能力和管理创新能力，实现结构、机电、装修一体化，设计、生产、装配一体化，技术、管理、市场一体化，彰显装配式建筑的优势。

（2）进一步加大木结构建筑产业基础的培育

木结构建筑是中国传统建筑的精髓，具有悠久的历史。但我国林木曾一度因过度采伐而资源紧缺，国家不得不限制木材在工程建设中的应用，以致于木结构建筑基本停滞 20 余年。近几十年，很多国家鼓励使用现代木结构，形成了以轻型木结构、胶合木结构和木混合结构为代表的多种结构形式。多高层木结构建筑也在国际建筑领域大量涌现，日本住友林业还提出了建造一栋 350m 的高层木结构建筑的宏伟目标。

日本国土面积中 60% 是森林，40% 木材用于建筑领域。经过不断的技术创新，以及鼓励使用日本国产木材的系列化政策，日本形成了一套良好的“以用促育”的林木资源利用形式。近年来，日本还积极探索发展多高层木结构建筑，目前已出台 CLT 材料的系列标准，建造完成了一栋10层的木结构建筑。随着我国越来越重视建筑业的可持续发展和绿色发展，现代木结构建筑工程项目不断涌现，在学习日本的同时我们要清醒地意识到，我国与日本在林木资源贮备量，以及林业机械加工方面存在着较大的差异。日本的林业形成了较为完整的循环机制，而我国林业底子弱，结构用材主要依靠进口，不可激进推进木结构建筑发展，要逐步加大木结构建筑产业基础的培育，建议有如下几个方面：

加大木结构建筑建设的政策激励。充实、完善我国绿色建筑、装配式建筑、绿色建材的标准规范及评价标识体系，将木结构建筑技术纳入相关发展计划及财政激励机制。加快研究制定推进木结构产业发展的财政、金融、税收等优惠政策，如建立积极的投融资机制，鼓励担保机构加大对木结构建筑企业的支持力度。

积极开展木结构建筑关键技术研究。探索研究适应于不同地区的现代木结构技术体系和配套部品体系，鼓励现代木结构建筑关键技术研发，针对木材特性、结构安全、防火安全、热工性能、耐久性能等方面开展系统化的研究，建立符合我国国情的、以本土林产工业为支撑的木结构建筑技术体系。针对速生林木材应用、胶合木的加工与应用、环保墙体材料等绿色建材、多层木结构技术等多个领域开展研究。

加快推进多层、高层木结构建筑试点。依托2017年发布的国家标准《多高层木结构建筑技术标准》GB/T 51226，借鉴日本、丹麦、加拿大等国家多层、高层木结构建筑发展的经验，研究适合我国的多层、高层现代木结构建筑技术，在适宜地区开展多层、高层木结构建筑试点示范。

推动钢—木、混凝土—木组合结构建筑发展。总结上海、苏州等地木组合结构建筑建设经验，研究组合连接件的受力性能、破坏机理、抗火性能等，充分发挥不同材料性能优势。

参考文献

[1] 韩爱兴 . 健全装配式建筑标准体系促进装配式建筑健康发展 [J]. 工程建设标准化，2017（11）：6-7.

[2] 李征，罗晶，何敏娟 . 我国装配式木结构标准体系现状及完善建议 [J]. 工程建设标准化，2018(10)：67-72.

[3] 本刊编辑部 . 新时代新作为工程建设标准化再谋新篇——住房城乡建设部标准定额司 2018 年工作要点 [J]. 工程建设标准化，2018.2：12-15.

[4] 建设部标准定额司 . 工程建设标准体系 (城乡规划、城镇建设、房屋建筑部分)[M]. 北京：中国建筑工业出版社，2003.

[5] 王小龙 . 我国工程建设标准走向国际的机遇与挑战 [J]. 水电站机电技术，2018, 41(9)：80-81.

[6] 褚波，宋婕 . 论国内外工程建设标准体系 [J]. 工程建设标准化，2015 (06): 54-57.

[7] 李小阳，刘雅芹，程骐，张淼，付光辉 . 标准化改革视角下装配式建筑标准体系的构建探讨 [J]. 工程建设标准化，2018（9）：57-62.

[8] 日本国土交通省住宅局建筑指导科，建筑技术资格考试研究会，基本建筑有关法令集法令篇 [M]. 日本：井上书院，2018.

[9] 东京建筑师协会，东京建筑安全条例及有关说明 [M]. 日本东京：东京建筑师协会，2005.

[10] 社会法人机构预制装配式建筑协会 .PC 建筑总论 [M]. 日本东京：社会法人机构预制装配式建筑协会 中高层分部会 性能分科会 结构特别委员会，2003.

[11] 社会法人机构预制装配式建筑协会 .W-PC 结构设计 [M]. 日本东京：社会法人机构预制装配式建筑协会 中高层分部会 性能分科会 结构特别委员会，2003.

[12] 社会法人机构预制装配式建筑协会 .WR-PC 结构设计 [M]. 日本东京：社会法人机构预制装配式建筑协会 中高层分部会 性能分科会 结构特别委员会，2003.

[13] 社会法人机构预制装配式建筑协会 .R-PC 结构设计 [M]. 日本东京：社会法人机构预制装配式建筑协会 中高层分部会 性能分科会 结构特别委员会，2003.

[14] 日本建筑学会，建筑工程标准仕样书· 及说明 JASS21 ALC 板工程 [M]. 日本东京：丸善出版株式会社，2007.